"十一五"高等院校规划教材

嵌入式 Linux 系统设计

郑灵翔　编著

U0245810

北京航空航天大学出版社

内 容 简 介

本书的主要特点是注重理论联系实际,注重软硬件知识结合。全书深入浅出地介绍了嵌入式系统的相关概念、基本原理和学习嵌入式系统设计所需的软硬件基础知识,并基于最新的 2.6 内核 Linux 全面介绍了嵌入式 Linux 系统构建的流程、方法和步骤。为了帮助读者掌握嵌入式 Linux 软件的设计方法,本书还介绍了一些常用嵌入式硬件接口的应用软件设计开发方法,以及嵌入式图形界面和嵌入式 Linux 网络应用开发等。

本书可作为高校电类与非电类或软件学院相关专业硕士研究生或高年级本科生的嵌入式系统教材,也可以作为嵌入式系统开发工程师的实用参考书。

图书在版编目(CIP)数据

嵌入式 Linux 系统设计/郑灵翔编著. —北京:北京航
空航天大学出版社,2008.3
 ISBN 978－7－81124－263－8

 Ⅰ.嵌…　Ⅱ.郑…　Ⅲ.Linux 操作系统－程序设计
Ⅳ.TP316.89

 中国版本图书馆 CIP 数据核字(2008)第 012203 号

嵌入式 Linux 系统设计

郑灵翔　编著

责任编辑　董立娟

*

北京航空航天大学出版社出版发行

北京市海淀区学院路 37 号(100083)　发行部电话:010－82317024　传真:010－82328026
http://www.buaapress.com.cn　E-mail:bhpress@263.net
北京九州迅驰传媒文化有限公司印装　各地书店经销

*

开本:787 mm×960 mm　1/16　印张:20.75　字数:465 千字
2008 年 3 月第 1 版　2021 年 8 月第 5 次印刷　印数:8 801～9 000 册
ISBN 978－7－81124－263－8　定价:45.00 元

前　言

在嵌入式系统诞生之初,或许没有人意识到它会对我们的工作与生活产生如此巨大的影响。嵌入式系统这个不起眼的小东西,却使我们生活中的各种设备拥有了智能,帮人类指挥各种设备的运作。

如今,嵌入式系统产品已无处不在,渗透到各行各业之中,并形成了巨大的需求和产业效应。由于嵌入式系统设计所特有的复杂性,嵌入式系统设计工作很难由一个人独立完成诸如硬件设计、系统支撑软件、中间件以及嵌入式应用软件等一系列设计开发工作,它们通常需由一个设计团队或产业链相关的上下游企业合作完成。在嵌入式产业链中,嵌入式软件的设计开发处于产业链的中间,起到承上启下的作用。由于嵌入式系统具有面向应用的特点,所以如何设计开发嵌入式应用系统引起了人们极大的关注。

许多初学者在踏入嵌入式系统设计与开发这个行业的门槛时往往会产生很大的困惑,到底应该如何学习嵌入式系统的设计开发?是否应该像学习单片机那样,从了解具体的单片机体系结构、学习它的汇编语言开始?作者认为嵌入式系统具有其独特的特点,从在嵌入式系统中引入嵌入式操作系统开始,它的设计开发模式便发生了很大的变化,既不同于简单的单片机应用开发,也与PC机上的软件设计开发有所不同。理所当然,嵌入式系统设计开发的学习也与单片机的学习过程不太一样。嵌入式系统的设计开发需要掌握嵌入式操作系统的一些基础知识,学会在嵌入式操作系统的支持下进行软件的设计开发。同时,由于嵌入式系统是软硬件结合较为紧密的一种特殊的计算机系统,所以其设计与开发,即便是上层的嵌入式应用软件也难免会涉及对硬件操作的编程,因而初学者必须了解一定的硬件接口知识。总之,嵌入式系统软硬件紧密结合的特点决定了嵌入式系统设计与开发的学习也必须是软硬件结合的,既要学习在嵌入式操作系统的支持下使用高级语言进行软件设计,又需要了解一定的硬件知识,掌握硬件的软件操作原理。

嵌入式系统的初学者常会遇到的另一个困惑就是学习嵌入式到底该采用什么样的硬件平

台？面对市场上数量众多的各种型号的嵌入式开发板到底该选择哪一种？由于嵌入式系统的一个重要特点就是根据需求量体裁衣，不同的应用具有不同的硬件需求，其所需的处理器与外部接口可能都不一样。因而，初学者需根据自身的需求合理选择嵌入式开发板。若只是学习基本的嵌入式软件设计开发流程，则对开发板的硬件需求较低，不需要选择性能太高的处理器，对外部接口的需求也不需要太多。而对于希望从事嵌入式多媒体应用设计开发的初学者，则需选择具有较高处理器性能的开发板，以满足多媒体应用所需的性能需求。此外，选择开发板时应注意开发板的接口种类，只要能满足自身的需要即可，并不一定要求接口数量多。换而言之，开发板的选择应根据嵌入式项目或学习的需要量体裁衣合理选择，以取得较高的性价比，而不应盲目追求处理器的高性能或丰富齐全的接口种类。

作者在厦门大学为研究生开设的嵌入式系统课程从原来通信工程系/电子工程系的专业选修课逐渐发展为一门面向全校工科学生的选修课。由于通信工程系/电子工程系的同学具有较好的硬件基础，此课程原来的授课内容更偏重于结合硬件系统设计，说明嵌入式系统底层软件的设计。在课程转变为全校性工科学生的选修课之后，授课的对象发生了较大的变化。许多同学选修此课程的目的是为了在自己的专业领域应用嵌入式技术，因而课程针对嵌入式应用软件设计与开发的相关内容进行了扩充。为了与广大同行分享我们的工作成果和经验，作者对《嵌入式系统设计与应用开发》一书进行扩充和改写，为了减轻读者负担，细分读者群，作者将原书的内容分为针对初学者和针对嵌入式底层驱动工程师的两部分。本书是针对初学者的，它针对初学者学习嵌入式系统设计与开发的需求，重点阐述嵌入式软件系统设计所需的基础知识，以嵌入式 Linux 为基础，说明嵌入式系统开发的步骤与全过程，同时，本书还强化了嵌入式 Linux 应用软件设计与开发的内容。希望本书能帮助初学者尽快踏入嵌入式系统设计与开发的殿堂。原《嵌入式系统设计与应用开发》书中与 Linux 底层软件移植和驱动开发相关的部分，作者将对其扩充和改写后另行出版。

本书基于 2.6 内核的 Linux 讲述嵌入式软件系统的设计与应用软件的设计开发，它的主要内容有：

- 第 1 章主要讲述嵌入式系统的一些基本概念、设计流程和发展趋势等。
- 第 2 章以 ARM 体系结构为主，介绍嵌入式处理器的一些基本概念，并介绍一些常见的 ARM 处理器。
- 第 3 章介绍嵌入式软件设计开发中的一些基础知识与概念。本章的主要目的是帮助嵌入式软件的初学者了解嵌入式软件设计中涉及的、一些必要的基本概念与基础知识。
- 第 4 章主要介绍 Linux 操作系统及其使用，嵌入式 Linux 的概况。
- 第 5 章主要介绍 Linux 下的程序设计开发方法。其中，第 4，5 两章主要是为没有接触过 Linux 操作系统的初学者准备。

- 第 6 章详细介绍构建一个完整的嵌入式 Linux 系统的全过程,它主要包括嵌入 Linux 内核的配置、裁剪与编译,嵌入式 Linux 根文件系统的构建等。本章还说明了在开发板上运行嵌入式 Linux 的方法。此外,为了便于没有嵌入式开发板的初学者学习,本章还介绍一款优秀的嵌入式硬件仿真环境 SkyEye 及其使用方法,并介绍在 SkyEye 中运行嵌入式 Linux 和进行 Linux 内核调试的方法。
- 第 7 章详细介绍嵌入式 Linux 应用程序的开发与调试方法,并结合几种常用的嵌入式接口,介绍相关的嵌入式应用程序设计与开发方法。
- 第 8 章首先介绍嵌入式图形界面实现的基础、帧缓冲设备的操作编程,接着介绍基于 Qt/Embedded 图形库的、两款优秀的图形界面 Qtopia 和 OPIE 的移植和应用程序设计。
- 第 9 章介绍嵌入式 Linux 网络应用开发的方法,考虑到 IPv6 有可能在嵌入式设备中得到广泛的应用,本章还介绍基于 IPv4 的网络应用程序移植到 IPv6 的方法。

本书在编写过程得到了各方面无私的帮助,在此深表感谢!

厦门大学的陈辉煌老师一直都非常关心和支持本书的编写工作。本书的出版正是在他的大力支持与鼓励下完成的。

感谢厦门大学智能图像与信息处理实验室的同事洪景新、石江宏、周剑扬、汤碧玉、施海彬、吴晓芳及王飞舟等老师。无论是平时的工作,还是本书的编写,他们都给了我很多的帮助。

感谢厦门大学电子工程系和通信工程系的程恩老师,肖明波老师、黄联芬老师和施芝元老师,在课程建设和本书的出版上都得到了他们热情的关心与支持。

感谢厦门大学通信工程系的陈华宾老师,厦门大学智能图像与信息处理实验室的卢敏、李嘉、魏静、黄玲珠及谢思雄等同学,他们为本书的编写提供了许多帮助。

感谢热心的读者,感谢北京理工大学珠海学院计算机科学技术学院嵌入式系统实验室的刘海清老师,他为本书的编写提供了许多宝贵意见,并帮助整理了第 8 章内容的部分材料。

感谢北京航空航天大学出版社的马广云老师和嵌入式系统事业部主任胡晓柏先生及其他相关工作人员为本书出版所付出的辛勤劳动。

本书受福建省科技项目"通信技术及产品"重大专项支持(项目号:2007HZ0003)。

由于作者水平有限,许多问题还在摸索之中,书中难免有错误和不确切之处,敬请读者批评指正。

作　者

2008 年元月于厦门大学

目　录

第 **1** 章

绪 论

　　嵌入式技术是计算机技术、半导体技术和微电子技术等多种先进技术的融合。在所谓的后 PC 时代,随着计算机和通信技术的飞速发展,互联网的迅速普及和 3C 融合的加速,嵌入式技术成为新世纪最有生命力的技术之一,得到了飞速发展和广泛应用。它通过在各个行业的具体应用渗透到社会生活的各个角落。从日常用品到工业生产、军事国防、医疗卫生、科学教育乃至商业服务等方方面面,从小到个人身上的手机、MP3、PDA,大到汽车、飞机、导弹,嵌入式系统的身影已经无所不在。

1.1　嵌入式系统的概念

　　随着现代计算机技术的飞速发展,逐渐形成了计算机系统的两大分支:通用计算机系统和嵌入式计算机系统。通用计算机系统的硬件以标准化形态出现,它通过安装不同的软件满足各种不同的要求。通用计算机最典型产品就是 PC 机,市场上买到的 PC 机硬件都大同小异,只是根据不同的应用需求,安装的软件有所差别。而嵌入式计算机系统则是根据具体应用对象,软硬件采用量体裁衣方法定制的,不以一般计算机形态出现的、专用的计算机系统。

　　通用计算机系统采用标准化的设计,采用通用的 CPU 和大容量的外部存储设备,可进行高速、海量的数据处理。嵌入式系统与通用计算机系统一样,也是一种计算机系统,具有计算机的一般特点,拥有中央处理器、存储设备及输入输出设备等。但是嵌入式系统不以一般的计算机形态出现。它服务于所嵌入的应用对象,其功能、可靠性、成本、尺寸及功耗等方面受到应用需求及应用对象的制约。从嵌入式系统所运行的软件看,嵌入式系统的软件固化在硬件系统中,与硬件形成一个不可分割的整体。它所执行的功能也是面向特定的应用,同一个嵌入式硬件系统一般很难采用更改软件的方法用于其他领域。这就意味着,嵌入式系统是一种专用的计算机系统,不可能像通用计算机那样只要更改应用软件就可以适用于不同的应用,其软硬件系统的设计应根据需要量体裁衣,去除冗余,降低成本。也就是说,从资源的使用角度看,嵌入式计算机系统是计算机能力和数据存储能力等资源受限的计算机系统,其外形、尺寸、功能及功耗等都受限于应用对象的设计需求,因而不可能有一个标准化的设计。嵌入式系统最大的特点也就在于此,它的系统构成多种多样,需要根据具体应用量身定制。

1.2　嵌入式系统的分类

　　根据不同的分类标准,嵌入式系统有不同的分类方法,根据嵌入式系统的复杂程度,可以简单分为:

　　① 简单嵌入式系统。简单嵌入式系统很早就已经存在,这些嵌入式系统一般都很简单,系统软硬件复杂度都很低。例如,常用的单片机系统和 DSP 系统等就是这类简单的嵌入式系统。

　　② 复杂嵌入式系统。随着复杂控制、汽车电子、医疗仪器、数字通信、Internet 网络应用和信息家电等复杂需求的出现,简单的嵌入式系统已无法满足需求。为了满足日益复杂的软硬件需求,出现了以 32 位 SoC(System on Chip)为硬件核心,以嵌入式操作系统的使用为标志的现代的、复杂的嵌入式系统(现在所说的嵌入式系统一般指的就是这种复杂的嵌入式系统)。这类系统硬件集成度高,外部接口众多,软件功能丰富,系统的复杂性大大增加。

　　虽然简单的嵌入式系统出现较早,但它并没有随着复杂的嵌入式系统出现而消亡。复杂嵌入式系统有更强大的功能,但是在嵌入式系统的世界里,并没有出现通用计算机世界所出现的新一代功能更强大的计算机淘汰老一代的情况。这是因为嵌入式系统的一个重要特点,就是根据需求量体裁衣,在对复杂嵌入式系统需求不断增加的同时,对简单嵌入式系统的需求依然旺盛。

1.3　嵌入式系统的组成

　　从组成上看,嵌入式系统可分为嵌入式硬件系统与嵌入式软件系统两大部分,如图 1-1 所示。

　　嵌入式硬件系统主要由嵌入式处理器及相关支撑硬件和外围电路等组成。其中,嵌入式处理器在嵌入式硬件系统中处于核心地位,按照功能和用途划分,它可以进一步细分为以下几种类型:嵌入式微控制器(Embedded Microcontroller)、嵌入式微处理器(Embedded Microprocessor)和嵌入式数字信号处理器(Embedded Digital Signal Processor)。

嵌入式软件系统通常可划分为嵌入式操作系统和应用软件两部分。在一些复杂的系统中，为了简化应用开发，还提供了一个中间层（嵌入式中间件层）。在早期的嵌入式系统中，系统的复杂性较低，这时的嵌入式系统通常不使用操作系统，而是由应用程序控制和管理硬件。例如，现在还大量存在的基于 8 位单片机的系统，一般仅完成一个单一的控制功能，其功能与硬件复杂度都较低，其软件通常都只有一个简单的控制程序。在这类简单系统中没有使用操作系统的必要。随着技术的进步与复杂需求的出现，嵌入式系统进入了一个新的阶段。这个阶段的嵌入式系统硬件大多采用了 32 位的嵌入式 SoC 处理器，软件系统则增加了嵌入式操作系统。

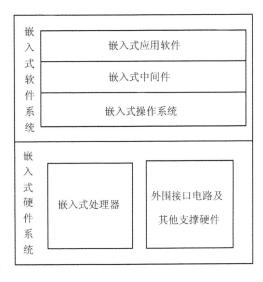

图 1-1 嵌入式系统组成

从图 1-1 可以看出，操作系统处于上层软件与嵌入式硬件系统的中间，在整个嵌入式系统中处于重要的地位，起着至关重要的作用。它负责控制与管理嵌入式硬件系统，将硬件的复杂性隐藏起来，为上层软件设计提供一个统一易用的应用程序编程接口，以降低应用软件开发的复杂性。同时，作为嵌入式系统软硬件资源的管理者，它负责系统软硬件资源的调度与分配，保证系统资源被有效合理地使用。总而言之，嵌入式操作系统的出现与使用是嵌入式系统发展过程中的一个重要的里程碑，它掩盖了底层硬件的复杂性，提高了软件的开发效率和软件的可维护性。

现代的嵌入式系统（例如手机）的功能与硬件复杂度较原有的单片机系统大大增加，同时软件开发的复杂度也大大提高。这类复杂系统已无法使用原来单片机的开发方法实现，其开发模式发生了很大的变化。单片机的开发通常是由一个电子工程师完成电路设计和单片机软件编程仿真调试开发等工作；嵌入式系统的开发主要是属于电子工程领域的开发，它主要的工作是硬件设计的工作，软件的工作量并不大。但是，对于复杂的嵌入式系统，它的开发模式发生了极大的改变。一个复杂的嵌入式系统不仅硬件系统的开发比单片机复杂了许多，更重要的是在该系统中采用了嵌入式操作系统，其应用软件的开发转变为使用操作系统标准接口的计算机工程领域的应用软件开发。总之，复杂嵌入式系统的开发模式已从原来单片机时代电子工程领域的开发转变为电子工程和计算机工程的协同开发。一个复杂嵌入式系统的开发不仅需要完成嵌入式硬件系统的开发，也要完成嵌入式应用软件的开发，甚至嵌入式操作系统的移植开发。

1.4 嵌入式系统设计流程

嵌入式系统设计过程与一般的工程设计方法没有太大的差别,都有需求分析、系统设计、系统集成以及系统测试等流程。为了加快嵌入式系统的开发,通常可以采用软硬件并行设计的方法,如图 1-2 所示。

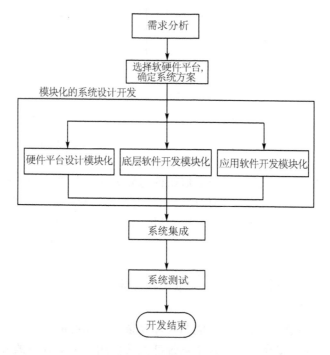

图 1-2 软硬件并行设计的嵌入式系统设计流程

嵌入式系统项目的需求分析主要是根据应用需求确定要解决的问题及需要达到的目标,并将这些应用需求转变为嵌入式系统的系统需求,确定该嵌入式系统在性能、存储容量和所需的外设等设计限制条件。

完成需求分析后,接下来的工作就是根据需求分析得出的设计限制条件选择系统的软硬件平台,确定整个系统的方案。通常情况下,软件平台与硬件平台联系十分紧密,它们的选择是相互影响、相互限制的,因此,在软硬件平台的选择过程中应综合考虑软硬件平台两方面的各种因素。在硬件平台的选择中,处理器的选取是最重要的,它是嵌入式系统的核心部件。选择合适的处理器对实现用户需求、提高系统性能、降低系统成本和缩短开发周期都是十分重要的。通常,设计者在选择处理器时可以综合考虑所需的处理器性能,是否有集成了合适的外围设备功能,处理器的功耗和封装等技术指标以及是否有良好的软件支持等。在软件平台的选择中,主要是选择一个合适的嵌入式操作系统,这通常应根据应用需求综合考虑硬件条件、开发人员的技能及可用的开发工具等各个方面的因素进行选择。

在选定软硬件平台并确定系统的总体方案后,接下来的工作就是系统的设计开发阶段。对于一些小规模的系统,软硬件系统设计工作常采用串行的设计方法,先完成硬件开发,再完成软件开发。但是在规模稍大的嵌入式系统设计中,这种方法就不太适用了。一般稍具规模的嵌入式系统的设计常需要耗费好几年的时间,整个系统的设计往往都是一个系统性的工作,需要多个技术人员分工合作、协同实现。为了加快项目的速度,可以将系统的各个部分(如硬件平台、底层软件和应用软件)细分为多个模块,采用模块化的并行设计流程完成软硬件系统的设计开发工作。在现代的嵌入式项目中,软件所占的比重越来越大,复杂度越来越高,而硬件的开发周期又较长,采用这种模块化的并行设计方法可以有效缩短项目的开发周期。

1.5 嵌入式技术的发展趋势

最初嵌入式系统多用于工业控制领域,它对嵌入式系统要求较低,那时的嵌入式系统处理器运算速度较低,系统结构和功能都相对简单。进入 20 世纪 90 年代后,以计算机和软件为核心的数字化技术取得了迅猛发展,不仅广泛渗透到社会经济、军事、交通及通信等相关行业,而且深入到家电、娱乐、艺术及社会文化等各个领域,掀起了一场数字化技术革命。随着后 PC 时代的到来,嵌入式系统成了这场数字革命的主角之一得到了广泛的应用。

根据 VDC 公司的调查,当前占据主要市场份额份的嵌入式应用主要有消费类电子产品、电信和数据通信类产品、军事和航空领域应用、汽车电子类产品、工业自动化类应用、医疗电子类和办公自动化类产品。

目前,消费类电子产品增长最快的是手持式音视频设备、IP 机顶盒以及数字影像设备(如数码相机和便携式摄像机)等。这些数字消费类电子产品的出现和发展,极大丰富了人们的生活。数字技术蓬勃发展,已经覆盖和渗透到我们生活中的各个领域,为消费者带来了丰富多彩的数码新产品和前所未有的视听享受。在数字化潮流的推动下,数字消费电子与多媒体应用已成为当前信息家电发展的主流,将更丰富、更高品质的数字内容整合到更多样化的产品中,并通过硬件、软件、内容及服务等方面有机链接成一个网络已经成为必然趋势。

数据通信类产品增长最快的是无线类手持式设备和家庭网关等。短短的 10 年时间,经过一系列技术革新,移动通信系统完成了从模拟到 GSM 再到 GPRS、CDMA 的飞跃,向 3G 迈进的趋势也已清晰可见。由此可见,在移动语音通信大范围普及的前提下,移动数据通信市场正成为电信运营商和设备制造商关注的黄金市场。随着信息社会的发展,网络和信息家电越来越多地出现在人们的生活中。人们普遍要求将家庭内的所有家用电器与互联网连接起来,在家庭范围内实现信息设备、通信设备、娱乐设备、家用电器、自动化设备、照明设备、水电气热表设备、家庭保安监控及求助报警设备等的互联和管理,以及数据和多媒体信息共享,以实现家庭内部信息与家庭外部信息的交换,通过网络为人们提供各种丰富、多样化、个性化、方便、舒适、安全和高效的服务。

　　汽车电子设备包括汽车的控制、驱动、安全、显示、通信以及娱乐等。随着信息技术在汽车领域的深度应用,汽车正发生革命性变化,从汽车燃油、控制系统,到底座、车载及行驶调度系统等都在通过信息技术实现智能化。随着消费者对汽车智能化、电子化、信息化、网络化要求逐步提高,综合计算机、通信、控制、微电子及电子传感器等技术的嵌入式设备将逐步融入汽车,使汽车由传统意义上的机械产品向高新技术产品演进。

　　总之,随着以计算机技术、通信技术和软件技术为核心的信息技术的迅猛发展,嵌入式技术在各个领域得到了广泛的应用,在需求的推动下,它展现出了一些新的发展趋势。

1. 嵌入式系统硬件集成化发展——SoC

　　嵌入式系统,特别是 MCU 的出现与普及,使传统电子系统全面进入了现代电子系统。电子系统追求的目标就是最大限度地简化电路设计,并获得整体产品系统的可靠性和稳定性等品质指标。随着微电子技术与集成电路工艺技术的不断发展和集成度的大幅度提高,将整个嵌入式系统集成在单一芯片上,即片上系统(SoC)已成为现实。SoC 作为系统集成电路,能在单一硅芯片上实现信号采集、转换、存储、处理和 I/O 等功能,将数字电路、存储器、MPU、MCU 及 DSP 等集成在一块芯片上实现一个完整系统的功能。它将电路系统设计的可靠性及低功耗性等都解决在 IC 设计中,把过去许多需要系统设计解决的问题集中在 IC 设计中解决。而且随着现场可编程技术的发展,SoC 还将走入用户可重构的时代,用户可以根据需要动态地更改 SoC 的功能。更强的功能、更低的成本、更小的体积、更好的可靠性和更灵活的配置,使得 SoC 成为新一代应用电子技术的核心,它是当今超大规模集成电路发展的趋势和 21 世纪集成电路技术的主流。

2. 嵌入式操作系统得到快速发展

　　作为嵌入式系统灵魂,嵌入式操作系统是随着嵌入式系统的发展而出现的,它是嵌入式系统发展到一定阶段的产物,是嵌入式处理器性能提高和硬件复杂度增加的必然结果。在嵌入式系统发展的早期,嵌入式处理器的性能较低,系统资源较少,系统所需的功能简单,操作系统的使用并不流行。随着半导体工业的发展,嵌入式系统硬件性能得到了很大的提高,嵌入式处理器从 8 位、16 位发展到 32 位甚至 64 位,系统的硬件功能越来越强大,接口也越来越复杂,在一个小小的嵌入式系统中就包含了串口、网络接口、USB 控制器及 LCD 控制器等各种各样的外围设备,在这样复杂的系统中,若不使用操作系统,其开发的难度将大大增加。如果每增加一个新的功能就要重新进行系统设计,重新人为分配系统资源,这将使开发成本大大增加,甚至导致项目失败。嵌入式操作系统的出现,大大提高了嵌入式系统开发的效率,改变了以往嵌入式软件设计只能针对具体的应用从头做起、软件不具有可重用性的历史。随着高性能的 32 位嵌入式处理器尤其是 32 位的 SoC 处理器在嵌入式领域得到广泛应用,嵌入式操作系统也随之得到了快速的发展。最初的嵌入式操作系统的功能比较简单,通常只是一个任务调度程序;现在的嵌入式操作系统已从简单的任务调度内核发展为具有各种丰富功能的嵌入式的操作系统。当前嵌入式操作系统的发展趋势是强调高可靠性、强实时性,采用构件组件化技术增加操作系统的可配置性、可裁剪性和可移植性。

3. 软件开发环境集成化、智能化和图形化

目前,嵌入式软件工具向着集成化、智能化和图形化的方向发展,其使用越来越简单,功能越来越强大,自动化程度越来越高。一般在嵌入式系统的开发过程中,涉及的开发工具种类繁多,在开发的不同阶段要使用不同的开发工具。一个嵌入式系统的软件开发不仅需要源程序编辑器,还需要使用交叉编译器;在底层软件开发过程中,还经常需要使用硬件仿真器来调试硬件系统和基本的驱动程序;在应用程序调试阶段,需要软件调试开发环境进行软件调试;在代码测试阶段,可能还需要一些专门的测试工具进行功能和性能的测试。在激烈市场的竞争下,许多公司因为市场的压力,要求在尽可能短的时间内将产品开发出来。因此,能否使用优秀的软件开发工具,提高软件的开发效率,成了影响嵌入式系统开发的一个重要因素。

4. 与网络及通信的结合是嵌入式技术的未来

随着多媒体技术的发展,视频、音频信息的处理水平越来越高,为嵌入式系统的多媒体化创造了良好的条件,嵌入式系统的多媒体化将变成现实。Internet 是 20 世纪人类最伟大的发明之一,它正成为信息社会中人们访问数据与信息的通用接口。网络与通信的结合为人类提供了更强有力的通信手段。今天,人们不仅使用电话、信件和传真等传统通信手段互相通信,也通过 EMAIL、即时聊天工具和网络视频电话等软件与远方的亲朋好友进行着文字、声音乃至视频的交流。目前,人们通过网络获得的便捷依然无法脱离 PC 机的使用,而嵌入式技术与网络和通信融合必将帮助人类进一步跨越时间与空间的障碍。随着各种各样新型嵌入式设备的涌现,人们获得了摆脱 PC 机访问互联网的能力,不仅可以使用 PC 机上网,同时也可以使用手机、PDA 和机顶盒等嵌入式设备上网访问与处理信息。嵌入式设备与通信(尤其是无线通信)的结合对嵌入式系统的发展产生了深远的影响。随着网络、通信和多媒体技术与嵌入式技术的相互融合、互相促进与发展,种类繁多的新型嵌入式设备必将给人类带来各种各样新的体验。

5. Linux 和 JAVA 技术对嵌入式软件的发展产生深远影响

目前自由软件技术备受青睐,并对软件技术的发展产生了巨大的推动作用。Linux 凭借其开放性、模块化、出色的执行效率和稳定性以及来自全世界自由软件爱好者的技术支持,成为嵌入式操作系统开发的重要参考平台。以 Linux 为基础的嵌入式软件平台将在未来扮演越

来越重要的角色。

从 1995 年诞生到现在,JAVA 问世整整 10 年,它已经无处不在。全球市场调查分析显示:已经有 25 亿部电子设备采用 JAVA 技术,JAVA 智能卡发行量已经达到 10 亿张;采用 JAVA 技术的手机达 7 亿多部。"一次编写,到处运行"的 JAVA,随着 J2ME(JAVA 2 Platform Micro Edition)技术日趋成熟,也将对嵌入式软件的发展产生深远影响。

习题与思考题

1. 什么是嵌入式系统?它有哪几种类型?
2. 简述嵌入式系统的组成和特点。
3. 简述嵌入式系统的主要应用领域和发展趋势。

第 **2** 章

嵌入式处理器与 **ARM** 体系结构

本章要点

- 嵌入式处理器体系结构；
- PowerPC 与 MIPS 处理器；
- ARM 处理器简介与分类；
- ARM 编程体系结构；
- XScale 体系结构；
- PXA255 处理器与 PXA27X 处理器简介。

2.1   嵌入式处理器及其体系结构

嵌入式处理器就是嵌入式系统的处理器单元，是嵌入式系统的核心部件。目前，全世界嵌入式处理器的品种数量众多，流行体系结构从 8 位到 64 位共有几十个系列，其中，8 位嵌入式处理器以 8051 体系结构最为常见。目前，32 位的嵌入式处理器以 ARM 系列所占的市场份额最大，其他还有 PowerPC,MIPS,ColdFire 和 X86 等系列的处理器。其中，除了 X86 系列的处理器外，大多采用 RISC 指令系统，许多高性能的嵌入式处理器还采用了哈佛体系结构。

2.1.1   冯·诺依曼和哈佛体系结构

1946 年冯·诺依曼等人提出了一个完整的现代计算机雏形，它由运算器、控制器、存储器和输入/输出设备组成。冯·诺依曼结构的计算机以存储程序原理为基础，即程序由指令组成,指令和数据一起存放在计算机存储器中,机器启动后按照程序指定的逻辑顺序把指令从存储器中读出来并依次逐条执行,自动完成程序所描述的任务。

冯·诺依曼结构的计算机具有以下几个特点:

● 使用单一处理部件来完成计算、存储及通信工作。
● 使用一维线性组织的定长存储单元存储程序,且不区别指令和数据。
● 存储空间各单元有唯一定义的地址,对其访问采用直接寻址方式。
● 使用二进制机器语言,编程完成基本操作码的简单操作。
● 按指令在存储器中存放的次序顺序执行,程序分支由转移指令实现。

早期的处理器大多采用冯·诺依曼结构,其典型代表是英特尔公司早期的 X86 处理器,其读取指令和操作数是通过同一根数据总线,采用分时复用的方式来完成的;其缺点就是在多级流水线的处理器中,无法在同一个时钟周期内同时进行读取指令和操作数的操作,使得信息流的传输成为限制计算机性能的瓶颈,影响了数据处理速度的提高。

与冯·诺依曼结构处理器数据和指令混合存储不同,哈佛结构处理器的指令和数据空间是独立的,其使用两个独立的存储器模块,分别存储指令和数据。当前的哈佛结构主要是指在单一的主存储器情况下,通过使用分离的指令高速缓存(instruction cache)和数据高速缓存(data cache)实现指令空间与数据空间的分离。通过这种方式,CPU 可以在一个时钟周期内同时读取指令和操作数,实现并行处理,避免了数据与指令的存储器访问冲突,提高了运行效率。

2.1.2　CISC 与 RISC 体系结构

复杂指令集计算机(CISC)和精简指令集计算机(RISC)是当前 CPU 指令集的两种架构。例如,常见的 X86 处理器就是一种典型的复杂指令集计算机;而一些常见的嵌入式处理器,如 ARM,POWERPC 及 MIPS 等都是精简指令集计算机。

早期的计算机部件相当昂贵,而且速度慢,存储器容量又很小,如何用最少的机器语言指令来完成计算任务,尽量减少代码长度,提高计算机的运行速度就显得相当重要。CISC 就是在这种背景下发展起来的,其采用不定长指令,使用多种寻址方式,设置了一些功能复杂的指令,使计算机能够利用一两条指令就能执行非常复杂的操作。但是随着硬件的高速发展,复杂指令带来的弊端也逐渐体现出来:在 CISC 中,每个指令无论执行频率高低都处于同一个优先级,所以执行效率低;处理器的晶体管被大量低效的指令占据,资源利用率较低;CPU 结构的复杂性和对 CPU 制造工艺的要求都较 RISC 高。

RISC 采用了与 CISC 不同的设计理念和方法。经研究发现,在 CISC 指令集中,各种指令的使用频率相差悬殊,大概有 20% 的指令被反复使用,而有 80% 左右的指令则很少使用,其使用量约占整个程序的 20%。为了简化指令,克服 CISC 结构的固有缺点,1979 年,美国加州大学伯克利分校提出精简指令集计算机 RISC 结构。RISC 指令集与 CISC 指令集相比,它要求

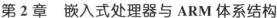
指令规整、对称和简单。RISC 指令集可以使处理器流水线能高效地执行,使编译器更易于生成优化代码。

为提高流水线效率,减少指令平均执行周期,RISC 结构具有如下特征:

- 简单统一格式的指令译码;
- 大部分指令可以单周期执行;
- 只有加载(load)和存储(store)指令访问存储器;
- 简单的寻址方式;
- 延迟转移;
- 加载延迟。

RISC 结构为了使编译器便于优化代码,采用以下措施:

- 三地址指令格式;
- 较多的寄存器;
- 对称的指令格式。

2.2　PowerPC 处理器

PowerPC 是一种 RISC 体系结构的处理器,其应用范围很广,从超级计算机到视频游戏终端、多媒体娱乐系统,从服务器到 PDA 和手机,从通信基站到家用宽带调制解调器、路由器、打印机和复印机等,随处可见 PowerPC 处理器的身影。PowerPC 源于 IBM 的 POWER 体系结构(PowerPC 中的 POWER 是 Power Optimization With Enhanced RISC 的缩写,PC 代表 Performance Computing),第一款 PowerPC 架构的处理器是 PowerPC 601,其是苹果公司、IBM 公司和原摩托罗拉公司组成的 AIM 联盟为苹果公司的 Macintosh 机开发的,用于取代 Macintosh 系统中原有的 680X0 处理器。

当前,PowerPC 架构的处理器主要包含 IBM 公司的 PowerPC600 系列、PowerPC700 系列、PowerPC900 系列和 PowerPC400 系列处理器以及飞思卡尔公司(原摩托罗拉半导体公司)的 MC 和 MPC 系列处理器。尽管 IBM 和飞思卡尔公司分别独自开发了自己的芯片,但所有 PowerPC 处理器从用户层看都共享一个基本指令集,这就保证了这些处理器在很大程度上具备应用级的兼容性。PowerPC 体系结构除了兼容性之外的一个最大的优点,就是其开放性,即允许任何人设计和制造与 PowerPC 兼容的处理器。

2.2.1　PowerPC 体系结构

PowerPC 体系结构分为 Book Ⅰ,Book Ⅱ 和 Book Ⅲ 三个层次。

(1) Book Ⅰ(用户指令集体系结构)

这是最低层,它定义了程序员可见的、基本的用户级指令集、用户级寄存器、数据类型和寻址方式。这个层次的定义是一个最基本的定义。

(2) Book Ⅱ(虚拟环境体系结构)

这是第二层,它描述了程序必须遵守的存储器模型的语义,包括高速缓存管理、原子操作和用户级计时器等。

(3) Book Ⅲ(操作环境体系结构)

这是第三层,它描述了存储器管理结构、异常向量处理、特权寄存器访问和特权计时器访问等。

从 PowerPC 体系结构诞生至今,主要有两个活跃的分支:PowerPC AS 体系结构和 PowerPC Book E 体系结构。PowerPC AS 体系结构是 IBM 公司定义的,主要用于其 eServer pSeries UNIX 和 Linux 服务器产品系列以及 eServer iSeries 企业级服务器产品系列的处理器。PowerPC Book E 体系结构是 IBM 公司和原摩托罗拉公司合作定义的,主要用于满足嵌入式市场的特定需求。

2.2.2　飞思卡尔公司的 PowerQUICC 处理器

飞思卡尔公司的 PowerQUICC 系列处理器广泛应用于各种通信设备,例如,DSL 调制解调器、路由器、交换机、无线基站以及媒体网关等。

PowerQUICC 系列处理器包括 MPC850,MPC860 和 MPC862 等 MPC8XX PowerQUICC 家族的处理器,MPC8255 和 MPC8260 等 MPC82XX PowerQUICC Ⅱ 家族的处理器以及 MPC8560 和 MPC8540 等 MPC85XX PowerQUICC Ⅲ 家族的处理器。这些处理器都采用双处理器设计,一个处理器是嵌入 PowerPC 核,另一个是通信专用的 RISC 处理模块 CPM (Communications Processor Module)。由于 CPM 分担了嵌入式 PowerPC 核的外围工作任务,所以,这种双处理器体系结构比传统体系结构的处理器具有更高的效率和更低的功耗。

2.2.3　IBM 的 PowerPC4xx

PowerPC 体系结构良好的可伸缩性使其不仅可用于个人计算机和服务器,而且也成为嵌入式市场的现实选择。IBM 的 PowerPC4xx 系列处理器就是一种灵活的、基于 32 位架构的嵌入式处理器产品,从低端的 PowerPC405 到高端的 PowerPC440 乃到 PowerPC460 系列处理器,应用非常广泛:从机顶盒到 IBM 的“蓝色基因”超级计算机,到处都可以看到它的身影。PowerPC4xx 系列嵌入式处理器将高速缓存与系统级逻辑集成在一起,简化了系统设计,减少了部件数量,同时,也降低了整个系统的功耗(PowerPC405EP 嵌入式处理器只需要 1 W 的功耗就可以实现 200 MHz 的主频);该系列处理主要被 IBM 作为 IP 授权的主打产品,可供不同厂商嵌入到自行设计的产品中。例如,Xilinx 公司的多款 FPGA 中就嵌入了 IBM 的 PowerPC405处理器。PowerPC405 处理器的主要特点有:

- 采用哈佛体系结构的 RISC 处理器,最高 400 MHz 主频,计算效能达到 600＋DMIPS;
- 采用超标量的 5 级流水线设计;
- 硬件乘法和除法;
- 32×32 通用寄存器;
- 16 KB 的 2 路关联指令和数据高速缓冲存储器;
- 存储管理单元(MMU);
- 64 路全关联 TLB;
- 可变页面大小(1~16 KB);
- 增强的指令和数据片上存储(OCM)控制器,可用于直接与嵌入式块 RAM 接口;
- 支持 IBM CoreConnect 总线架构;
- 良好的调试和跟踪支持。

这款嵌入式处理器广泛应用于储存、消费性产品以及有线/无线网络装置中,作为数据的加速处理辅助。

2.3　MIPS 处理器

MIPS 处理器的应用非常广泛,从索尼、任天堂的游戏机,思科的路由器到 SGI 的超级计算机都可以看见 MIPS 处理器的身影。

MIPS 体系结构源于斯坦福大学的一个学术研究项目。斯坦福大学的 MIPS 项目是 RISC 体系结构最初公开的实现方案之一。在所有当前使用的 RISC 体系结构中,MIPS 仍然是最简单的体系结构之一,所以易于面向大学计算体系结构课程,从而用于教学。同时,极低的实现成本,也使其特别适用于嵌入式微处理器。

1984 年,原英特尔、IBM、摩托罗拉和斯坦福大学工作的几位员工创立了 MIPS 公司,在斯坦福大学 MIPS 项目研究的基础上设计出了 MIPS R 系列工业级微处理器,于 1986 年推出 R2000 处理器,1988 年推出 R3000 处理器,1991 年推出第一款 64 位商用微处器 R4000,之后又于 1994 年推出 R8000、于 1996 年推出 R10000、于 1997 年推出 R12000 等型号。此后,MIPS 公司的战略重点转移到嵌入式系统,陆续开发了高性能、低功耗的 32 位处理器核 MIPS32 4Kc 与高性能的 64 位处理器核 MIPS64 5Kc 和 20Kc。

MIPS 公司采用独立的经营模式,将设计授权给不同的半导体制造商,从而形成了一个开放的 MIPS 微处理器市场,其中,多家供应商可以销售代码兼容和插件兼容的组件。

2.4　ARM 处理器

ARM 公司是一家知识产权(IP)供应商,本身不生产芯片,靠转让设计方案、由合作伙伴来生产各具特色的芯片。作为 32 位嵌入式 RISC 微处理器业界的领先 IP 核供应商,ARM 拥有广泛的全球技术合作伙伴,这包括领先的芯片制造商、半导体厂商、实时操作系统厂商、电子设计公司和工具提供商及应用软件公司等,从而有大量的配套开发工具和丰富的第三方资源,共同保证了基于 ARM 处理器设计可以很快投入市场。采用 ARM 技术 IP 核的微处理器遍及消费电子、手持设备、汽车电子、工业控制、网络及无线等各类产品市场中。

ARM 体系结构很好地继承了 RISC 设计思想,如采用了"加载/存储"的存储结构,为了进一步提高指令和数据的存/取速度,有的还增加了指令高速缓存 I-Cache 和数据高速缓存 D-Cache;采用多寄存器结构,使指令操作尽可能在寄存器之间进行;所有指令都采用 32 位定长;单机器周期执行一条指令,每条指令都具有多种操作功能,提高指令使用效率。

1. ARM 体系结构

ARM 指令集体系结构共定义了 6 个版本,即版本 1 到版本 6。ARM 指令集体系的指令集功能不断扩大,各个版本中还有一些变种,这些变种定义了该版本指令集中不同的功能。ARM 处理器系列中的各种处理器采用的实现技术各不相同,性能差异很大,但它们支持采用相同 ARM 体系版本的处理器。目前,使用广泛的 ARM 核体系结构采用 ARM V4 及以上版本,下面简单介绍一下 ARM V4,ARM V5 和 ARM V6 的特点。

(1) ARM V4

V4 版本比以前的版本增加了下列指令:

- 带符号和无符号的半字读取和写入指令;
- 读写带符号的字节指令;
- 增加了 T 变种,可以从处理器状态切换到 Thumb 状态;
- 增加了处理器的特权模式;
- 定义了未定义指令异常的指令。

(2) ARM V5

V5 版本增加和修正了下列指令:

- 提高了 T 变种中 ARM/Thumb 混合使用的效率;
- 对于 T 变种的指令和非变种的指令使用相同的代码生成技术;
- 增加了计数前导零指令,使整数除法和中断优先级排队操作更有效;

- 增加了软件断点指令；
- 为协处理器设计提供了更多可选择的指令；
- 更加严格地定义了乘法指令对条件标志位的影响。

（3）ARM V6

V6 版本主要特点是增加了 SIMD 功能扩展，SIMD 功能扩展为嵌入式系统的音频/视频处理应用提供了更高性能的处理技术。

2．ARM 系列处理器

ARM 处理器目前有包括以下几个产品系列：ARM7 系列、ARM9 系列、ARM9E 系列、ARM10 系列、ARM11 系列、SecureCore 系列和 Intel XScale 系列。

（1）ARM7 系列

ARM7 系列处理器是低功耗的 32 位 RISC 处理器，广泛应用于对功耗和成本有一定要求的低端消费类产品。它最高主频可以达到 130 MIPS。ARM7 系列具有以下一些特点：

- 嵌入式 ICE 调试技术；
- 采用 3 级流水线；
- 功耗比较低；
- 采用 ARM V4 指令集；
- 支持 16 位的 Thumb 指令集。

ARM7 系列处理器包括如下几种类型的核：ARM7TDMI，ARM7TDMI－S，ARM7EJ－S 和 ARM720T。其中，ARM7TDMI 是一款使用比较广泛的 ARM 处理器核，其中 T 表示 16 位 Thumb 指令集，D 表示支持片上调试，M 表示增强型内嵌硬件乘法器，I 表示嵌入式 ICE 硬件提供片上断点和调试点支持；ARM720T 支持全性能的内存管理单元 MMU，适合低功耗和体积为关键的应用；ARM7EJ 适合 Jazelle 和 DSP 指令集的应用。

（2）ARM9 系列

ARM9 系列处理器使用 ARM9TDMI 核，包括 ARM920T，ARM922T 及 ARM940T 等类型，主要用于适应不同的市场需求。ARM9 系列处理器具有以下特点：

- 5 级超级流水线，执行指令效率高；
- 采用哈佛体系结构；
- 全功能 MMU 支持，可以支持 Windows CE，Linux 及 Palm OS 等操作系统；
- 独立的数据高速缓存和指令高速缓存；
- 单一的 32 位 AMBA 总线接口。

（3）ARM10 系列

ARM10 系列采用了新的体系结构，与同等的 ARM9 处理器相比，在同样的时钟速度下，性能提高了近 50%，同时 ARM10 采用了先进的节能方式来降低功耗。ARM10 系列处理器的主要特点有：

- 支持 DSP 指令集，适合需要高速数字信号处理场合；
- 6 级超级流水线；
- 支持 32 位的高速 AMBA 总线接口；
- 支持 VFP10 浮点处理器协处理器；
- 全性能 MMU 支持；
- 支持数据高速缓存和指令高速缓存，具有更高的指令和数据处理能力；
- 内嵌并行读/写操作部件。

（4）ARM11 系列

ARM11 主要针对高性能应用而设计，主要有以下特点：

- 执行 ARM V6 架构指令集；
- 采用 8 级超级流水线；
- 增加了多媒体处理指令单元扩展，单指令多数据流（SIMD）；
- 增加快速浮点运算和向量浮点运算。

（5）XScale 系列

Intel XScale 核采用 ARMV5TE 指令集。采用 XScale 核的处理器有用于手持和无线设备的 PXA 系列处理器和用于网络处理的 IXP 系列处理器。XScale 核主要特点如下：

- 采用 7～8 级超级流水线结构带来的高性能和超低功耗。
- 支持多媒体处理技术。PXA27x 系列处理器支持 Wireless MMX 技术。
- 采用了分离的 32 KB 指令高速缓存 I-Cache 和 32 KB 数据高速缓存 D-Cache。
- 使用了微小型指令高速缓存和微小型数据高速缓存。
- 动态电源管理技术，动态管理芯片电压和时钟频率。PXA27x 系列 speed step 技术。

2.5　ARM 体系结构一些重要概念

2.5.1　处理器工作状态

ARM 处理器的工作状态一般有两种，并可以在两种状态之间切换：

- ARM 状态，此时处理器执行 32 位的、字对齐的 ARM 指令；
- Thumb 状态，此时处理器执行 16 位的、半字对齐的 Thumb 指令。

通常，Thumb 程序比 ARM 程序更加紧凑，而且对于 8 位或者 16 位内存的系统，使用 Thumb 指令效率更高。ARM 指令集和 Thumb 指令集均有切换处理器状态的指令，并可在两种工作状态之间切换。

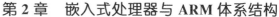

2.5.2　处理器模式

ARM 处理器有 7 种运行模式：

- 用户模式(USR)，ARM 正常程序执行的模式；
- 快速中断模式(FIQ)，用于高速数据传输和通道处理；
- 外部中断模式(IRQ)，用于通用的中断处理；
- 特权模式(SVC)，供操作系统使用的一种保护模式；
- 数据访问中止模式(ABT)，用于虚拟存储和存储保护；
- 未定义指令中止模式(UND)，用于支持硬件协处理器的软件仿真；
- 系统模式(SYS)，用于运行特权级的操作系统任务。

除了用户模式以外，其他 6 种处理器模式称为特权模式。在特权模式下，程序可以访问所有的系统资源，可以进行处理器模式的切换。其中，除了系统模式外的 5 种特权模式称为异常模式。处理器模式可以通过软件控制来进行切换，外部中断或者异常处理也可以引起模式变化。大多数应用程序运行在用户模式下，除非异常发生，应用程序不能访问一些受操作系统保护的系统资源，也不能直接进行处理器模式的切换。当应用程序发生异常中断时，处理器进入相应的异常模式。每一种异常模式都有一组寄存器供相应的异常处理程序使用。

2.5.3　ARM 寄存器

ARM 处理器共有 37 个寄存器。

- 31 个 32 位的通用寄存器(包括程序计数器 PC)；
- 6 个 32 位的状态寄存器，这些 32 位寄存器目前只使用 12 位。

ARM 处理器的 7 种处理器运行模式中，每种模式中都有一组相应的寄存器组。任何一种模式，可见的寄存器包括 15 个通用寄存器(R0～R14)、1 或 2 个状态寄存器和程序计数器。

1. 通用寄存器

通用寄存器(R0～R15)可以分成三类：

(1) 不分组寄存器 R0～R7

不分组寄存器 R0～R7 是真正的通用寄存器，没有体系结构所隐含的特殊用途。在所有处理器模式下，对它们的访问都指向同样的物理寄存器。

(2) 分组寄存器 R8～R14

分组寄存器 R8～R12 有两组物理寄存器，一组用于 FIQ 模式，另一组用于除 FIQ 以外的其他模式。寄存器 R8～R12 没有任何特殊用途。由于在 FIQ 模式中使用了单独的一组 R8～

R14 寄存器,因此,如果在 FIQ 模式中仅用到这组寄存器,FIQ 处理程序可以不必保存和恢复中断现场,从而加快中断处理过程。

寄存器 R13 和 R14 各有 6 个分组的物理寄存器。这 6 个分组中,有一组用于用户模式和系统模式,其他 5 组分别用于 5 种异常模式。访问时需要指定它们的模式:

```
R13_<mode> 或 R14_<mode>
```

其中,<mode>可以是以下几种:usr,svc,abt,und,irq,fiq。

寄存器 R13 通常用作堆栈指针,称为 SP。通常各组 R13 寄存器分别初始化成指向用户模式和 5 个异常模式分配的堆栈。当进入异常模式,可以将需要使用的寄存器保存在 R13 所指的栈中;当退出异常处理程序时,将保存在 R13 所指的栈中的寄存器值弹出。

寄存器 R14 又称为链接寄存器 LR(Link Register),有两种特殊功能:

① R14 用于保存子程序的返回地址。当用 BL 或者 BLX 指令进行子程序调用时,R14 被设置成子程序返回地址。当子程序返回时,把 R14 的值复制到程序计数器 PC 实现程序的返回。它可以通过下面两种方式之一实现。

● 执行下面任何一条指令:

```
MOV PC,LR
```

或

```
BX LR
```

● 在子程序入口,用下面指令把 R14 保存到堆栈中:

```
STMFD SP!,{<registers>,LR}
```

使用下面指令实现子程序返回:

```
STMFD SP!,{<registers>,PC}
```

② 异常发生时,R14 被设置成该异常模式将要返回的地址。

(3) 程序计数器 R15

寄存器 R15 用做程序计数器(PC)。由于 ARM 使用的流水线执行模式的结果,所以读取到的 R15 也就是程序计数器 PC 的值,指向当前指令地址值加 8 个字节的地址,即 PC 指向当前指令的下两条指令的地址。当执行写操作,向 R15 写入一个地址数值时,程序将跳转到该地址执行。

2. 程序状态寄存器

在所有处理器模式下都可以访问当前程序状态寄存器 CPSR,此寄存器中包括条件标志位、中断禁止位、当前处理器模式标志以及其他的状态和控制信息。每种异常模式都有一个备份程序状态寄存器 SPSR。当异常中断发生时,备份程序状态寄存器 SPSR 用来存放当前程序状态寄存器 CPSR 的内容,在中断服务程序退出时,可以用 SPSR 中保存的值来恢复 CPSR。程序状态寄存器如图 2-1 所示。

图 2-1　程序状态寄存器

其中,N,Z,C,V 和 Q 均为条件标志位。许多指令可以修改这些标志位的值,包括算术、逻辑、比较和数据传送指令。

各个条件标志位的具体含义如表 2-1 所列。

表 2-1　条件标志位的具体含义

标志位	含　义
N	当用两个补码表示的有符号数进行运算时,若算结果为负,则 N 被置 1;反之,若运算的结果为正数或零,则 N 被清 0
Z	若运算的结果为 0,Z 被置 1;反之,若运算的结果非 0,则 Z 被清 0
C	C 的设置可分为四种情况: ● 加法运算(包括比较指令 CMN):当运算结果产生了进位(无符号数溢出)时,C 被置 1,否则,C 被清 0 ● 减法运算(包括比较指令 CMP):当运算产生了借位(无符号数溢出)时,C 被清 0,否则,C 被置 1 ● 包含移位操作的非加/减运算指令:C 为被移出的那一位 ● 对于其他的非加/减运算指令:C 的值通常不改变
V	V 的设置分为两种情况: ● 加/减法运算指令:采用二进制补码表示的有符号数进行运算时,若产生溢出,则 V 被置 1 ● 其他的非加/减运算指令:C 的值通常不改变
Q	在 ARM V5 及以上版本的 E 系列处理器中,用 Q 标志位指示增强的 DSP 运算指令是否发生了溢出。在其他版本的处理器中,Q 标志位无定义

CPSR 的低 8 位(包括 I,F,T 和 M[4：0])称为控制位,当发生异常时,这些位发生改变。如果处理器处于特权模式,则这些位也可以由程序修改。

① 中断禁止位 I,F。I=1 时,禁止 IRQ 中断;F=1 时,禁止 FIQ 中断。

② T 标志位。该位反映处理器的运行状态。

对于 ARM 体系结构 V3 及以下版本的处理器和 ARM 体系结构 V4 版非 T 系列的处理器,该位必须为 0,处理器没有 Thumb 工作状态。

对于 ARM 体系结构 V4 及以上的版本的 T 系列处理器,当该位为 1 时,程序运行于

Thumb 状态；否则，运行于 ARM 状态。

对于 ARM 体系结构 V5 及以上的版本的非 T 系列处理器，当该位为 1 时，执行下一条指令以引起为定义的指令异常；当该位为 0 时，表示运行于 ARM 状态。

③ 运行模式位 M[4∶0]。M0～M4 位决定了处理器的运行模式。它们的具体含义如表 2-2 所列。

表 2-2　运行模式位 M[4∶0]的具体含义

M[4∶0]	处理器模式	可访问的寄存器
0b10000	用户模式	R0～R14,CPSR,PC
0b10001	FIQ 模式	R0～R7,R8_fiq-R14_fiq,SPSR_fiq,CPSR,PC
0b10010	IRQ 模式	R0～R12,R13_irq,R14_irq,SPSR_irq,CPSR,PC
0b10011	特权模式	R0～R12,R13_svc,R14_svc,SPSR_svc,CPSR,PC
0b10111	数据访问中止模式	R0～R12,R13_abt,R14_abt,SPSR_abt,CPSR,PC
0b11011	未定义指令中止模式	R0～R12,R13_und,R14_und,SPSR_und,CPSR,PC
0b11111	系统模式	R0～R14,CPSR(ARM V4 及以上版本),PC

由表 2-2 可知，并不是所有的运行模式位的组合都是有效的，如果将其他组合得到的值写入模式位 M[4∶0]其结果是不可预测的。

除了标志位和控制位，CPSR 的其余位为保留位，保留位将用于 ARM 版本的扩展。当改变 CPSR 中的条件标志位或者控制位时，保留位不应被改变。

2.5.4　异　常

异常（Exception）是内部或外部源产生的、引起处理器处理的一个事件。例如，外部中断或试图执行未定义指令都会引起异常。在处理异常前，处理器状态必须保留，以便在异常处理程序完成后，原来的程序能够重新执行。

ARM 体系结构所支持的异常及具体含义如表 2-3 所列。

当一个异常出现以后，ARM 微处理器会执行以下几步操作：

① 将下一条指令的地址存入相应连接寄存器 LR，以便程序在处理异常返回时能从正确的位置重新开始执行；

② 保存处理器当前状态，将 CPSR 复制到相应的 SPSR 中；

③ 设置当前程序状态寄存器 CPSR 中相应的位；

④ 将程序计数器 PC 的值设置成该异常中断的中断向量地址，跳转到相应的异常中断处理程序执行。

表 2-3　ARM 体系结构所支持的异常

异常类型	具体含义
复　位	当处理器的复位电平有效时,产生复位异常,处理器停止当前的程序运行,并进入 SVC 模式。在复位结束后,ARM 处理器从 0x0000000f 地址开始执行
未定义指令	当 ARM 处理器或协处理器遇到不能处理的指令时,产生未定义指令异常。可使用该异常机制进行软件仿真
软件中断	该异常由执行 SWI 指令产生,用于用户模式下的程序调用特权操作。可使用该异常机制实现嵌入式操作系统的系统功能调用
指令预取中止	若取指无效,存储系统发出存储器中止信号。若试图执行这个无效的预取指令,则会产生指令预取中止异常;若指令未执行,则不会产生此异常 在 ARM V5 版本以上体系结构的处理器中,此异常也可由 BKPT 指令产生
数据中止	若数据访问无效,产生数据中止异常
IRQ(外部中断请求)	当处理器的外部中断请求引脚有效,且 CPSR 中的 I 位为 0 时,产生 IRQ 异常。系统的外设可通过该异常请求中断服务
FIQ(快速中断请求)	当处理器的快速中断请求引脚有效,且 CPSR 中的 F 位为 0 时,产生 FIQ 异常

还可以设置中断禁止位,以禁止中断发生。如果异常发生时,处理器处于 Thumb 状态,则当异常向量地址加载入 PC 时,处理器自动切换到 ARM 状态。

ARM 微处理器对异常的响应过程用伪码可以描述为:

```
R14_<Exception_Mode> = Return Link
SPSR_<Exception_Mode> = CPSR
CPSR[4 : 0] = Exception Mode Number
CPSR[5] = 0            /* 异常模式需运行在 ARM 工作状态 */
If <Exception_Mode> == Reset or FIQ then
    CPSR[6] = 1        /* 当复位或响应 FIQ 异常时,禁止新的 FIQ 异常,否则不变 */
    CPSR[7] = 1
PC = Exception Vector Address
```

异常处理完毕之后,ARM 微处理器会执行以下几步操作从异常返回:

① 将链接寄存器 LR 的值减去相应的偏移量后送到 PC 中;

② 将 SPSR 复制回 CPSR 中;

③ 若在进入异常处理时设置了中断禁止位,则在此清除;若是复位异常,则不需要返回。

2.6　XScale 体系结构

本节将重点介绍 XScale 核的体系结构。XScale 核采用 ARMV5TE 架构的处理器核,它是 Intel 公司的继 StrongARM 之后推出的新一代处理器核。XScale 核可以组合众多的外设来提供 ASSP(Applitions Specific Standard Products)的产品应用。例如,PXA 处理器内部集成了 LCD 控制器、多媒体控制器和外扩接口等外围设备,可以为开发极具市场竞争力的低功耗多媒体手持设备提供完善的解决方案;又如,XScale 核可以组合高带宽的 PCI 接口、内存控制器和网卡接口等外设,构成一个高性能、低功耗的 I/O 或者网络处理器。图 2-2 是 XScale 核的内部系统结构图。

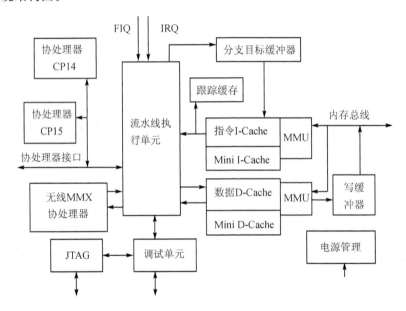

图 2-2　XScale 微架构

从图 2-2 可以看出,XScale 微架构主要由下面一些组件构成:

- 7 级超级流水线;
- 分支目标缓冲器;
- 无线 MMX 指令单元;
- 指令内存管理单元和数据内存管理单元(IMMU/DMMU);
- 指令高速缓存和数据高速缓存(I-Cache/D-Cache);
- 微小型指令/数据高速缓存;

- 写缓冲器；
- 协处理器；
- 电源管理与性能监视；
- 调试单元。

2.6.1　XScale 超级流水线

假设计算机中的一条指令的执行可分成以下 4 个处理步骤：

① 取值 Fetch，从存取器中取出指令；

② 译码 Dec，指令译码；

③ 执行运算 ALU；

④ 写回寄存器 Res。

若所有的指令都分成上述 4 个处理步骤顺序执行，则可以在处理器中建立一条"四工位"的流水线。虽然每条经过流水线的指令处理时间需要 4 个时钟周期，但由于每个流水线步骤都只花一个时钟周期的执行时间，因此在理想的条件下，采用流水线的处理器每个时钟都完成一条指令的执行。也就是说，流水线增大了 CPU 的指令吞吐量，即单位时间完成的指令条数，但没有减少指令各自的执行时间。若增加处理器流水线的级数，减少每个时钟周期所需完成的工作，进而允许采用更高的时钟频率，则可以提高处理器的性能。

XScale 微架构采用了如图 2-3 所示的 7~8 级超级流水线来提高处理器执行效率，从而提高系统的性能。

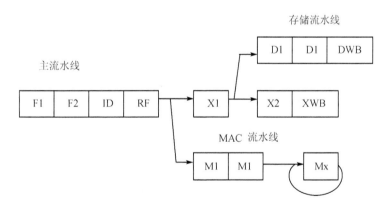

图 2-3　XScale 超级流水线

XScale 超级流水线由主流水线、存储器流水线和 MAC 流水线组成。流水线各个阶段的详细描述如表 2-4 所列。

表 2 - 4　XScale 超级流水线

超级流水线	描　述	超级流水线	描　述
主流水线	操作数据处理指令	存储器流水线	操作 load/store 指令
IF1/IF2	指令读取	D1/D2	数据高速缓存访问
ID	指令译码	DWB	数据高速缓存写回
RF	寄存器文件/移位	MAC 流水线	操作所有乘/累加指令
X1	ALU 执行	M1～M5	乘法阶段
X2	状态执行	MWB	MAC 写回
XWB	写回		

2.6.2　协处理器

ARM 可以通过增加协处理器来增强系统的功能或者用于支持对其指令集的扩充。逻辑上,ARM 可以扩展 16 个协处理器,它们通过协处理器接口与 ARM 内核相连。协处理器采用加载/存储体系结构,包含有对内部寄存器操作的指令、从存储器读取数据并装入寄存器的指令、将寄存器数据存入存储器的指令以及与 ARM 处理器内核的寄存器之间传送数据的指令。协处理器指令在 ARM 流水线的译码阶段被处理,当译码阶段发现一条协处理器指令,则把它送到相应的协处理器中。

XScale 微架构具有 CP14,CP15 和 CP0 等协处理器,与一般的 ARM 结构处理器相比,XScale 增加了 CP14 和 CP15 协处理器。

CP0 协处理器用于 DSP 处理,以便能更好地进行多媒体信息处理,它包含一个 40 位累加器,并增加了 8 条新的指令。

CP1 协处理器主要用于无线 MMX 指令数据传输和状态控制等。

CP6 协处理器是 PXA27x 系列处理器新增的协处理器,主要用于减少访问中断控制寄存器的时间。

CP14 协处理器用于系统的性能监视、时钟管理、电源管理和软件调试。

CP15 协处理器用于内存管理单元 MMU 控制。

2.6.3　无线 MMX 指令单元

MMX(MultiMedia eXtension)技术是 Intel 公司针对 X86 微处理器体系结构的一次重大扩充,使计算机同多媒体相关任务的综合处理能力提高了 1.5～2 倍。MMX 技术对于媒体应用在性能方面有了很大的提高,如视频、图像处理、音频、语音同步与压缩技术等。从 PXA27x

处理器开始,结合了高性能的 MMX 技术以及单指令多数据流扩展(SSE)的无线 MMX 技术移植到 XScale 架构,是 XScale 架构发展的一次飞跃。

无线 MMX 指令单元使用了 ARM 架构的两个协处理器:CP0 和 CP1,用来支持无线 MMX 扩展的指令和数据类型,及使用标准的协处理传输指令。无线 MMX 指令单元包括以下指令:

- 和 MMX 技术兼容的指令(主要与 X86 结构兼容的 MMX 指令);
- 新的无线 MMX 指令;
- 协处理器数据传输指令;
- 协处理器寄存器 load/store 指令。

2.6.4　内存管理

XScale 核中的内存管理单元 MMU(Memory Management Unit),提供内存访问保护和虚拟地址到物理地址转换的功能。从虚拟地址到物理地址的转换过程是查询页表的过程。由于页表存放在内存中,因此页表查询过程代价较大。根据程序执行的局部性原理,在某段时间内程序的访问仅局限在较少数若干个页面,也就是仅访问了页表中的少数条目。因此,可采用一个容量小、访问速度快的高速缓存来存放当前访问所需的地址变换条目,这个高速缓存称为 TLB(Translation Look-aside Buffer)。

为了提高虚拟地址到物理地址的转换效率,XScale 核同时使用指令 TLB 和数据 TLB,每一个 TLB 有 32 个入口。TLB 中不仅包含转换地址,还包括访问相关内存的权限。如果一个指令/数据 TLB 失效,那么将调用一个硬件 TTW(Translation Table-Walking)机制来转换地址,转换的物理地址存放在页或段的 TLB 中。

2.6.5　指令高速缓存

XScale 的指令高速缓存容量为 32 kB,采用 32 路组相联的映射方式,即分成 32 组,每组 32 路,每路由 8 个 32 位的双字(32 字节)和 1 位有效位组成,如图 2-4 所示。它采用循环替换算法。

Xscale 还有 2 kB 的微小型指令高速缓存,也是采用 32 路组相联映射方式,每组只有 2 路,每路为 32 B。微小型指令高速缓存完全独立于指令高速缓存,一般用于调试,只有 JTAG 的 LDIC 指令能访问微小型指令高速缓存中的代码。

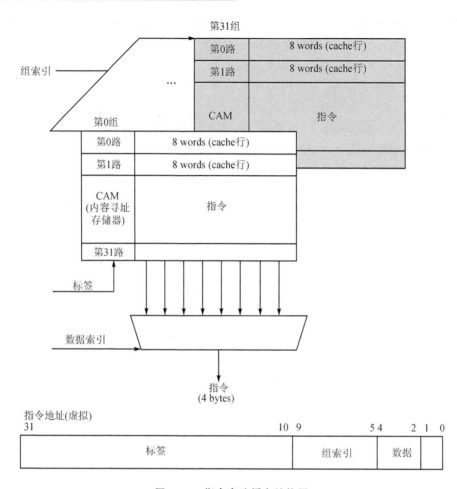

图 2 - 4　指令高速缓存结构图

2.6.6　数据高速缓存

数据高速缓存也是 32 kB,采用 32 路组相联的映射方式,即分成 32 组,每组有 32 路,每路包含 32 字节和 1 个有效位。每一路还包含 2 个脏(Dirty)位,分别对应低 16 位字节和高 16 位字节,当访问高速缓存命中时,就将对应的脏位置位。数据高速缓存的淘汰算法采用循环替换算法,另外,它也支持把高速缓存中的每一路重新构置成数据 RAM。

微小型数据高速缓存是 XScale 为了更有效地处理多媒体数据流的大型数据安排的,它的高速缓存结构与微小型指令高速缓存一样,也是 2 kB 容量,2 路组相联映射,分为 32 组,每组 2 路,每路 32 字节和一个有效位,也有 2 个脏位;它的淘汰算法也是采用循环算法,但不支持锁操作。

2.6.7 转移目标缓冲器 BTB

XScale 核提供转移目标缓冲器 BTB(Branch Target Buffer)来预测转移指令的结果。它提供了转移指令的目标地址的存储并预测下一个出现在指令高速缓存中的地址。BTB 由 128 入口的直接映射高速缓存构成,每个入口由 TAG 转移地址、DTAT 数据目标地址和两位状态位组成。

2.6.8 写缓冲器

写缓冲器是一个非常小的高速 FIFO 存储缓冲器,用来临时存放处理器将要写入到主存中的数据。在没有写缓冲器的系统中,处理器直接写数据到主存中;在带有写缓冲器的系统中,数据先高速写入 FIFO,然后再写入低速的主存中。XScale 写缓冲器有 8 个入口,每个入口为 16 字节。

2.6.9 性能监视

XScale 核(PXA255 处理器)在硬件上提供 2 个 32 位的性能计数器,可以同时监视 2 个特定事件;另外还有 1 个 32 位时钟计数器,可与性能计数器联合使用,记录内核时钟周期数。XScale 可以监视突发事件和持续事件,例如指令高速缓存未命中和时钟中断。当监视突发事件时,计数器将在一个特定事件发生增加记数;当测量持续事件时,只要指定条件为真的事件发生,计数器将记录事件持续的处理器时钟周期数。所有的这些计数器都有对应的 IRQ 和 FIQ 资源,它们会在计数器溢出时产生。XScale 的性能监视模块可以通过协处理器 CP14 的寄存器 0~3 进行控制。每一个计数器可以通过编程来监视任何一个不同的事件。

2.6.10 电源管理

XScale 核合并了电源管理和时钟管理来帮助 ASSP 控制时钟和管理电源,它控制每一个运行模式的时钟频率,并管理在不同电源管理模式下的性能与功耗间的优化。

2.6.11 调 试

XScale 的调试不使用扫描链部件,而是通过微小型指令高速缓存,并采用调试代理的方式进行。XScale 的调试单元由通信控制模块、硬件断点模块、跟踪缓冲模块和代码下载模块组成。

- 通信控制模块主要实现 XScale 目标机与主机平台之间的通信,通过 JTAG 指令来建立两端的握手协议,保证传输数据的有效性。
- 硬件断点模块包括指令和数据断点寄存器,XScale 核通过协处理器来控制硬件断点模块,实现设置硬件断点的功能。
- 跟踪缓冲模块可以实现对程序历史的记录,并且可以通过跟踪缓冲中的信息来实现恢复异常和跳转等功能。
- 通过代码下载模块,主机平台可将调试程序代码下载到指令高速缓存中,通过执行指令高速缓存中的调试代理程序来实现读/写内核状态信息和存储器内容等功能。

2.7　PXA 系列处理器

Intel 公司基于 XScale 核的处理器主要分为用于手持和无线设备的 PXA 系列处理器、用于 I/O 处理的 IOP 系列处理器和用于网络处理的 IXP 处理器。本书重点介绍的就是 PXA 系列处理器。

PXA 系列处理器包括 PXA25x,PXA26x 和 PXA27x 三种处理器,其中,PXA255 是继 PXA250 推出的改进版本,该处理器很好地继承了 XScale 微架构的优势,已经广泛应用在 PDA、智能手机及消费电子等应用场合中;PXA26x 是针对现在的手持设备的体积不断缩小,对芯片集成提出更高要求,且在 PXA255 基础上,采用多芯片集成技术而推出的一款处理器。

2004 年,Intel 新推出的 PXA27x 系列处理器在性能上又有了很大的改进。它同时集成了 Intel 的多项专利技术,其中包括集成 Intel 无线 MMX 指令集,无线 SpeedStep 节能技术和 Quick Capture 技术,大大提升了 PXA27x 多媒体、3D 图像处理、视频处理方面的能力。另外,结合 PXA27x 系列,还发布了 2D/3D 图形加速芯片 2700G,使得 PXA 系列处理器的功能越来越丰富。

2.7.1　PXA255 处理器

PXA255 处理器采用了 XScale 微架构,可以工作在 200 MHz,300 MHz 和 400 MHz,集成了众多常用的外围设备,功能强大,已经广泛应用在手持设备、消费电子、工业控制领域中。如图 2-5 所示为 PXA255 的结构框图。

PXA255 除了采用 XScale 内核外还具有以下的硬件特性。

(1) 内核工作频率

为 200 MHz,300 MHz 和 400 MHz。

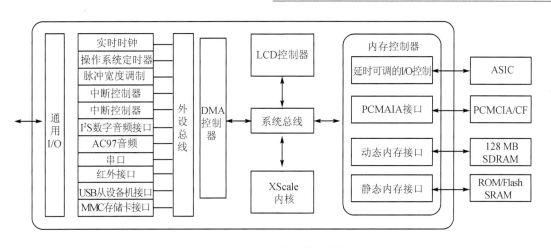

图 2 - 5　PXA255 处理器结构框图

(2) 系统存储器接口

- 100 MHz SDRAM；
- 4 个 SDRAM 区,每个区支持 64 MB 存储器；
- 支持 16/64/128/和 256 MB DRAM 技术；
- 时钟允许(1 个 CKE 脚用于把整个 SDRAM 接口置为自我刷新)；
- 6 个静态片选(支持 SRAM,SDRAM,Flash,ROM,SROM 和侣伴芯片)；
- 支持 2 个 PCMCI/CF 卡插槽。

(3) 时钟和电源控制器

- 3.686 4 MHz 振荡器,具有核 PLL 和外围 PLL,可产生各种工作频率；
- 32.768 kHz 振荡器可驱动实时时钟、电源管理器和中断控制器；
- 电源控制器可控制快速、运行、空闲和睡眠工作模式之间的转换。

(4) DMA 控制器

- 具有 16 个有优先级的通道,可为内部外设和外部芯片提供服务；
- 采用描述器,允许命令链和循环结构；
- 采用 Flow-Through 模式执行外设-内存、内存-外设和内存-内存间的传输。

(5) LCD 控制器

- 支持被动(DSTN)和主动(TFT)LCD 显示；
- 最大支持 1 024×1 024 像素,推荐使用 640×480 像素；
- 2 个专用 DMA 通道,允许 LCD 控制器支持单层或双层显示；
- 主动模式支持 64 k 色。

(6) 系统集成模块

- GPIO。每个可分别程控为输出或输入,作输入时,可在上升或下降沿时产生中断,有

些 GPIO 具有第二功能。

- 中断控制器。所有中断可置内核的 IRQ 或 FIQ 中断。
- 实时时钟(RTC)。可产生周期性时钟频率输出,可把处理器从睡眠状态唤醒。
- OS 定时器,有一个 3.68 MHz 的参考计数器和四个匹配寄存器。它们可产生定时中断,其中一个匹配寄存器可产生 Watchdog 复位。
- PWM。有两路独立的输出,可驱动两根 GPIO,其频率和持续周期可分别编程。

(7) 串行通信口

- USB 从口,支持 USB V1.1,共有 16 个端点,具有内部产生的 48 MHz 时钟。
- 具有 3 个 UART,每个均可有慢速红外接口功能:
  — 全功能 UART,波特率可高至 230 kb/s,具有整套 Modem 控制引脚;
  — Bluetooth UART,波特率可高至 921 kb/s,具有 $\overline{CTS}$ 和 $\overline{RTS}$ 控制引脚;
  — 标准 UART,波特率可高至 230 kb/s 它与高速红外通信口合用发送和接收引脚。
- 硬件 HWUART,包括 UART 和低速 IrDA 编码解码器,支持全硬件数据流控制和自动波特率检测。
- 高速红外(FIR)通信口,基于 4 Mb/s IrDA 标准,可直接与外部 IrDA LED 相连。
- 同步串行接口 SSPC,位速率为 7.2 kHz～1.84 MHz,支持 NS 公司的 Microwire,TI 公司的同步串行规程和 Motorola 公司的 SPI。
- 网络串行接口 NSSP。除了支持同步串行通信规程外,还支持可程控串行规程 PSP。
- I^2C 总线接口单元。

(8) 多媒体通信口

- AC97 控制器。支持 AC97 V2.0 Codec,Codec 的采样频率可达 48 kHz,包含独立的立体声 PCM 输入/输出、Modem 输入/输出和单声道话筒输入的通道。
- I^2S 控制器。可串行连接至数字立体声的标准 I^2S Codec,支持普通的 I^2S 和 MSB 调整的 I^2S 格式。有四个引脚可与 I^2S Codec 相连,与 AC97 控制器脚合用。
- 多媒体卡(MMC)控制器。提供与标准的存储器卡的串行接口,最高速率可达 20 Mb/s。

2.7.2　PXA27x 处理器

Intel 在 2004 年 IDF 展会上发布代号为 Bulverde 的 PXA27x 处理器。它在原来有的 XScale 微架构基础上,提高了处理媒体的效率,优化了处理器的功耗,同时添加了众多针对移动终端设备设计的新功能。PXA27x 处理器的主要结构如图 2-6 所示。

其主要特性如下:

- PXA27x 主频最高可以达到 624 MHz。
- PXA27x 系列包括 PXA270,PXA271,PXA272 和 PXA273。其中,PXA271 集成 32 MB

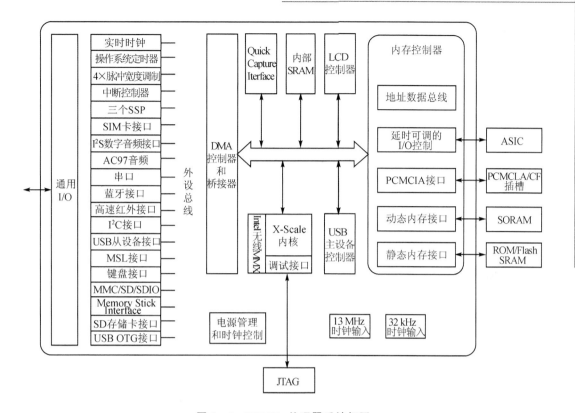

图 2-6　PXA27x 处理器系统框图

Flash 和 32 MB SDRAM,PXA272 集成 64 MB Flash,PXA273 集成 32 MB Flash。

- Intel Wireless MMX 指令集和扩展单指令多数据流指令 SSE 可以提供高性能、低功耗的多媒体、3D 游戏和视频等应用加速。

- Intel Quick Capture 技术可以支持高达 400 万像素的摄像头。支持快速预览模式、高质量图片捕捉模式和快速动画捕捉模式。

- 无线 SpeedStep 电源管理技术可以根据 CPU 的性能的要求动态的调节功耗,可以动态的调节 CPU 的电压和频率来节省电源。

- 电源管理。支持多种运行模式——运行模式、开始运行模式、空闲模式、深度空闲模式、待命模式、睡眠模式和深度睡眠模式。

- 256 kB 的片内 RAM。

- 内置 LCD 控制器。支持 24 位色双屏显示,支持两个 overlays 窗口和一个硬件光标,内部集成 7 通道 DMA。

- 内部集成众多外设,比如 USB Host 控制器、PCMCIA/SD/MMC 卡控制器、I^2C 接口、串口、AC97 控制器、实时时钟、PWM 控制器及 SSP 串行接口等。

本章小结

嵌入式处理器是嵌入式系统的核心部件。与 PC 机市场 X86 体系结构的处理器一统天下不同,嵌入式处理器的品种数量众多,常见的 32 位的嵌入式处理器就有 ARM,PowerPC,MIPS,ColdFire 和 X86 等多个系列的处理器。除了 X86 系列的处理器外,大多采用 RISC 指令系统,许多高性能的嵌入式处理器还采用了哈佛体系结构。

ARM 处理器是一种 RISC 体系结构的处理器。ARM 处理器从 ARM7 至今,各个版本的 ARM 处理器都在不同的应用领域得到了广泛的应用。本章介绍了 ARM 处理器的体系结构的特点与一些重要的概念、XScale 体系结构和 PXA 处理器。

嵌入式处理器种类的多样性正是嵌入式系统多样性的反应,面对如此众多的处理器,许多读者会感到无所适从,不知道该选择哪种处理器进行学习。实际上嵌入式系统的基本概念与原理以及嵌入式系统的开发流程等,无论哪种处理器基本上都是一样的,不会随着处理器改变而发生改变。处理器的选择只与具体的项目需求、硬件系统的开发设计以及嵌入式开发人员所选用的操作系统和开发工具等相关,与嵌入式系统的基本概念和基本原理等无关。

习题与思考题

1. 了解 RISC 设计思想的特点以及与 CISC 设计的区别。
2. 了解哈佛体系结构与冯·诺依曼体系结构的概念与区别。
3. 简述常见的嵌入式处理器有哪些体系结构。
4. 简述 ARM 通用寄存器、程序计数器和程序状态寄存器的作用。
5. 简述 XScale 核超级流水线的工作原理与过程。
6. 简述 XScale 核体系结构的技术特色。
7. 简述 PXA27x 处理器较 PXA255 处理器在技术上有何改进与创新。

第 **3** 章

嵌入式系统软件基础

本章要点

本章简要介绍了嵌入式系统软件开发所需的一些基础知识和基本概念,包括:

- 嵌入式程序中常见的 C 语言现象;
- 一种常用的数据结构——链表;
- 操作系统的定义;
- 操作系统的发展与演化;
- 常见的嵌入式操作系统及其选择;
- 操作系统的主要功能以及一些常见的基本概念。

3.1 嵌入式程序中常见的 C 语言现象

3.1.1 宏定义

写好 C 语言,很重要的一点就是宏定义。用好宏定义有助于防止出错,提高程序的可读性和可移植性。下面介绍一些在嵌入式程序中常用的宏定义技巧。

1. 常量表示

在程序中,常用宏定义表示常量,可以使常量含义清楚。例如,用下面的代码表示一个缓冲区的大小:

```
#define BUFFER_SIZE    256
```

下面的代码:

```
len > BUFFER_SIZE
```

读程序的人一看就知道,这是比较长度(len)是否超过缓冲区的大小,若直接写 len>256,则可读性就较差。

此外,使用宏定义表示常量还可以避免程序员敲错数字的人为失误,同时,可以做到"一改全改",例如,在程序中多处用到 BUFFER_SIZE 这个宏定义,若改变缓冲区的大小,则只须改变 BUFFER_SIZE 这个宏定义,程序中所有用到缓冲区大小的地方都会自动改变。

2. 防止一个头文件被重复包含

许多初学者发现在使用多个头文件后,常出现一些重复定义的错误,实际上,这通常是由一个头文件被重复包含引起的。解决办法很简单,就是使用宏定义。在头文件中定义一个头文件的标识宏,并在头文件的开始处用条件预处理语句判断即可,下面就是一个采用这种方法的头文件模板实例。

```
# ifndef  MY_INCLUDE_H     //若已定义 MY_INCLUDE_H 宏,则跳过此头文件定义的内容
# define  MY_INCLUDE_H     //若未定义 MY_INCLUDE_H 宏,则定义它,并包含此头文件的内容
 //头文件内容
    ......
    # endif
```

3. 防错技巧

宏定义可以用于进行简单计算,为防止计算优先级先后次序混乱引起错误,可以将算式放在小括号内。例如:

```
# define ADD(a,b) (a + b)
```

这个小括号看起来多余,但如果去掉,则有可能会出现错误。

```
# define ADD(a,b) a + b
a = 3 * ADD(4,2);
```

上面代码的正确结果是 18,但是按照上面的定义,计算结果将是 14。为看清这个错误是如何产生的,下面将宏定义展开代入算式:

```
a = 3 * 4 + 2;
```

很显然,由于乘法的运算优先级比加法高,计算产生了错误。因此,为了防止错误,用宏定义声明的算式中应加上小括号。

下面这个例子是 Linux 内核中使用的一个宏定义,它可能让人迷惑:

```
# define SISFAIL(x) do { printk(x "\n"); return - EINVAL; } while(0)
```

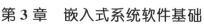

众所周知,do-while 循环是先执行后判断循环条件。上述定义就意味着这个宏定义的操作只执行一次。那么,为什么要这么定义? 实际上,这是一个防止宏定义使用不当即产生错误的一个技巧。为解释清楚这个问题,下面先来看看这个宏定义的其他几种可能写法。

```
#define SISFAIL(x)  printk(x "\n"); return - EINVAL;
```

这是最容易想到的一种写法,那么,这个写法是否存在问题? 下面先看一个例子:

```
if(read_status())
    SISFAIL(x);
else
    do_something_else();
```

经过预处理,这段代码就变成:

```
if(read_status())
    printk(x "\n"); return - EINVAL;
else
    do_something_else();
```

这段代码编译时就会出错,因为前面找不到一个匹配 else 的 if 语句,编译器会认为 if 语句在 printk 之后就结束了。如果代码中没有 else,编译就不会出错了,但是无论前面的 if 语句条件是否满足,return 语句都会被执行。这样就产生了一个非常隐蔽的逻辑错误,这可能是埋在程序中的一颗定时炸弹。

如果在宏定义中加上花括号:

```
#define SISFAIL(x)  {printk(x "\n"); return - EINVAL; }
```

这也是错的,因为经过预处理,上面那段程序变为:

```
if(read_status())
    {printk(x "\n"); return - EINVAL; };
else
    do_something_else();
```

由于花括号内的语句块被整个当成一条语句,后面的";"成为一个空语句,编译就会出错。

由此可以看出,采用 do-while 语句可以有效防止宏定义包含多条语句的情况下可能产生的错误。同样,为了防止错误,也可以用 do {} while(0)语句来定义空操作。例如:

```
#define DBG(stuff...)          do{}while(0)
```

3.1.2　volatile 关键字

volatile 关键字是一种类型修饰符,它在一般的 C 语言教科书中很少提及,一般的编程人员也可能永远都不会用到这个关键字,但是,对嵌入式程序开发人员来说,这个关键字很重要。volatile 原意是不稳定的、易变的。用此关键字修饰变量,表示编译器不应对该变量的读写以及多个 volatile 变量读写的先后顺序进行优化;对其存取时不能使用寄存器中的备份,每次读必须重新访问相应的内存地址,每次写也须将结果立即回写。

　　volatile 变量在嵌入式程序中很常见。例如,访问与 I/O 操作寄存器相关的变量,I/O 寄存器中的值可能在程序本身不知道的情况下发生改变,所以,对它的访问不能采用缓存或进行优化。而采用 volatile 关键字修饰与 I/O 寄存器相关的变量能保证对 I/O 寄存器的正确存取,例如,使 I/O 端口输出一个脉冲的代码如下:

```
void main (void)
{
volatile int * i = 0x45000000;    //I/O端口地址
int * j = 0x45000000;


* i = 0;               //不被优化 * i = 0
* i = 1;               //不被优化 * i = 1
* i = 0;               //不被优化 * i = 0
sleep(1);
* j = 0;                //被优化
* j = 1;                //被优化
* j = 0;                // * j = 0
    }
```

　　若将上面的代码编译成汇编语言就可以看出:声明为 volatile 的指针变量 i 的操作不会被优化;而对指针变量 j,由于编译器认为两次写操作间没有读操作,因此,编译器将对这些连续的写操作进行优化,只有最后一次写操作是有效的,只执行最后一句。这样,原来希望 I/O 端口输出一个脉冲的操作就变成了将 I/O 端口的电平置低的操作。这种优化对于硬件 I/O 相关的操作显然是不可接受的,它可能产生非程序员所期望的结果。因此,硬件相关的操作要注意使用 volatile 关键字,保证编译器不对相关的代码进行优化。

　　对于存在异步操作的程序(例如中断程序或信号处理函数等),一些可能被中断处理程序(或信号处理函数)改变的全局变量使用 volatile 关键字修饰时,也应保证变量不被优化,因为这些变量的改变可能是编译器无法预知的。例如:

```
int int_data1;
volatile int int_data2;

void interrupt()
{
```

```
    int_data1 ++ ;

    int_data2 ++ ;

}


void main()

{

int temp;

//下面的代码不会被优化

temp = int_data2;

while(int_data2 == temp){}

if (int_data2 != temp)

  do_something();

//下面的代码将被编译器优化为一个死循环 while(1){}

temp = int_data1;

while(int_data1 == temp){}

if (int_data1 != temp)

  do_something();

}
```

上面代码本意是等待中断到来,改变 int_data1 和 data2 的值,然后处理一些事情。但是,若将上面的代码编译成汇编代码就可以看出,只有声明为 volatile 变量的 int_data2 相关的代码被编译器正确处理;而由于 int_data1 不是 volatile 变量,编译器看到 temp=int_data1 就会认为 int_data1 与 temp 是相等的,因而,条件判断 int_data1==temp 被认为永远成立,while 循环成为一个死循环。显然,这是不可接受的。

在多线程程序设计中,volatile 变量也很常用。例如,Linux 内核中用于进程同步的互斥锁就采用了 volatile 变量:

```
typedef struct {
    volatile unsigned int lock;
} raw_spinlock_t;
```

3.1.3　static 关键字

在 C 语言中,变量的存储类别分为静态存储和动态存储两种。默认情况下,局部变量采用动态存储的方法。若希望采用静态存储的方式,则须在变量定义时利用 static 关键字指定。静态存储类型的变量在程序运行期间存在,也就是说,若一个变量在函数内被表明为静态变量,则它的值不会在函数调用结束后消失,而是维持其值不变。下一次该函数被调用时,该变量的值不会重新初始化,而是保持上次调用结束时的值。

若 static 关键字用于定义全局变量,则该全局变量的作用域被限定为变量所在的文件,不能被此文件之外的其他代码引用。这种方法常用于嵌入式程序设计,保证全局变量的作用域限定于一个模块内,避免在多个模块中被引用导致的混乱。

基于同样的原因,static 也常用于定义函数,使其作用域限定在本模块内。一般,函数作用域都是全局的,可以被其他文件中的函数调用;而一个被声明为静态的函数,则只可被该模块内的其他函数调用,对于其他文件模块是不可见的。

将 static 关键字用于定义全局变量和函数是模块化程序设计中很有用的一个技巧,它保证了不同模块间的变量与函数可能存在的不必要的干扰,有利于采用面向对象的思想进行 C 语言程序的设计。通过 static 关键字,程序设计者可以只向外部提供必要的接口,而将模块内部的实现隐藏起来。

3.2　链表及其在 Linux 中的实现

3.2.1　链表简介

链表是应用非常广泛的一种数据结构,是线性表的一种,与静态线性表不同,它用指针存储线性表示相邻元素间的逻辑关系。与线性表的静态实现相比,链表具有良好的动态性,其存储的数据可以动态增长,也可以高效地在链表中的任意位置插入或删除数据。链表的基本组成单元称为节点(node),每个节点包括两部分:存储数据元素信息的数据域和存储元素间相互逻辑顺序关系的指针域。链表按照指针域组织形式所表达的节点间的相互关系,可以分为单链表、双链表及循环链表等多种类型。

1. 单链表

单链表是最简单的一种链表如图 3 - 1 所示,它的每个节点只使用一个指针域表达该节点与后继节点(next node)间的逻辑关系,因而,单链表的链接方向是单向的,对其遍历只能从头节点开始,按从头至尾的顺序进行。

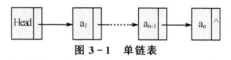

图 3 - 1　单链表

单链表可以在一个已知节点 p 之后,插入一个新节点或删除已知节点 p 的后继节点 q,它的插入操作如图 3 - 2 所示,只需将新增节点的指针域指向节点 p 的后继节点,再将节点 p 的指针域指向新增节点即可。对于删除操作如图 3 - 3 所示,只需将已知节点 p 的指针域指向节点 q 的后继节点即可。

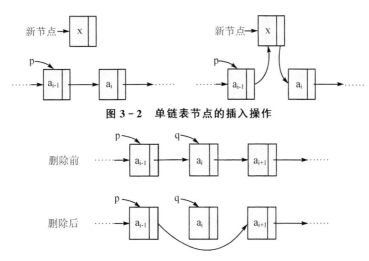

图 3 - 2　单链表节点的插入操作

图 3 - 3　单链表节点的删除操作

2. 双链表

在单链基础上为每个节点增加一个指针域就可形成双链表,如图 3 - 4 所示。双链表节点使用两个指针域,其中,一个指针域同单链表一样,指向后继节点,另一个指针域指向该节点的前驱节点(previous node)。由于多增加了一个指向前驱节点的指针域,双链表不仅可以执行从头至尾的遍历,也可以反向,执行从尾至头的逆向遍历。

由于双链表可以从一个已知节点 p 访问它的前驱或后继节点,因而,其插入操作可以在已知节点 p 之前或之后进行;同样,它也可以删除已知节点的前驱或后继节点。双链表的插入/删除操作与单链表类似,只是增加了对前驱节点指针域的处理。

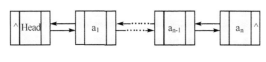

图 3 - 4　双链表

3. 循环链表

将链表的首尾相连就形成循环链表,单循环链表就是链表的最后一个节点指向链表的头节点;双向循环链表不仅最后一个节点的后继节点指针指向头节点,其头节点的前驱节点指针也指向最后一个节点。若循环链是空的,则其指针域指向头节点自身。

3.2.2　Linux 链表的定义

双向循环链表是在 Linux 内核源码中使用非常频繁的一种数据结构,例如,各种设备列表和各种功能模块中的数据组织都是采用双向循环链表实现的。Linux 内核的链表及其实现是在 include/linux/list. h 中定义的。

```
struct list_head {
    struct list_head * next, * prev;
};
```

链表节点 list_head 包含两个指向 list_head 结构体的指针 prev(指向前驱节点的指针)和 next(指向后继节点的指针)。从上面的定义可以看出,list_head 没有数据域,它实际上是一个抽象的数据结构,通常作为其他数据结构的子域存在。例如,内核缓冲区管理所用的数据结构 slab 就包含了一个 list_head 域:

```
struct slab {
    struct list_head list;
    unsigned long colouroff;
    void * s_mem;           /* including colour offset */
    unsigned int inuse;     /* num of objs active in slab */
    kmem_bufctl_t free;
    unsigned short nodeid;
};Linux
```

3.2.3　Linux 链表操作接口

Linux 内核对这个抽象的 list_head 链表数据结构定义了一套链表的操作方法,对于其他需要使用链表组织起来的数据结构,只须将 list_head 作为自己的一个子域,通过调用 list_head就可以实现链表的操作与维护。若从面向对象的观点来看,list_head 就是一个抽象的基类,其他数据结构可以通过继承的方式使用它。

1. 声明与初始化

使用 list_head 链表时,首先要进行初始化操作,可使用宏 LIST_HEAD 完成。

```
#define LIST_HEAD_INIT(name) { &(name),&(name) }
#define LIST_HEAD(name) \
    struct list_head name = LIST_HEAD_INIT(name)
```

Linux 内核除提供 LIST_HEAD 宏在声明的时候可以初始化一个链表以外,还可使用内联函数 INIT_LIST_HEAD 在运行时初始化链表。

```
static inline void INIT_LIST_HEAD(struct list_head * list)
{
```

```
    list - >next = list;
    list - >prev = list;
}
```

2. 节点的插入、删除、替换与移动

Linux 内核提供了两个接口来完成对链表的插入操作，在已知节点之后插入，则使用 list_add() 函数；在已知节点之前插入，则使用 list_add_tail() 函数。

```
static inline void list_add(struct list_head * new,struct list_head * head)
{
    __list_add(new,head,head - >next);
}
static inline void list_add_tail(struct list_head * new,struct list_head * head)
{
    __list_add(new,head - >prev,head);
}
```

使用 list_del() 函数完成对链表节点的删除操作。

```
static inline void list_del(struct list_head * entry);
```

Linux 内核提供了节点替换函数 list_replace()，用于将一个新的节点代替旧的节点。

```
static inline void list_replace(struct list_head * old,struct list_head * new);
```

可用 list_move() 函数实现将节点从一个链表移动到另一个链表的操作。

```
static inline void list_move(struct list_head * list,struct list_head * head);
```

3. 链表合并

利用 Linux 内核函数 list_splice() 还可实现两个链表的合并。

```
static inline void list_splice(struct list_head * list,struct list_head * head);
```

4. 链表状态判断

Linux 内核提供了判空函数 list_empty()，用于判断链表是否为空。另外，Linux 内核还提供了一个表尾判断函数 list_is_last()，用于判断一个节点是否为链表的最后一个节点。

```
static inline int list_empty(const struct list_head * head)
{
    return head - >next = = head;
}
static inline int list_is_last(const struct list_head * list,const struct list_head * head)
```

```
{
    return list->next == head;
}
```

5. 链表遍历

遍历是链表最常用的操作之一,Linux 链表的遍历操作可以使用 list_for_each 宏,同时,也可以使用 list_entry 宏获得包含链表节点的数据结构指针。

```
#define list_for_each(pos,head) \
    for (pos = (head)->next; prefetch(pos->next),pos != (head); pos = pos->next)
#define list_entry(ptr,type,member) container_of(ptr,type,member)
```

list_for_each 宏实际上定义了一个 for 循环,pos 是循环变量。循环从表头 head 开始,逐项向后移动 pos,直至又回到 head(prefetch 函数是预取,以提高遍历速度,这里可以不考虑)。通常,这个宏需要与 list_entry 宏配合使用,以获得链表节点相应的宿主数据结构指针。其中,ptr 是链表节点指针,type 是包含该链表的数据结构类型,member 是链表节点在此数据结构中的名字。下面是一个例子:

```
static LIST_HEAD(clocksource_list);
......
  struct list_head * tmp;
  list_for_each(tmp,&clocksource_list) {   //遍历链表
    struct clocksource * src;   //clocksource 包含一个名为 list 的 list_head 子域的数据结构
    src = list_entry(tmp,struct clocksource,list);
                        //用 list_entry 宏取得包含 tmp 所指向的节点的 clocksource 变量
......
  }
```

对于 list_for_each 和 list_entry 同时使用的情况,还可以使用 list_for_each_entry 宏代替。

```
#define list_for_each_entry(pos,head,member)                      \
    for (pos = list_entry((head)->next,typeof(*pos),member);      \
        prefetch(pos->member.next),&pos->member != (head);        \
        pos = list_entry(pos->member.next,typeof(*pos),member))
```

与 list_for_each 宏不同,这里的 pos 是指向包含链表的宿主数据结构指针类型,而不是 list_head 的指针。

若需要反向遍历链表,也可以使用 list_for_each_prev 和 list_for_each_entry_reverse 这两个宏,它们分别与 list_for_each 和 list_for_each_entry 相对应,使用方法也完全相同。

如果遍历在节点 pos 停下来后要继续遍历，则可以使用 list_for_each_entry_continue：

```
#define list_for_each_entry_continue(pos,head,member)          \
    for (pos = list_entry(pos -> member.next,typeof( * pos),member);     \
        prefetch(pos -> member.next),&pos -> member ! = (head);     \
        pos = list_entry(pos -> member.next,typeof( * pos),member))
```

若遍历从已知节点 pos 开始，而不是从链表头 head 开始，则可以使用 list_for_each_entry_from：

```
#define list_for_each_entry_from(pos,head,member)          \
    for (; prefetch(pos -> member.next),&pos -> member ! = (head);     \
        pos = list_entry(pos -> member.next,typeof( * pos),member))
```

3.3　什么是操作系统

　　操作系统是现代计算机系统必不可少的软件之一，是计算机的灵魂所在。计算机软件大致可以分为两类：系统软件和应用软件。其中，系统软件用于管理计算机资源，并为应用软件提供一个统一的平台。应用软件则在系统软件的基础上，实现用户所需要的功能。操作系统是最基本的系统软件，是配置在计算机硬件上的第一层软件，其他所有软件都依赖于它的支持，它在计算机系统中起着承上启下的作用，是其他软件和硬件之间的接口。

　　操作系统是一个大型的软件系统，其功能复杂，体系庞大。

　　从程序员角度看，操作系统的作用是为用户提供一台等价的扩展机器，它将硬件细节（例如中断、时钟、I/O 操作和存储器等）与程序员隔离开来，掩盖了底层硬件的复杂性，提供给程序员的是一种简单而高度抽象的虚拟设备（也称虚拟机），它比裸机更易于编程和使用。

　　从资源管理的角度来看，操作系统是系统的资源管理者，它负责管理一个复杂计算机系统的各个部分，有序地控制和管理 CPU、内存及其他 I/O 接口设备等硬件资源，合理组织计算机软件的工作流程，使在其上运行的程序能合理、高效地利用计算机的软硬件资源。

3.4　操作系统发展过程

　　操作系统的历史，在某种意义上来说，也是计算机的历史。下面结合计算机的发展史，介绍操作系统的发展过程。

1. 第一代计算机与手工操作时期

20 世纪 40 年代是电子计算机发展的初期,这一阶段产生的第一代计算机系统没有操作系统。在这个时代,计算机的使用方式是用户采用人工操作的方式直接使用计算机硬件系统。用户对计算机的控制通过在一些插板上的硬连线实现,这时的计算机没有程序设计语言(甚至连汇编语言也没有)可使用,程序员编程全部采用机器语言实现。到了第一代计算机发展的后期,出现了穿孔卡片,用户可以使用穿孔卡片代替插板将程序和数据输入计算机,然后启动计算机运行。在这种最原始的手工操作方式下,计算机资源的利用率很低。

2. 第二代计算机与操作系统的产生

20 世纪 50 年代,晶体管的发明极大地改变了计算机的状况。生产厂商可以成批生产出很可靠的计算机卖给客户。由于计算机的可靠性得到大幅度的提高,客户可以长时间地使用它来完成一些有用的工作。这个时期的计算机非常昂贵,为了提高机器的利用率减少计算机运行时间的浪费,出现了最原始的操作系统——简单批处理操作系统。在操作系统的控制下,程序员提交的任务能够逐个地被计算机连续处理。这时的操作系统只是为计算机系统配置的一个监控管理程序,功能很简单。从严格意义上说,它只能算是操作系统的前身,而非真正意义上的操作系统,但相对于第一代计算机的手工操作方式,这种计算机管理方式已有了很大的进步。

3. 第三代计算机与操作系统的初步形成和完善

从 20 世纪 60 年代中期到 70 年代中期是第三代计算机的时期。在这一时期,操作系统初步形成并完善,先后出现了三种最基本的操作系统类型:多道批处理操作系统、分时操作系统和实时操作系统。

在早期的简单批处理操作系统中,内存中仅有单个任务在运行,系统资源利用率低,系统吞吐量较小。为了进一步提高资源的利用率和系统吞吐量,在 20 世纪 60 年代中期引入了多道程序设计技术,由此而形成了多道批处理系统。在这种多道批处理系统中,用户提交的任务都先存放在外存上排队,任务调度程序按一定的算法从排队的任务中选择若干个调入内存,并允许其并发执行,从而提高资源利用率和系统吞吐量。

在批处理系统中,用户不能干预自己程序的运行,程序提交后只能等待它执行完才能知道程序运行的结果,在程序运行的过程中无法得知程序运行情况。这种状况对程序的调试和排错非常不利,分时操作系统就是在用户希望能控制自己编写的程序运行状况的需求下产生的。

分时系统允许多个用户同时使用一台计算机系统,就如自己独占一台计算机一样。它通过让用户在各自的终端上以交互的方式控制程序运行,系统把中央处理器的运行时间划分成多个时间片,轮流分配给每个联机的终端用户,每个用户只能在分配给自己的时间片内执行程序,若时间片用完而程序还未做完,则需挂起等待下次分的时间片。由于时间片很短,每个用户的操作请求都能得到快速响应,因而用户感觉就如同自己独占了这台计算机一样。实质上,分时系统是多道程序的一个变种。

虽然多道批处理操作系统和分时操作系统已能获得了较好的资源利用率和快速的响应时间,但它们仍然难以满足实时控制和实时信息处理领域的需要。于是,实时操作系统便应运而生。

实时操作系统是指当外界事件或数据产生时,能够限定的时间内接收并以足够快的速度处理完毕,根据处理结果,在限定的时间做出快速响应,并能控制所有实时任务协调一致运行的操作系统。实时操作系统的首要任务就是满足任务提出的对时间的限制和要求。

4. 第四代计算机与操作系统的进一步发展

第四代计算机采用了大规模集成电路。这一阶段的计算机硬件系统得到了迅猛发展,这种硬件的快速发展反过来也促进了操作系统的发展。经过 20 世纪 60 年代、70 年代的发展,到 80 年代操作系统已趋于成熟。在这个阶段,计算机操作系统除原有的批处理操作系统、分时操作系统系统和实时操作系统三种基本类型,随着计算机技术和软件技术的发展,又出现了微机操作系统、网络操作系统、分布式操作系统和嵌入式操作系统等多种类型的操作系统。

随着微型计算机进入社会的各个领域得到广泛的运用,微机操作系统也得到了迅速的发展。早期微型计算机上运行的一般是单用户单任务操作系统,如 CP/M 和 MS - DOS 等。近年来,随着计算机体系结构和微电子技术的不断发展,微机操作系统也得到了进一步发展,以 WINDOWS、OS2 和 LINUX 为代表的新一代微机操作系统具有友好的 GUI 界面,支持多用户和多任务,拥有强大的网络通信功能等。

网络操作系统使计算机能够在网络中方便地传递信息和共享资源。网络操作系统具有两种工作模式:第一种是客户机/服务器(Client/Server)模式,这是目前较为常见的工作模式。在这类网络中,计算机分成两类,一类作为网络控制中心或数据中心的服务器,提供文件打印、网络通信及数据库等各种服务;另一类是访问服务器的客户机。另一种是对等模式(P2P,Peer to Peer),这种网络中的站点都是对等的,每一个站点既可作为服务器,而又可作为客户机。

以往的计算机系统中,其处理和控制功能都高度地集中在一台计算机上,所有的任务都由它完成,这种的系统称集中式计算机系统。而分布式计算机系统是指由多台分散的计算机,经互联网络连接而成的系统。每台计算机高度自治,又相互协同,能在系统范围内实现资源管理、任务分配,能并行地运行分布式程序。用于管理分布式计算机系统的操作系统称分布式操作系统。它与单机的集中式操作系统的主要区别在于资源管理、进程通信和系统结构三个方面。

3.5　嵌入式操作系统

嵌入式操作系统是一种支持嵌入式系统应用的操作系统软件,它是嵌入式系统(包括硬、软件系统)极为重要的组成部分。嵌入式操作系统具有通用操作系统的基本特点,例如,能够有效管理越来越复杂的系统资源;能够把硬件虚拟化,使得开发人员从繁忙的驱动程序移植和维护中解脱出来;能够提供库函数、驱动程序及工具集等。与通用操作系统相比较,嵌入式操作系统在系统实时高效性、硬件的相互依赖性、软件固态化以及应用的专一性等方面具有较为突出的特点。

3.5.1　嵌入式操作系统的演化及其发展趋势

最早的嵌入式系统不使用操作系统。目前,大多数简单的单片机系统基本上采用这种方法开发。程序员处理所有的硬件交互工作,并将特定的算法嵌入单片机中。

随着嵌入式系统的发展,20 世纪 80 年代出现了商业的嵌入式实时内核。这种嵌入式操作系统只有实时多任务调度核,并以销售二进制代码为主,当时的主要产品有 Ready System 的 VRTX32、IPI 公司的 MTOS 和 ISI 的 PSOS 等。

进入 20 世纪 90 年代,现代操作系统的设计思想,例如,微内核设计和模块化思想开始渗入嵌入式领域。这个阶段的嵌入式操作系统除了具有嵌入式实时内核外,还具有其他许多模块,例如各种设备的支持模块、网络支持及图形用户界面等。在这一阶段,各类商业的嵌入式操作系统系统得到迅速发展;它能运行于各种不同类型的微处理器上,兼容性好;操作系统内核精小、效率高,并且具有高度的模块化和扩展性;具备文件和目录管理、设备支持、多任务、网络支持、图形窗口以及用户界面等功能;具有大量的应用程序接口,开发应用程序简单,这个阶段的产品主要有 VxWorks,Psos＋及 μC/OS-Ⅱ 等。

随着信息家电和信息产业的迅速发展,微电子技术发展迅速,片上系统使嵌入系统越来越小,功能却越来越强。但目前大多数嵌入式系统还是互相孤立,没有网络连接,随着 Internet 的发展以及 Internet 技术与信息家电、工业控制技术等结合日益密切,嵌入式技术与 Internet 技术的结合正推动嵌入式操作系统技术的快速发展,近几年,嵌入操作系统发展有了以下显著的变化:

① 一方面,嵌入式操作系统自身结构的设计更易于移植,以便在短时间内支持更多种微处理器;另一方面,系统应能使用驱动程序开发与配置环境,造就一个新的板级支持包和驱动程序结构,以适应微处理器不断升级变化所产生的需求。

② 开放源码之风已波及嵌入式操作系统厂家。数量相当多的嵌入式操作系统厂家出售

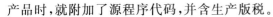
产品时,就附加了源程序代码,并含生产版税。

③ 后 PC 时代更多的产品使用嵌入式操作系统,它们对实时性要求并不高,如手持设备等。Windows CE,Palm OS,JAVA OS 等产品就是顺应这些应用而开发出来的。值得注意的是,随着 Internet 及芯片技术的快速发展,消费电子产品的需求日益扩大,原来只关注实时操作系统市场的厂家也纷纷进军消费电子产品市场,推出了各自的解决方案,使嵌入式操作系统市场呈现出相互融合的趋势。

④ 电信设备、控制系统要求的高可靠性,对嵌入式操作系统提出了新的要求。

⑤ 各类通用机上使用的新技术、新观念正逐步移植到嵌入系统中,如移动数据库、移动代理等,嵌入式操作系统也出现了基于面向对象的分布式技术,如实时 CORBA、嵌入式 COR-BA,嵌入式软件平台正逐步形成。

⑥ 各种嵌入式 Linux 操作系统正迅速发展,已经形成了能与其他嵌入式操系统进行有力竞争的局面。嵌入式 Linux 操作系统的迅速崛起,主要由于人们对自由软件的渴望与嵌入式系统应用的特制性,要求提供系统源码层次上的支持,而嵌入式 Linux 正适应了这一需求,它具有开放源代码,系统内核小、效率高、内核网络结构完整等特点,裁剪后的系统很适于消费电子类嵌入式系统的开发。目前,韩日等国的一些企业已推出一些基于嵌入式 Linux 的手持式设备。此外,嵌入式 Linux 也得到了一些国际知名的大公司例如 Intel 和 Motorola 等的大力支持;

⑦ 面向定制趋势,在系统级整合改造并支持应用特制的性能,即在定制的或商品化的硬件上提供高性能和高可靠性系统服务,将操作系统的功能和内存需求定制成每个应用所需的系统,这同时也对嵌入式系统的设计提出了挑战,如基于微内核设计、功能插件支撑技术和协议可插拔技术,在此基础上来实现从简单的单个独立设备到复杂的、网络化的、多处理器的嵌入式系统。

⑧ 嵌入式系统的多媒体化和网络化趋势明显,特别是与 Internet 和无线网络的结合,对嵌入式操作系统提出了新的要求。

3.5.2　常见的嵌入式操作系统

为了满足嵌入式电子设备功能的不断升级和日趋复杂的电气结构,全世界的嵌入式操作系统多达数百种,而且新的嵌入式操作系统还在不断涌现,很多 IT 组织、大公司都有自己的嵌入式实时操作系统。下面介绍一些较常用的嵌入式操作系统。

(1) VxWorks

VxWorks 操作系统是美国 WIND RIVER 公司于 1983 年设计开发的一种嵌入式实时操作系统(RTOS),是目前嵌入式系统领域中使用最广泛,市场占有率最高的系统。它支持多种处理器,如 X86、i960、Sun Sparc、Motorola MC68xxx、MIPS 及 PowerPC 等,以其良好的可靠性和卓越的实时性被广泛地应用在通信、军事、航空及航天等高精尖技术及实时性要求极高的领域中,如卫星通信、军事演习、弹道制导及飞机导航等。在美国的 F-16、FA-18 战斗机,B-2 隐形轰炸机和爱国者导弹上,甚至连 1997 年在火星表面登陆的火星探测器上也使用到了 VxWorks。

(2) QNX

QNX 是由 Quantum Software Systems 公司开发的嵌入式实时操作系统。1980 年由两个加拿大人——Gordon Bell 和 Dan Dodge 建立。他们根据大学时代的一些设想写出了一个能在 IBM PC 上运行的、名为 QUNIX(Quick UNIX)的系统,直到 AT&T 发律师函过来,才把名字改成 QNX。QNX 是一个实时的、可扩充的操作系统,它遵循 POSIX.1(程序接口)和 POSIX.2(Shell 及工具),部分遵循 POSIX.1b(实时扩展)。它提供了一个很小的微内核以及一些可选的配合进程。其内核仅提供 4 种服务:进程调度、进程间通信、底层网络通信和中断处理,其进程在独立的地址空间运行。其他所有 OS 服务都实现为协作的用户进程,因此,QNX 内核非常小巧(QNX4.x 大约为 12 KB),而且运行速度极快。这个灵活的结构可以使用户根据实际的需求将系统配置成微小的嵌入式操作系统。QNX 是应用最广泛的嵌入式操作系统之一,它广泛用于医辽设备、宇宙飞船、工控设备和通信设备中。

(3) Nucleus Embedded

Nucleus Embedded 是由 Accelerated Technology 公司开发的一种嵌入式操作系统。它是一个性价比高、易学易用、功能模块丰富且提供源代码的抢占式多任务嵌入式操作系统,其 95% 的代码是用 ANSIC 写成的,因此易于移植和支持各种类型的处理器。从实现角度来看,Nucleus PLUS 是一组 C 函数库,应用程序代码与核心函数库链接在一起,生成一个目标代码,下载到目标板的 RAM 中或直接烧录到目标板的 ROM 中执行。在典型的目标环境中,Nucleus PLUS 核心代码区一般不超过 20 KB。Nucleus PLUS 采用了软件组件的方法。每个组件具有单一明确的目的,提供清晰的外部接口,通过这些接口完成对组件的引用。除了一些特殊情况外,不允许从外部对组件内的全局进行访问。由于采用了软件组件的方法,Nucleus PLUS 各个组件非常易于替换和复用。Nucleus PLUS 的组件包括任务控制、内存管理、任务间通信、任务的同步与互斥、中断管理、定时器及 I/O 驱动等。Nucleus 主要应用于以下领域:网络产品、无线通信产品、汽车电子、医疗仪器、工业控制、消费类电子产品、导航设备及卫星通信等。

(4) ThreadX

ThreadX 是 Express Logic 开发的一款高效、健壮、无版权税的嵌入式实时操作系统。它占用的系统资源低,具有较高的实时性和快速的进程切换能力。2005 年 7 月 4 日,美国发射的"深度撞击"慧星探测器就使用了 ThreadX 操作系统。

(5) μC/OS-Ⅱ

μC/OS-Ⅱ是一款多任务的实时操作系统,其最关键部分是实时多任务内核,内核的基本功能包括：任务管理、定时器管理、存储器管理、事件管理、系统管理、消息（队列）管理及信号量管理等，这些管理功能都是通过应用程序接口函数 API 由用户调用的。μC/OS-Ⅱ采用占先式实时内核的任务管理机制，当一个运行中的任务使一个比它优先级高的任务进入了就绪态，当前任务的 CPU 使用权就被剥夺了，高优先级的任务获得 CPU 的控制权。占先式运行机制特别适合于对实时性要求较高的场合，可以管理 64 个任务，其中，系统保留 8 个任务，应用程序最多可以使用 56 个任务。μC/OS-Ⅱ不支持时间片轮转调度法，所以赋予每个任务的优先级必须是不同的。优先级号越低，任务的优先级越高。它的基本代码尺寸不到 5 kB，对存储器容量要求低，满足于嵌入式系统对体积的苛刻要求。μC/OS-Ⅱ有完整的 TCP/IP 协议栈、GUI 和文件管理系统，可随内核一起移植，目前已被应用于各个领域，如照相机、医疗检测仪器及音响设施等。

（6）eCos

eCos(embedded Configurable operating system)，即嵌入式可配置操作系统，最初构建于美国的 Cygnus Solutions 公司。该公司于 1998 年 11 月发布了第一个 eCos 版本 eCos1.1，当时只支持有限的几种处理器结构。1999 年 11 月，RedHat 公司购了 Cygnus 公司。在此后的几年里，eCos 成为其嵌入式领域的关键产品，得到了迅速的发展。2002 年，RedHat 公司由于财务方面的原因，裁减了 eCos 开发队伍，但并没有停止 eCos 的开发。在 2004 年 1 月，Red-Hat 公司宣称将 eCos 版权转让给自由软件基金会(FSF)。目前，eCos 的最新版本是 2003 年 5 月发布的 eCos2.0。虽然 eCos 是最初由 RedHat 开发的产品，但是 eCos 并不是 Linux 或 Linux 的派生，eCos 弥补了 Linux 在嵌入式应用领域的不足。目前，一个最小配置的 Linux 内核大概有 500 kB，需要占用 1.5 MB 的内存空间，这还不包括应用程序和其他所需的服务。eCos 可以提供实时嵌入式应用所需的基本运行基件，而只占用几十 kB 或几百 kB 的内存空间。eCos 是一个源码开放的可配置、可移植、无版税、面向深度嵌入式应用的实时操作系统。从 eCos 的名称可以看出，其特点在于它是一个配置灵活的系统。eCos 的核心部分是由不同的组件组成的，包括内核、C 语言库和底层运行包等。每个组件利用 eCos 提供的配置工具可以很方便地进行配置。通过不同的配置，eCos 能够满足不同的嵌入式应用。

（7）Microsoft Windows CE

Microsoft Windows CE 是一个简洁的、高效率的多平台操作系统，主要面向 PDA 与手机市场。它是从整体上为有限资源的平台设计的多线程、多任务的操作系统。它的模块化设计允许它对于从掌上电脑到专用的工业控制器的用户电子设备进行定制。但其基本内核需要至少 200 kB 的 ROM，而且在实时性方面的表现也不尽如人意。它支持 Win32API，为开发人员提供熟悉开发平台，使得有经验的 Windows 开发人员可以很快的掌握其开发。采用它的产品很多，从世嘉的游戏机到现在大部分的高档掌上电脑都采用了 Windows CE，但是它的缺点是对硬件要求很高，耗电比较大。另外，许可证价格较高也限制了它的推广。

（8）Palm OS

Palm OS 是美国 PalmSource 公司的主打产品，它是一款优秀的 PDA 操作系统，具有很好的易用性，且具有较好性能，可以在一些较低端的 CPU 上运行。目前运行 Plam OS 的掌上电脑，在商业、教育及政府方面的使用量巨大。Plam OS 只在得到 Palm 授权生产的设备中使用，不过这并未给 Plam OS 的使用带来多大的障碍，因为 Plam 拥有一个包括企业、用户、开发商和制造商的巨大联盟，并一起构成了"Palm 经济"。

（9）Symbian

Symbian 也被称作 EPOC 系统，这是由 Psion 公司最早开发的一个专门应用于手机等移动设备的操作系统。1998 年 6 月，由爱立信、诺基亚、摩托罗拉和 Psion 共同出资，筹建了 Symbian 公司。由于支持 Symbian 操作系统的移动通信终端设备厂商众多，所以市场上有相对较多的支持该系统的不同品牌和型号的终端产品，从而使得这个操作系统能够被迅速的推向市场，进而被消费者所接受和认可，而消费者本身也拥有了更多的产品选择。同时，由于这个系统为第三方应用程序开发商提供了一个开放、标准的开发平台，因此，这些开发商一方面可以很容易的开发、设计相关的应用程序；另一方面也拥有了较多可以使用的终端产品。不过，支持 Symbian 操作系统的移动通信终端设备厂商都是自己独立开发设计用户接口程序的，因此往往互不兼容，设计理念差距很大。另外，由于它们并非专业的应用软件开发公司，所以在应用软件的开发上要面临很多的困难，尤其是在办公软件、媒体录播软件等方面，这样很可能会导致 Symbian 操作系统没有足够多的应用软件可以选用，不利于发挥 Symbian 操作系统的强大支持功能。

（10）Linux

Linux 自从 1991 年 10 月 5 日问世至今，仅仅十几年的时间，而它在全球计算机产业界的影响却超过了之前的任何一个操作系统。Linux 是一个成熟、稳定的网络操作系统，将它作为嵌入式操作系统具有很多显著的优点：第一，Linux 是遵循 GPL 协议的开放源码软件，任何人都可以从互联网上得到，不需要许可证费用，开发成本低；第二，Linux 的核心代码是开放的，所有人都可以根据自己的意图修改和定制开发适合自己的产品；第三，Linux 内核代码易于裁减，可以根据应用具体需要增加或裁减某些功能，以适应产品的需求；第四，Linux 核心代码采用移植性比较好的 C 语言编写，可以很容易地移植到其他处理器上，可支持的处理器种类众多；第五，Linux 应用软件众多，在开发嵌入式产品时，有许多公开的代码可以参考和移植，可加快开发进程。简而言之，嵌入式 Linux 系统稳定、功能强大、支持多种硬件平台、应用软件多、简单易用且开放源代码，可广泛用于网络产品、PDA 及手机等信息家电领域。

3.5.3 嵌入式操作系统的选择

当面对一个具体的嵌入式应用开发项目时，面对如此众多的嵌入式操作系统，如何选择一个合适的嵌入式操作系统是个令人困惑的问题。这里列出一些影响嵌入式操作系统选择的重要因素。

(1) 应用需求

每种嵌入式操作系统都有其擅长的领域,根据应用需求选择嵌入式操作系统就是要扬长避短,发挥所选择嵌入式操作系统的优势。例如,嵌入式 Linux 在网络方面有其独特的优势,但缺少一个优秀的图形界面则是嵌入式 Linux 的短处。如果所要开发的嵌入式设备和网络应用密切相关或者就是一个网络设备,嵌入式 Linux 是个很好的选择。因为 Linux 不仅集成了 TCP/IP 协议,还有很丰富的其他网络协议和相关的网络应用软件,例如 DHCP Server、PP-Poe 和 Web Server 等。而如果所开发的嵌入式设备有较高的图形要求,则应考虑以图形界面见长的嵌入式操作系统。

(2) 实时性

嵌入式应用对实时性的要求是决定嵌入式操作系统选择的一个重要参考因素。如果要开发的嵌入式应用有严格的硬实时要求,那么应考虑使用传统的商用嵌入式实时操作系统;如果要开发的嵌入式应用并没有严格的硬实时要求,那么嵌入式 Linux 或许可以很好地满足需求。实际上,大部分的嵌入式应用对实时性的要求并不是那么严格,而且硬实时和软实时之间的界限也是十分模糊的,实际上实时性与嵌入式系统的硬件性能与所拥有的资源有一定的关系,例如,类似于 Intel XScale 这类的处理器即使是使用普通的 2.4.x 版本的 Linux 的内核,最坏情况下,内核的抢占延时也小于 2 ms,而如果使用一些增加实时性技术的嵌入式 Linux,例如 MontaVista 的 Linux,最坏的情况下的响应时间少于 500 μs,绝大数情况下少于 200 μs。若考虑到最新的 2.6 内核采用的低延时的 O(1) 调度器,微秒级的 POSIX 定时器等新技术,对 Linux 在实时性方面的改进,嵌入式 Linux 应可以适用于绝大多数的嵌入式系统应用。

(3) 开发工具

开发工具的好坏及开发人员对工具的熟悉程度将直接影响嵌入式产品的开发进度。从目前的情况看,商用嵌入式操作系统都有较好的开发工具支持,例如 VxWorks 的 Tornado 集成开发环境和 Windows CE 的 Platform Builder 集成开发环境都有很强大的功能。相比较而言,嵌入式 Linux 采用字符界面的命令行工具对于初学者存在一定的困难。嵌入式 Linux 的开发也有一些高效稳定的开发工具可以使用,例如,MontaVista 和 TimeSys 公司的嵌入式 Linux 操作系统都有基于工业级的 Eclipse 开发框架的功能强大的集成开发工具,但是它们的价格同样也很高。

(4) CPU 种类

现在市场上的嵌入式 CPU 种类很多,各种嵌入式操作系统所支持的 CPU 也不都相同。通常 ARM 系列处理器由于占有的市场份额比较大,很多嵌入式系统都支持它。而如果所用处理器是一个新上市的嵌入式处理器,则可选的余地就不大了。对于这种新的嵌入式处理器,一般不会有商业嵌入式操作系统的支持。而芯片产家提供的操作系统很有可能就是 Linux。

这是由于 Linux 是开源的,其内核源代码很容易得到,而且也没有许可证费用,因此芯片产家要为自己的处理器移植操作系统,首先考虑的就是移植 Linux。

(5) 价格和技术支持和服务

由于中国技术人员的工资比发达国家要低很多,因此在考虑嵌入式操作系统选择时,需要考虑是采用开放源代码技术自行开发还是购买现成的商用嵌入式操作系统的成本问题。有些商用的嵌入式操作系统(例如 VxWorks 和 Windows CE)既要收取开发费,又按产品销售的实际数量收取每个产品中嵌入式操作系统软件运行时的许可证费用。μC/OS-II 的商用许可证则是每种产品收取一次性的费用。而 Linux 这类开源的产品则无论是 μClinux 还是嵌入式 Linux 都不需要许可证的费用。许多嵌入式 Linux 提供商则是收取技术支持和服务的费用。在国内,若公司的技术人员对 Linux 有足够的了解,则从价格的角度考虑,嵌入式 Linux 也是一个不错的选择。

3.6　操作系统的功能

现代的操作系统十分复杂,它管理着计算机系统中各种不同的软硬件资源。一般来说,操作系统主要功能有进程管理(处理机管理)、存储器管理、设备管理和文件管理。进程管理的主要功能是完成 CPU 资源的调度和分配,以某种预定的策略运行系统中的任务。存储器管理是操作系统的一个重要职责,主要完成计算机内存资源的管理和分配任务。设备管理负责管理各种计算机外设,主要由设备驱动程序完成。文件管理负责管理磁盘上的各种文件和目录。

3.6.1　进程管理

进程管理的主要功能是完成处理机资源的分配调度等,它的调度单位是进程或线程。换而言之,进程管理的主要任务就是决定哪个进程使用 CPU,并对进程进行调度管理,因此,进程管理也称为处理机管理,它包括进程控制、进程调度、进程同步和进程通信。

1. 程序、进程与线程

程序与进程是既有区别又互相关联的两个概念。程序是指程序员编写的、存储在外存上的一组计算机指令。进程是一个描述程序执行时动态特征的概念,它是操作系统对运行程序的一种抽象,简单说,执行中的程序就叫进程。相比较而言,程序是一个静态的概念,而进程是动态的。一个程序可以被复制多次,即便是从一台计算机移动到另一台计算机,它还是同一个程序;但是一个进程的生命周期就是从程序开始运行到结束的过程。尽管程序复制后还是同一个程序,程序的每一次执行却都要形成一个新的进程。因此,有可能存在多个不同的进程,而实际上执行的是同一个程序的情况。在 Linux 中进程也称为任务。

线程是进程中的一个实体,一个进程可以有多个线程。线程的引入是为了减少进程切换的开销。Linux 的进程相对于其他操作系统耗费的资源较少,运行速度快。因此,Linux 没有专门的线程实现机制,实际上并不区分线程与进程。线程被当作一种特殊的进程,只是 Linux 进程间资源共享的一种方法。

2. 进程控制

操作系统要执行一个程序,首先要为它创建一个进程,并为之分配必要的资源。当进程运行结束时,撤消该进程,以便及时释放其所占用的各类资源。进程控制的主要任务就是创建和撤消进程以及控制进程的状态转换。

通过进程这个概念,操作系统给用户一个假象:用户的程序看上去是独占使用处理器、主存和 I/O 设备等。这种在一个系统上可以同时运行多个进程,而每个进程都好像在独占使用硬件的情形称为并发运行。这里的"并发"指的是从总体上看,多个进程是同时独占处理器;但从微观上看,多个进程是轮流使用处理器交替执行的。操作系统实现这种交替执行的机制称为上下文切换。

操作系统为了实现上下文切换和进程的控制,需要保存进程运行所需的所有状态信息,这些信息也称为上下文,包括进程运行时的 PC 值以及寄存器堆的值等。进程的上下文一般保存在一个称为进程控制块的结构体中,在 Linux 中,进程控制块由 include/linux/sched.h 中的 task_struct 结构体来定义。这个结构体包含了 Linux 内核管理一个进程所需的所有信息,包括进程标识符、进程打开的文件、进程的地址空间、挂起的信号及进程的状态等。2.6 内核比 2.4 内核的 task_struct 内容增加了一些新特性,例如交互式进程优先支持及内核抢占支持等。

每一个进程都有其生命期,即从创建到消亡。在 Linux 中,使用 fork 系统调用实现进程的创建工作,并为新创建的进程分配一个 task_struct 结构的进程控制块。当一个进程完成了特定的工作后,系统则收回它所占用进程控制块以及其他系统资源,撤消此进程。

在任何时刻,系统都只有一个正在运行的进程。当操作系统执行进程的调度和进程控制任务时,就会发生上下文切换和进程的状态改变。在 Linux 2.6.10 的内核中一个进程可以有以下几种状态:

- 运行态(TASK_RUNNING)。进程是可执行的,它正在执行或者在就绪队列中等待执行。
- 可中断休眠态(TASK_INTERRUPTIBLE)。进程正在休眠(阻塞)等待某些事件。一旦等待的事件到达,内核就会把进程状态设置为运行态。处于此状态的进程可以被信号唤醒并投入运行。

53

- 不可中断休眠态(TASK_UNINTERRUPTIBLE)。除了不会因为收到信号被唤醒,这个状态与可中断休眠态相同。这个状态通常在进程必须在等待时不受干扰或等待的事件很快就会发生时。由于处于此外状态的任务对信号不做响应,所以它较之可中断休眠态用得较少。
- 停止态(TASK_STOPPED)。进程停止执行,进程没有投入也不能投入运行。通常这种状态发生在接收到 SIGSTOP、SIGTSTP、SIGTTIN 和 SIGTTOU 等信号时。
- 调试态(TASK_TRACED)。在调试期间接收到任何信号,都会使进程进入这种状态。
- 僵死态(EXIT_ZOMBIE)。该进程已经结束了,但是其父进程还没有调用 wait4()系统函数。为了使父进程能获知其消息,子进程的进程描述符仍然被保留着。一旦父进程调用了 wait4(),进程描述符就会被释放。
- 死亡态(EXIT_DEAD)。已经结束且不需要父进程来回收的进程。

Linux 的进程状态转换关系如图 3-5 所示。

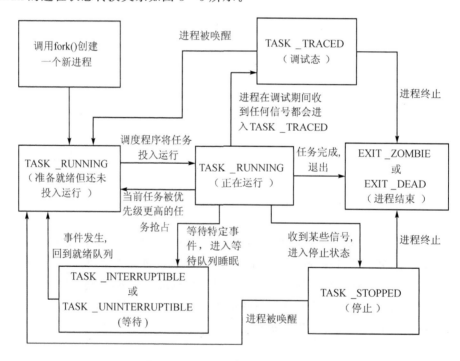

图 3-5　Linux 进程状态转换关系

3. 进程调度

进程调度的任务就是按照调度策略合理地分配处理机,提高 CPU 利用率。进程调度由调度程序负责,每次需要进程调度时,调度程度根据调度算法从一组可运行的进程中选择一个来执行。调度程序中最基本的数据结构是可执行进程的就绪队列,在 Linux 2.6 内核中,它由 kernel/sched.c 中的 runqueue 结构定义。

　　Linux 2.6 内核对进程调度做了较大的改进,采用了一种新的 O(1) 调度算法,这种调度算法开销恒定(与当前系统负载无关,不管有多少进程或其他输入,调度都能在恒定的时间内完成),实时性能更好。它解决了先前版本 Linux 调度程序的不足,使系统性能得到很大改善。

　　Linux 2.6 内核还引入了内核抢占技术。早先的版本,内核不支持抢占,调度程序没有办法在一个内核级任务正在执行的时候重新调度,内核代码一直要执行到完成(返回用户空间)或明显阻塞为止。在 2.6 内核中引入了抢占,只要重新调度是安全的,内核就可以在任何时间抢占正在执行的任务。

　　根据 LynuxWorks 公司的测试结果,在 PⅢ 1G 的 PC 机上,2.4 内核的平均响应时间为任务响应时间 1 133 μs,中断响应时间 252 μs;而 2.6 内核的平均响应时间有了很大的提高,其任务响应时间仅为 132 μs,中断响应时间仅有 14 μs,比 2.4 内提高了一个数量级。

4. 进程同步

　　由于进程是并发运行的,这就意味着多个进程需共享一个 CPU、内存和 I/O 设备。为使多个进程能有序协调地运行,系统必须设置同步机制对进程的行为进行控制。进程同步的主要任务是对各进程的运行进行协调,协调方式有两种:

- 进程互斥,指进程在访问只允许一个进程独占访问的资源(临界资源)时应互斥进行。
- 进程同步,指相互合作完成共同任务的进程间,应采用同步机制对它们的执行次序加以协调。

通常进程的互斥与同步采用原子锁与信号量机制实现。

5. 进程间通信

　　在并发的环境下,有时需要一些进程相互合作完成共同的任务。在这些相互合作的进程间常需要交换信息,进程通信的任务就是实现相互合作进程间的信息交换。在 Linux 操作系统中,进程间通信主要使用管道(或命名管道 FIFO)、信号量、消息队列、共享内存和 Socket 套接字等方式进行。

3.6.2　存储器管理

　　存储管理是计算机操作系统的重要组成部分,它的任务是管理计算机系统的存储器。这里的存储器主要指的是主存储器,外存的管理并不包括在存储管理功能中。存储管理的主要目标是通过对存储器资源的有效管理提高存储器的利用率,为程序的并发运行提供一个良好的环境,以便于用户使用。

1. 存储器管理应实现的功能

(1) 存储分配和回收

程序的运行需要使用内存空间。因此,存储器管理应能够为每个运行的程序分配内存并在程序运行结束时回收它所申请的存储器资源。对内存的分配可按两种方式进行,一种是静态分配,这种分配方式下,每个程序所要求的内存空间是在目标模块被链接装入时确定的。程序一旦被装入,在其整个运行期间都不允许再申请内存,也不允许程序代码在内存中移动。另一种内存分配方式是动态分配。程序运行所要求的基本内存空间也是在装入时确定的。但在程序运行过程中,还可以继续申请新的内存空间,也允许程序运行时在内存中移动。

通常,操作系统为实现存储分配和回收的功能,要使用某种内存分配数据结构记录系统存储空间的分配情况,作为内存空间的分配依据。内存空间中,未分配的空间通常称为空闲区。在进行存储分配时,操作系统需根据预定的某种存储分配算法从内存中查找能满足要求的空闲区,将它分配给申请内存的程序。当某个进程释放所申请的存储资源时,存储管理要回收它所释放的存储空间,并将其挂入空闲区。操作系统有时还需要做空闲区的整理工作。

(2) 内存共享与保护

在内存中同时运行的多个进程可能有某些代码或数据(例如一些动态链接度的代码和数据)是相同的,为了提高内存空间的利用率,可以让进程共享这些相同代码和数据。此外,存储共享也可以作为多个进程间数据共享的一种手段。

除了共享的代码和数据,进程应只能访问自己的私有代码和数据,而不能访问其他进程的地址空间干扰其他进程的运行。也就是说,用户程序不允许读/写访问不属于自己地址空间的代码和数据,它包含两个方面:一是不允许系统程序和数据区被用户程序有意或无意的侵犯,使操作系统的安全和正常运行受到危害;二是不允许用户程序侵犯其他用户程序的的代码和数据,以保护各个用户程序能不受其他用户程序的干扰正常运行。这就要求使用某种机制。检查进程对内存的访问是否合法,以保护各个并发执行的进程都在自己的内存空间运行而互不干扰,这就是存储保护。一般计算机都有相关的硬件保护设施,再加上操作系统软件的配合来实现存储保护功能。

(3) 地址映射

一个用户的程序经过编译后形成目标代码。这些目标代码中使用的地址(指令地址或操作数地址)被称为逻辑地址(或虚拟地址)。这些地址所有可能的集合就是逻辑地址空间(或虚拟地址空间)。这个空间的大小与程序所运行的处理器相关,它由处理器的地址总线宽度决定。对于 32 位处理器,可访问的逻辑地址空间(虚拟地址空间)大小为 4 GB。此外,计算机实际拥有的物理内存的存储范围称为物理空间,物理空间中的地址被称为物理地址。

虚拟地址与物理地址通常不一致,同样虚拟地址空间与物理地址空间通常大小也不一致。因此存储器管理必须提供地址映射功能,把程序地址空间中的虚拟地址转换为物理地址空间中对应的物理地址,这种虚拟地址到物理地址的变换过程称为地址映射。通过地址映射功能,应用程序可以在运行时不直接读写实际存在的物理地址,而是通过虚拟地址完成存储器的访问,从而使所有程序可访问的内存空间都是一个大小和范围一致的虚拟空间。显然,这种方式可以使用户不必考虑物理存储空间的分配细节,为用户编程提供了方便。

(4) 存储扩充

在通用计算机系统中,由于物理内存的大小可能限制了大型程序或多个程序的并发执行。为了满足用户的要求并改善系统性能,必须采用存储扩充技术对内存加以扩充。借助于存储扩充技术,无须真正地增加内存空间,就可以使用比物理内存大得多的内存空间。使系统能运行内存要求远比物理内存大得多的程序或让更多的程序并发执行。但是这种技术在嵌入式系统中比较少用,因为嵌入式系统不仅内存受到应用的限制不会很大,其外部存储器的容量一般也很有限,不可能提供大容量的交换空间用于存储扩充。

2. 基于分区的存储管理的方式

基于分区的存储管理的方式主要有固定分区方式和可变分区方式。

操作系统启动后,操作系统的内核代码和内核数据结构占用了内存的某些区域,除此之外,内核需对其余的内存空间进行动态管理。对于早期的单用户单进程的操作系统,存储管理的方法比较简单,可以将所有可用内存全部分配给用户进程。

对于多任务操作系统,单用户方式不能满足多个进程同时运行的需求。为满足多进程并发运行的需要,最简单的内存的管理方法就是固定分区法。固定分区的内存管理方法就是将内存划分为若干个固定的分区,在程序调入内存执行时,为其分配一个空闲的固定分区。根据分区是否相等,又将固定分区分为大小相等的固定分区与大小不等的固定分区。对于大小不等的固定分区,操作系统需根据程序的大小为其选择一个最合适的分区。

与固定分区不同,动态分区管理不是事先划分出固定大小的分区,它的分区大小、数量和位置根据内存中的进程大小和数量动态地变化。当一个进程被装入内存时,操作系统根据进程的大小采用一种合适的算法从可用的内存空间中分出一个分区供进程使用。动态分区管理较固定分区更为灵活,但也更加复杂。动态分区需要解决的主要问题是如何提高分配效率和减少内存碎片。一个好的动态分配算法应能快速满足各种内存大小的分配要求,同时又不产生大量的内存碎片。伙伴系统就是一个行之有效的动态分区内存管理方法。该方法通过不断地对分大的空闲内存分区来获得小的空闲分区,直到获得所需的空闲区。一个空闲区被对分后,形成两个小的空闲区。其中一个称另一个为伙伴,伙伴系统由此得名。当进程所占用的内存块被释放时,若此内存块的伙伴也是空闲区,则将两个小的伙伴空闲区合并为一个更大的空闲区。在这种方法中分配与合并后的空闲区大小都是 2 的幂。

3. 虚拟存储管理

虚拟存储器的概念是 1961 年英国曼彻斯特大学的 Kilbrn 等人提出的。当时的虚拟存储器主要目的是采用辅存来扩充主存,这种两级存储器在硬件和操作系统软件的共同管理下,呈现给程序员的是一个单一大容量的主存储器,以解决某些程序、数据和堆栈总和超过物理存储器大小的问题。现在,虚拟存储已成为计算机系统最重要的概念之一,它提供了一种对主存的抽象概念,不仅仅是通过两级存储实现了主存的有效利用,更重要的是为每个进程提供了一致的地址空间,从而简化了存储器管理,而且虚拟存储器也使存储保护与共享变得更加容易。要注意的是,许多嵌入式操作系统使用了虚拟存储器对主存储器进行了抽象,这是由于嵌入式操作系统一般不使用辅存来扩充主存器。

大多数虚拟存储器都采用了分页技术。这种技术将程序的逻辑地址空间划分为若干称为页的固定大小的区域,相应地,也将物理内存分为对应大小的页块,称为页框。这样,程序的一页存放在同样大小的一个物理内存的页框中。虚拟存储管理方式中,一个内存分区的空间在逻辑上是连续的,而在物理上它们由多个离散的页框组成,在硬件上使用内存管理单元 MMU 进行逻辑地址和物理地址的映射。通过这种内存的逻辑组织,虚拟存储提供给进程一个巨大的地址空间,对于采用 32 位处理器的系统,进程的虚拟地址空间可以达到 4 G。对于不同的地址,即使逻辑地址是相同,在虚拟存储系统中,其物理地址也可以是不同的。因此,虚拟存储系统可以为系统中的所有进程提供一个一致的、巨大的虚拟地址空间,从而简化了存储管理的工作。此外,通过 MMU 实现的虚拟地址与物理地址的映射关系,使得采用虚拟存储的系统更易于实现存储共享和保护。对不同的进程,只要将虚拟页面映射到同一个共享的物理页面,就可以实现存储的同享;对于存储保护,只要同一个物理页面不被映射到多个进程的虚拟页面,就不会发生进程间的访问冲突;对于系统存储空间,则可以采用 MMU 中的访问控制位来保护,只有运行在核心态的进程才允许访问系统空间,对于用户态的进程不允许其访问系统空间。

4. 静态链接与动态链接

程序链接是指将源程序编译后得到的一组目标模块以及它们所需的库函数,装配成一个完整的可执行程序的过程。为了解决不同模块间的链接创建可执行文件,链接器需要完成符号解析和重定位两个任务。符号解析的目的是将目标文件中的每个符号引用(例如调用的子函数和引用的变量)和一个符号定义(例如函数定义和变量定义)联系起来。重定位是指将链接输入的各个目标模块中的代码和数据重组,生成从地址零开始的代码和数据段的可执行文件。为了实现重定位,链接器必须将每个符号定义与一个逻辑存储位置联系起来,然后修改所有对这些符号的引用,使它们指向这个存储位置。链接时会遇到一些系统库函数定义的外部符号,通常根据链接时解决外部符号引用方法的不同,可以将链接分为静态链接与动态链接。

静态链接是指在程序链接时解决外部符号的引用问题,将各个目标模块与静态链接库中相关的符号定义一起装配形成一个完整的可执行文件。动态链接在可执行程序装入内存执行时解决外部符号引用问题。它在程序编译链接时,不解决外部符号的引用问题,只将目标模块

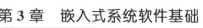

装配成一个部分可执行文件。在程序执行时,通过动态链接程序,根据可执行文件中保留的外部符号的相关信息将动态链接库与可执行文件的外部符号引用联系起来,实现符号引用的重定位。动态链接的优点是易于共享,多个进程可以共用一个共享库,节省内存。而且动态链接也便于代码升级和代码重用。使用动态链接库的程序可以只更新动态链接库而实现软件的部分升级;此外,可以将多个程序共用代码放在一个共享的动态链接库中实现代码的重用。

5. Linux 的存储管理

Linux 内核的存储管理采用了基于页式管理机制的虚拟存储器设计实现。Linux 的存储分配管理采用基于分区的伙伴系统,对于小内存区的分配,Linux 用 slab 分配器将每种对象类型组成一组高速缓存进行管理。

在 32 位处理器上,Linux 内核使用 32 位地址空间,每个进程都有 4 G 的虚拟空间。其中,最高的 1 G 空间是内核空间,最低的 3 G 空间是用户空间。对于进程的虚拟地址的管理,Linux 在逻辑上采用三级页表机制实现虚拟地址到物理地址的转换如图 3 - 6 所示。对于不同的处理器,内核提供一系列的宏进行页表处理的转换,以实现各种平台地址转换处理的一致性。

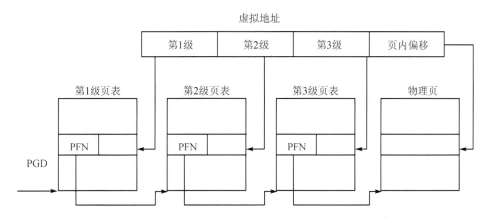

图 3 - 6　Linux 的虚拟地址到物理地址的转换

3.6.3　设备管理

设备管理的主要任务是管理 I/O 设备,以提高 CPU 和 I/O 设备的利用率;处理用户程序的 I/O 设备申请并完成其请求的 I/O 操作,简化 I/O 设备的使用并提高 I/O 设备的速度。为实现上述任务,设备管理程序应具有下述功能:

① 缓冲管理。几乎所有的外围设备与处理机交换信息时,都要利用缓冲来调和 CPU 和 I/O 设备间速度不匹配的矛盾。系统必须对这些缓冲进行有效管理,以提高 CPU 与设备及设

备与设备间操作的并行程度以及 CPU 和 I/O 设备的利用率。

② 设备分配。系统根据用户的 I/O 请求,为其分配所需的设备。若请求设备的用户进程未获得所需设备,则对应的进程将被放进相应设备的等待队列。

③ 设备处理。启动指定的 I/O 设备,完成用户规定的 I/O 操作,对设备产生的中断请求进行及时响应,并根据中断类型进行相应的处理。

④ 虚拟设备功能。通常,把一次仅允许一个进程使用的设备称为独占设备。为使多个用户能共享这种独占设备,系统可通过某种技术使该设备在逻辑上能被多个用户共享,以提高设备利用率及加速程序的执行过程。由于这些独占该设备只是通过逻辑上的扩充,使用户所感觉到在独占使用,但在实际上并不存在,因而称之为逻辑设备或虚拟设备。

3.6.4　文件管理

在现代计算机系统中,文件是信息和数据在外部存储设备的保存方式,它是一个在逻辑上具有完整意义的信息集合。文件管理就是对文件的组织与管理。文件管理应具有以下功能:

① 文件存储空间的管理。通常,系统中的所有文件都存放在外存上,供多个用户共享。若由用户自己对文件的存储进行管理,不仅极其困难,而且也必然是非常低效的,这就要求由文件系统对文件存储空间进行统一管理,对文件存储空间进行分配与回收。系统通常将存储空间组成一定的逻辑结构的文件系统以实现文件存储空间的管理。Linux 支持多种文件系统,其最常用的文件系统是 ext2 文件系统。Linux 采用虚拟文件系统(VFS)对其支持的文件系统进行抽象,其所支持的真正的文件系统都挂接在虚拟文件系统下。这样,Linux 可使用统一的接口对各种不同类型的文件系统进行访问。

② 目录管理。系统为每个文件建立一个文件目录项,它包含文件名、文件属性、文件所在的物理位置等相关信息。每个目录项就是一个文件的索引,目录管理通过目录项实现文件的有效组织和文件的按名存取。

③ 文件读、写管理。系统在对文件进行读操作时,根据用户指定的目标地址、传送字节数,把文件信息从外存读入缓冲区后,再复制到指定的区域。文件的写操作是根据用户指定的源地址、传送字节数,把信息从指定的区域写到外部存储设备上。

文件保护。为防止文件被偷窃和破坏,文件系统必须提供文件保护功能以防止未经核准的用户存取文件,冒名顶替存取文件或以不正确的方式使用文件。

本章小结

嵌入式系统的软件开发,尤其是与硬件相关的底层软件开发最常使用的高级程序语言是

C 语言。为提高嵌入式软件的可靠性、可移植性以及可维修性,应特别注意编写嵌入式软件时一些的常用 C 语言用法。

链表是一种常用的数据结构,常在一些嵌入式软件中出现,掌握链表的使用有助于嵌入式软件的编写。

操作系统是运行在计算机系统硬件上的、用于管理系统软硬件资源的系统级软件,它的主要功能有进程管理、存储器管理、设备管理和文件管理等,随着计算机硬件系统的发展而不断地发展。各种不同的计算机硬件系统及不同应用领域的计算机系统需要不同的操作系统。嵌入式操作系统是嵌入式系统发展到一定阶段的必然产物。嵌入式应用多种多样,为了满足不同的需求,市场上也出现了众多的嵌入式操作系统,用户须根据自身的实际需要选择合适的嵌入式操作系统。

习题与思考题

1. 若宏定义中包含多种语句,应如何避免可能产生的错误?
2. 关键字 volatile 有何作用? 它主要的应用场合有哪些?
3. static 关键字有何作用?
4. 简述操作系统在计算机系统中的地位。
5. 试比较嵌入式操作系统与通用操作系统的特点和应用。
6. 为什么嵌入式系统也需要操作系统?
7. Linux 用于嵌入式系统有何优势?
8. 试比较程序、进程和线程之间的区别。
9. 试分析嵌入式操作系统是否需要虚拟存储器的功能。

第 **4** 章

Linux 概述

本章要点

Linux 是一个功能强大而稳定的操作系统，它可以运行在 X86 PC，Sun Sparc，Digital Alpha，680x0，PowerPC 及 MIPS 等多种平台上，可以说，Linux 是目前支持硬件平台最多的操作系统。Linux 最大的特点在于它是开放源代码的，它遵循公共版权许可证（GPL），秉承"自由的思想，开放的源码"的原则。成千上万的专家/爱好者通过 Internet 不断地完善并维护它，可以说 Linux 是计算机爱好者自己的操作系统。本章内容有：

- Linux 历史简介；
- Linux 常见发行版简介；
- Linux 内核结构介绍；
- Linux 操作系统构成；
- Linux 基本操作；
- 嵌入式 Linux 简介。

4.1 Linux 的历史

最初的 Linux 的代码是 1991 年由芬兰的大学生 Linus Torvalds 写的。他将 Linux 的原始代码放在 Internet 上，让人们自由下载。此后，Linux 被世界上其他的程序员持续修改而发展迅猛，1993 年底 1994 年初，Linux 1.0 终于诞生了，它已经是一个功能完备的操作系统，而且内核写得紧凑、高效，可以充分发挥硬件的性能。

Linux 的生命力来自于它的开源思想，自 Linus 公开 Linux 代码以来，世界各地的程序员和软件爱好者不断地对 Linux 系统进行修改和加强，其版本从最初的 0.0.1 发展到 2.0.x，

2.2. x,2.4. x 直到如今最新的 2.6. x,同时 Linux 也被从初期的 x86 平台移植到了 PowerPC,Sparc,MIPS 及 68K 等几乎市面上能找到的所有体系结构上。在开源运动的带动下,数不胜数的应用软件出现在 Linux 系统之上,大大加强了 Linux 系统的实用能力。

如今,从个人使用的桌面 PC 到支持企业级应用的大型服务器,乃至嵌入式系统的世界,Linux 的应用已经遍布各种计算机系统,从低端、中端直至高端的计算领域已无所不在。

4.2 Linux 常见发行版简介

目前,Linux 的发行版有很多,常见的有 Red Hat/Fedora,Slackware,Debian,SuSE,Red Flag 和 TurboLinux 等。

① Red Hat/Fedora 以容易安装著称,初学者安装这个版本,遇到挫折的机会几乎是 0。Red Hat 的 RPM(包管理)功能很强大,使得 Red Hat 使用起来非常方便。Red Hat Linux 可以说是一个相当成功的产品,Red Hat 公司有官方版本供使用者购买,也提供了自由的 FTP 站点供大众直接下载,官方版本与自由下载版本差异在于,购买官方版本会得到 Red Hat 公司的技术服务,并且官方版本提供了一些商用软件和印刷精美的说明书。

② Slackware 是个老字号的系统,前几年使用 Linux 的人,几乎都用这套系统。它能够完全手工打造个人需求的特性,让很多目前已是高手级的玩家仍念念不忘,Slackware 在国内用得很多,用来做服务器,性能比较好。最新版本的安装过程已改善了很多。

③ Debian 是目前公认的结构最严谨、组织发展最整齐的 Linux。它也有一个包裹管理系统称之为 DPK(Debian PacKage),其功能与 Red Hat 的 RPM 异曲同工,使整体文件的管理更加方便。Debian 的原始程序代码都是遵循 GNU 的方式开放的,所以它完全符合开放源代码精神,不像其他的 Linux 都或多或少的保留了一部分程序代码不开放(Red Hat 是直到 6.0 版才全部开放的)。

④ SuSE 是一套在欧洲相当受欢迎的版本,它和 XFree86 合作开发 x86 上的 X Server。SuSE 安装时可以选择显示德文或英文,它还有自己的一套设定程序叫做 SaX,可以让使用者较方便地设定,其安装套件也采用 RPM 模式,所以要安装、升级与移除程序都非常方便,目前版本 10.0。

⑤ TurboLinux 是由 Pacific HiTech 公司发展的套件,该套件在日本市场占有一席之地,从安装到使用接口都是日文操作的,在国内,它与清华大学及研究机构合作研发了中文版本,在国内造成了一股 Linux 潮流,目前已推出 10.0 的简体版本。

⑥ Red Flag 是由中科红旗软件技术有限公司推出的中文版本的 Linux,该 Linux 在众多的中国 Linux 用户中占有一定的比例,可以从网络上下载其红旗桌面版。目前桌面版的最高版本为 5.0。同时红旗针对服务器市场,专门推出了相应的红旗服务器版本。

4.3　Linux 操作系统构成

4.3.1　总体结构

从总体上看,运行在计算机硬件系统之上的 Linux 操作系统可分为 Linux 内核与应用程序两大部分,其结构如图 4－1 所示,从上至下分别是:

① 应用程序。应用程序是运行在 Linux 操作系统上的一个庞大的软件集合,它由系统应用程序和用户应用程序组成。这里的系统应用程序指的是那些与 Linux 操作系统运行密切相关的应用程序,例如 shell、图形界面、系统管理和维护程序以及 GCC 编译程序等。这些系统应用程序是用户使用 Linux 的接口,用户通过这些程序来访问和控制 Linux 操作系统的运行。这里的用户应用程序指的是用户为完成某一特定工作,或解决某一具体问题而编写的程序。

② 系统调用接口。系统调用接口是 Linux 内核的一部分,它是应用程序与 Linux 内核间的接口,各种应用程序通过这个接口调用内核提供的功能和服务,以实现特定的任务。

图 4－1　系统总体结构

③ Linux 内核。Linux 内核是 Linux 操作系统的核心和灵魂,它负责管理磁盘上的文件、内存、启动并运行程序以及从网络上接受或发送数据包等。

④ 硬件。硬件包括了 Linux 安装和运行时需要和管理的各种物理设备,例如,CPU、内存、硬盘及网络硬件等。

4.3.2　Linux 内核

Linux 内核结构由进程管理、内存管理、文件系统、网络接口、进程间通信和设备驱动等模块组成。

- 进程管理模块控制着进程对 CPU 的访问,当需要选择下一个进程运行时,由调度程序选择最合适的进程运行。
- 内存管理模块支持虚拟内存,允许多个进程安全地共享主内存区域。
- 文件系统模块隐藏了各种不同硬件的具体细节,为所有设备提供了统一的接口,虚拟文件系统还支持多达数十种不同的文件系统。
- 网络接口模块提供了对各种网络标准的存取和各种网络硬件的支持。进程间通信模块支持进程间各种通信机制。

● 设备驱动则实现了各种外部设备的访问和管理。

Linux 是一种是实用性很强的现代操作系统,它开发的中坚力量是软件工程师,因此多以实用性和效率为出发点,很多地方还考虑了工业规范和兼容性等因素。不同于教学性操作系统追求理论上的先进性,Linux 系统内核最注重的问题是实用性和效率。Linux 内核具有以下特色:

第一,Linux 内核被设计成单内核结构,效率高,紧凑性强。这种设计与微内核结构有很大的不同,微内核中只包含一些操作系统的基本功能,不是最基本的服务和应用程序都在微内核之上构造,这使得微内核更有利于扩展和移植。但是微内核与诸如文件管理、设备驱动、虚拟内存管理及进程管理等其他上层服务之间需要有较高的通信开销,所以目前多集中在理论教学领域。

第二,2.6 版本前,Linux 内核是不可抢占的(进程在内核态运行时是不可抢占的),即除非其主动释放 CPU,否则不会被调度程序打断而去运行其他任务。它的好处在于,内核中没有并发任务(单处理器而言),因此避免了许多复杂的同步问题,但其不利影响是非抢占特性降低了系统响应速度,新任务必须等待当前任务从内核态退出(切换到用户态或结束执行)时才可能获得运行机会。为了增强系统实时性,提高响应速度,2.6 版本后的 Linux 将抢占技术引入了内核,使其变为可抢占,当然付出的代价是同步操作进一步复杂化。

第三,为了保证能方便地支持新设备、新功能,又不会无限扩大内核规模,Linux 内核对设备驱动或新文件系统等采用了模块化方式,用户在需要时可以动态加载,使用完毕可以动态卸载。此外,用户也可以定制内核,选择适合自己的功能,将不需要的部分从内核剔除。这两种技术保证了内核的紧凑性和扩展性。

第四,Linux 内核纯粹是一种被动调用服务对象,所谓被动是因为它为用户提供服务的唯一方式是用户通过系统调用来请求在内核空间运行某个函数。内核本身是一种函数和数据结构的集合,不存在运行的内核进程为用户服务(Linux 的内核线程仅仅为系统自身服务)。

第五,Linux 内核采用的虚拟内存技术使得在 32 位机器上虚拟内存空间达到了 4 GB,其中 0~3 GB 属于用户空间,3~4 GB 属于内核空间。这使得用户可以使用远远大于实际内存的存储空间。

第六,Linux 文件系统的最大特点是实现了一种抽象文件模型——虚拟文件系统 VFS。使用虚拟文件系统屏蔽了各种不同文件系统的内在差别,使得用户可以使用同样的方式访问各种不同格式的文件系统,可以毫无区别地在不同介质、不同格式的文件系统之间使用 VFS提供的统一接口交换数据。这种抽象为 Linux 带来了无限活力。

4.3.3 根文件系统目录树结构

Linux 的应用程序按照一定的分类,以文件系统的形式组织存放在磁盘中。Linux 启动之后,磁盘上的所有文件系统被加载安装到一棵文件树中,形成一个以"/"为根节点的文件树。在 Linux 中,所有的目录、文件和外部设备都以文件的形式挂接在这个文件树上。这和以驱动器盘符为基础的 MS - Windows 系统有很大差别。这个特点简化了文件的访问,所有的文件目录都可以从树根"/"查找到。目前,大多数 Linux 发行版本的根目录都有以下子目录:/bin,/etc,/lost + found,/sbin,/var,/boot,/root,/home,/mnt,/tmp,/dev,/lib,/proc 及/usr。对于基于 Linux2.6 内核的系统,还多了一个/sys 目录。

下面对这些目录做一个简要的介绍。

(1) /bin

/bin 目录通常用来存放用户最常用的基本程序,如 login 、shells 、文件操作实用程序、系统实用程序及压缩工具等。

(2) /sbin

/sbin 目录通常存放基本的系统命令和系统维护程序,如 fdisk,fsck,mkfs,shutdown 及init 等。

存放在/bin 和/sbin 这两个目录中的程序的主要区别是:/sbin 中的程序只能由管理员(root 用户)来执行;而/bin 目录下的程序一般用户也可以执行。

(3) /boot

这个目录下面主要存放和系统启动有关的各种文件,包括系统的引导程序和系统核心部分。

(4) /dev

/dev 是设备(device)的英文缩写,这是个十分重要的目录。它包含了所有 Linux 系统中使用的外部设备文件。例如,该目录下的 fd0 代表第一个软盘驱动器,hda 代表第一个硬盘,hda1 代表硬盘中的第一个分区,hda2 代表第二个分区。要注意的是,这里的设备文件不是指设备的驱动程序,而是指访问外部设备的接口文件。

(5) /etc

这个目录主要的存放是系统的配置文件。

(6) /root

这是系统管理员(root 用户)的主目录。

(7) /home

系统中除了 root 用户外,所有其他用户的主目录都存放在/home 中。Linux 同 Unix 的不同之处是,Linux 的 root 用户的主目录通常在/root,而 Unix 通常是/。

(8) /mnt

像 CD - ROM,软盘,Zip 盘或者 Jaz 等可移动介质一般都安装在/mnt 目录下,可以在/mnt 目录下为特定的设备建立一个子目录来作为该设备的安装点。

(9) /lib

lib 是库(library)的英文缩写。这个目录用于存放系统动态链接库。所有动态链接程序都要用到这个目录下的动态链接库文件。

（10）/tmp

这是临时文件目录,许多程序都需要用到此目录进行读/写操作。

（11）var

这个目录用来存放系统日志和一些服务程序的临时文件等经常变动的文件。

（12）/usr

这个目录用来存放与系统用户相关的应用程序或文件。

（13）/proc

proc 目录挂载的是 Linux 的一个特殊文件系统——proc 文件系统,主要用于存放内核及进程信息。

（14）/lost＋found

这个目录专门是用来放那些在系统非正常死机后重新启动系统时,不知道应恢复到何处的文件。

（15）/sys

/sys 目录是 2.6 内核引入的一个新的目录。该目录挂载的是 Linux 的一个特殊文件系统——sysfs 文件系统。sysfs 文件系统的内容是内核设备树的一个直观反映,内核中的每个设备在 sysfs 文件系统中都有一个唯一对应的目录结构。

4.3.4　Shell 简介

Shell 是 Linux 系统的一种应用程序,不属于操作系统核心的组成部分。Shell 是 Linux 系统提供给用户的最重要的交互界面之一,它继承了 Unix 系统 Shell 的强大和灵活的功能,是用户使用系统功能的强大工具。Bash 和 TC Shell 这两个 Shell 经常被称为"Linux"Shell,是 Linux 下最流行的 Shell。要想知道所用的 Linux 系统支持哪些 Shell,则可以查看文件/etc/shells。

Shell 执行文件需要必要的环境,这些环境包含文件搜索路径,当前目录、用户主目录及默认编辑器等(可以用命令 ♯ man shellname 中获得这些信息)。这些信息属于环境变量,可以通过 env 观察当前系统默认的环境变量,改变这些变量可以通过命令方式直接设置"变量＝设置"(如 PATH＝ /opt)和修改存在于用户主目录下的相关配置文件(比如对 bash 来说,配置文件为～/.bashrc 和～/.bash_profile)。

在 Shell 环境中可以将一组命令组成一个序列,放在一个文本文件中被执行,这个文本文件就是 Shell 脚本。它不用被编译成二进制可执行文件,可以直接修改编辑。这有点类似于 dos 下的 BAT 批处理文件。使用 Shell 程序的意义在于,有些任务无法通过现有的命令完成,必须使用一组命令协作才能完成,而且各种命令之间不是简单的罗列,而是按照设定的逻辑关系有机结合。由此可见,Shell 程序需要能够控制各种命令的执行流,能够读/写临时数据,因此,Shell 程序存在自己控制语句和变量,而且对其使用也要遵循相关语法。

4.3.5　Linux 的文件

　　Linux 操作系统中，以文件来表示所有的逻辑实体与非逻辑实体。逻辑实体指文件与目录；非逻辑实体则泛指硬盘、终端机及打印机等各种设备。Linux 文件包括以下类型：

　　① 普通文件。这是最常见的文件类型，包含了某种形式的数据。至于是文本数据还是二进制数据对于内核来说毫无区别。

　　② 目录文件。包含了其他文件的名字以及指向与这些文件有关信息的指针。

　　③ 字符特殊文件。用于系统中某些类型的设备。

　　④ 块特殊文件。典型地用于磁盘设备、系统中的所有设备或者字符特殊文件及块特殊文件。

　　⑤ FIFO。用于进程间的通信，也叫命名管道。

　　⑥ 套接口。用于进程间的网络通信。

　　⑦ 符号链接。用于指向另一个文件。

4.4　Linux 基本操作

4.4.1　Linux 命令的使用

1. 文件处理类命令

　　该类命令常用于创建文件的 vi 和 echo；用于显示和改变文件属性的 ls 和 touch；用于文件复制、删除和移动的 cp、dd、rm、mv；还有统计文件字数的 wc 和给文件建立符号链接的 ln。下面介绍各命令的详细用法（vi 用法见后面 vi 编辑器的使用）。

　　(1) 创建一个文件

　　创建一个文件可以用 vi 编辑器创建，也可以用 echo 通过重定向符"＞"来创建。echo 的用法如下：

语　法	echo 字符串
示　例	＃echo abcd ＞ filename ＃以上命令用来创建一个文件 filename，该文件的内容为 abcd

　　(2) 显示目录内容

　　为得知某个目录下所包含文件的信息可用 ls 命令。ls 命令用来显示某个目录的内容（包括该目录下的文件和目录），也可以用来单独显示某个文件的属性（带－1 参数），其用法如下：

语　法	ls［选项］［目录或是文件］
选　项	-a　显示指定目录下所有子目录与文件,包括隐藏文件 -F　在目录名后面标记"/",可执行文件后面标记" * ",符号链接后面标记 　　 "@",管道(或 FIFO)后面标记"|",socket 文件后面标记"＝" -l　以长格式来显示文件的详细信息
示　例	# ls 7 - 22todo　gd - 2.0.33　　　include　jpegsrc. v6b. tar. gz　temp bin　　　　gd - 2.0.33. tar. gz　jpeg - 6b　lib # ls - l gd - 2.0.33. tar. gz - rw - r — r —　1 asang zc 587617　7 月 23 22:18 gd - 2.0.33. tar. gz
说　明	在不指明文件或目录情况下,默认是显示当前工作目录下的文件和目录

(3) 文件复制

文件复制可由 cp 命令来完成。cp 命令可用来复制文件或目录,当复制目录时,用- r 参数可把该目录下的所有东西都复制到另一个目录下,其用法如下:

语　法	cp［选项］源文件或目录　目标文件或目录
选　项	-d　复制时保留链接 -f　删除已经存在的目标文件而不提示 -r　若给出的源文件是一目录文件,此时 cp 将递归复制该目录下的所有的 　　子目录和文件,目标文件必须为一个目录名
示　例	# cp ～/README . / # ls c　README
说　明	"～"代表登录时的工作目录,"."代表当前工作目录

(4) 文件移动或改名

有时需要对文件进行移动或改名,该工作可由 mv 命令完成。mv 命令用于把文件或目录从磁盘上的某个地方移动到另一个地方,在移动的同时也可以改变它的文件名,其用法如下:

语　法	mv［选项］　源文件或目录　目标文件或目录
选　项	-i　交互式操作,该选项是默认的 -f　禁止交互式操作
示　例	# mv c dirc # ls dirc　README

（5）文件删除

当不再需要文件时，可以把它从磁盘上删除。rm 命令可以用来删除一个或多个文件，其用法如下：

语　法	rm［选项］文件
选　项	－ r　指示 rm 将参数中列出的全部目录和子目录均递归地删除 － f　非交互式，即删除时不提示
示　例	＃ cp README dirc/ ＃ rm － rf dirc/ ＃ ls README

（6）改变文件或目录的存取或修改时间

在某些情况下，需要修改文件时间，才能使程序正常运行。touch 命令可用于设定文件或目录的存取或修改时间，其用法如下：

语　法	touch ［选项］　文件或目录
选　项	－ a　只更改存取时间 － c　不建立任何文件 － d　＜日期时间＞　指定日期时间 － m　只更改变动时间 － r　＜参考文件或目录＞　把指定文件或目录的日期时间均设成和参考文件或目录的日期时间相同 － t　＜日期时间＞　使用指定的日期时间
示　例	＃ ls － l README － rw － r — r －－　1 root root 14939　7 月 26 15：36 README ＃ touch README ＃ ls － l README － rw － r — r －－　1 root root 14939　7 月 26 16：03 README

（7）统计字数

wc 命令可对一个或多个文件进行字数统计，把统计结果输出到屏幕，统计结果可以是以字节为单位，也可以字为单位。同时，wc 还可以用于统计文件的行数，其用法如下：

语　法	wc［选项］［文件...］
选　项	- c　只显示字节或字符数 - l　只显示行数 - w　只显示字数
示　例	# wc README 364　2025 14939 README　　　#3 个数值分别代表行数、字数和字节数
说　明	若不指定文件或指定的文件名为"-"，wc 命令将从标准输入设备读取数据，然后把统计结果显示到标准输出设备上（用 Ctrl＋d 结束输入）。若不指定任何参数，则 wc 命令将同时统计和显示行数、字数和字节数

（8）建立（符号）链接

为了避免磁盘空间的浪费，可以用 ln 命令给文件建立一个链接，链接包括硬链接和软链接，其中软链接又叫符号链接。当某个文件要在另外一个地方被使用时，可以为该文件在使用处建立一个符号链接，而不必要把整个文件复制过去，这样可以节省磁盘空间，其用法如下：

语　法	ln［选项］　目标［链接名］　或 ln［选项］　目标　目录
选　项	- s　建立符号链接
示　例	# ln - s README LREADME # ls - l 总用量 16 lrwxrwxrwx　1 root root　　　6　7 月 26 16：12 LREADME -> README - rw - r — r —　1 root root 14939　7 月 26 16：03 README
说　明	在"ln［选项］　目标　目录"中，目标必须是绝对路径或是相对于目录的相对路径

（9）文件转换

需要对文件内容进行某种形式的转换时，可以用 dd 命令，可把指定的输入文件复制到指定的输出文件中，并且在复制的过程中进行格式转换，其用法如下：

语　法	dd[选项]
选　项	if ＝输入文件(或设备名称) of ＝输出文件(或设备名称) ibs ＝ bytes　一次读取 bytes 字节,即读入缓冲区的字节数 skip ＝ blocks　跳过读入缓冲区开头的 ibs * blocks 块 obs ＝ bytes　一次写入 bytes 字节,即写入缓冲区的字节数 bs ＝ bytes　同时设置读/写缓冲区的字节数(等于设置 obs 和 obs) conv ＝ ucase　把字母由小写变为大写 conv ＝ lcase　把字母由大写变为小写 conv ＝ noerror　出错时不停止处理
示　例	# cat README gFTP FAQ Brian Masney 　This document is intended to answer questions that are likely to be fre- quently 　asked by users of gFTP. ──────────────────── # dd if＝README of＝readme2 conv＝ucase 读入了 29＋1 个块 输出了 29＋1 个块 # cat readme2 GFTP FAQ BRIAN MASNEY THIS DOCUMENT IS INTENDED TO ANSWER QUESTIONS … ASKED BY USERS OF GFTP. ──────────────────────

2. 目录操作类命令

与目录操作有关的常用命令有用于显示当前工作目录的 pwd、用于改变工作目录的 cd 以

及用于创建和删除空目录的 mkdir 和 rmdir。

（1）显示当前工作目录

pwd 命令用于显示当前工作目录的绝对路径，其用法如下：

语　法	Pwd
示　例	＃ pwd /home/asang

（2）改变工作目录

在使用 Shell 进行作业时，经常要进行工作目录的切换。cd 命令可用于把工作目录从当前目录切换到其目录，其用法如下：

语　法	cd［directory］
示　例	＃ pwd /home/asang ＃ cd temp/ ＃ pwd /home/asang/temp

（3）创建目录

创建目录可用 mkdir 命令完成，该命令用于创建一个或多个空目录，具体用法如下：

语　法	mkdir　［选项］［目录名...］
选　项	－ m　对新建目录建立存取权限 － p　若所建目录的上级目录目前尚未建立，则会一并建立上级目录
示　例	＃ mkdir a b c ＃ ls a　b　c

（4）删除目录

删除一个或多个空目录可用 rmdir 完成，rmdir 命令使用方法如下：

语　法	rmdir［选项］［目录名...］
选　项	－ p　递归删除目录，当子目录删除后，其父目录为空时，父目录也一同被删除
示　例	＃ rmdir a b ＃ ls c

3．显示文件类命令

该类命令用于显示文件的全部或部分内容。其中，more 和 less 用于文件的分屏或分段显示，cat 把文件的内容输出到屏幕，head 和 tail 分别显示文件的头部和尾部。下面介绍各命令的用法。

（1）分屏显示文件

当文件很长，一个终端屏幕不能显示其所有内容时，可以用 more 命令来分屏显示它，其使用用法如下：

语　法	more［选项］文件
选　项	-＜行数＞　　指定每次要显示的行数 ＋/＜字符串＞　在文件中查找指定的字符串，然后显示字符串所在业的内容 ＋＜行数＞　　从指定的行数开始显示 - d　在画面下方显示"Press space to continue 'q' to quit"。若用户按错键，则　　　显示"Press 'h' for instructions" - f　计算实际行数，不包括自动换行的行数 - p　在显示每页内容时，不采用卷动画面的方式，而是先清屏再显示 - c　同- p 参数，但不采用卷动画面的方式 - s　将多个连续的空行合并成一行显示
示　例	＃ more - pd - 8 README gFTP FAQ Brian Masney This document is intended to answer questions that are likely to be frequently -- More --(1%)［Press space to continue, 'q' to quit.］

（2）分段显示文件

同分屏显示，分段显示文件目的也是为了能显示整个文件的内容。less 用于文件的分段显示，它的使用方法与 more 类似，但 more 只能向后翻动显示文件；而 less 则提供交互式操作界面，允许使用热键和命令来完成文件的显示，既可以后翻，也可以前翻。对大文件，less 命令不会一次读取整个文件，因此显示速度较快。对文件名中有"-"或"＋"的文件，要使用符号参数"—"来区分参数与文件名的差别，所有位于"--"之后的字符串均当成文件名，具体用法如下：

语　法	less［选项］文件
选　项	-i　忽略字符大小写。若查找样式里混杂着大小写字符,则不会忽略大小写差别 -I　同"-i",但忽略所有大小写字符 -N　在每行开头显示行编号 -o＜输出文件＞　将 less 命令读入的数据输出成文件保存起来 -O＜输出文件＞　同"-o",但遇到已存在的文件名时不提示 -P＜查找样式＞　从指定的查找样式的第一个符合条件处开始显示 -s　把连续的多个空行缩成一行显示
示　例	# less - Ns README 1 3 gFTP FAQ 4 6 Brian Masney 7 8 This document is intended to answer questions that are likely to be fre-quently 9 asked by users of gFTP. 10 ———————————————————

(3) 输出文件内容

cat 命令可将整个文件内容输出到标准输出上,也可以将多个文件链接在一起显示。通过重定向符,cat 可以把多个文件合并成一个新的文件,其使用方法如下:

语　法	cat［选项］［文件...］
选　项	-b　列出文件内容时,在所有非空百白列的开头标上编号,编号从 1 开始递增 -n　列出文件内容时,在每一行的开头加上编号,编号从 1 开始递增 -s　把连续的多个空行缩成一行显示
示　例	# cat - n README 1 2 3　gFTP FAQ 4 5 6　Brian Masney 7 8　This document is intended to answer questions that are likely to be fre-quently 9　asked by users of gFTP. 10 ———————————————————
说　明	不指定任何文件名或文件名为"-"时,cat 命令将从标准输入设备读数据

（4）显示文件尾部

当只需要知道某个文件尾部内容时，可以用 tail 命令来显示该文件尾部的几行内容。tail 命令可以用来同时显示多个文件尾部内容，其用法如下：

语　法	tail［选项］［文件...］
选　项	－ c＜显示数目＞　设置要显示的数量，单位为字节。可在指定的数字之后加 b、k、m 分别代表 B、kB、MB － n＜显示行数＞　显示指定行数的内容 － q　不显示文件名 － v　显示文件名
示　例	＃ tail － n 5 README Try running make distclean ; configure — with － included － gettext. You could alternatively pass — disable － nls to configure，and internationalization support will not be compiled in

（5）显示文件头部

head 命令与 tail 命令相反，用于显示各个文件的前几行。head 用法如下：

语　法	head［－ n］［文件...］
选　项	－ n　指定要显示的行数，默认为 10

4．文件权限管理类命令

该类常用命令包括 chown、chgrp 和 chmod。其中，chown 用于改变文件的所属者，chgrp 用于改变文件的所属组，chmod 用于改变文件的读、写、执行权限。

（1）改变文件所属者

chown 命令用于改变文件或目录的所属者或所属组，只有超级用户才能修改文件的所属者或所属组。chown 用法如下：

语　法	chown［选项］［所有者:＜所属组＞］［文件或目录...］　或 chown［选项］［:所属组］［文件或目录...］　或 chown［选项］［— reference＝＜参考文件或目录＞］［文件或目录...］
选　项	－ R　递归处理指定目录下的所有文件和子目录下的文件

示 例	# ls − l 总用量 32 lrwxrwxrwx 1 root root 6 7月 26 16:12 LREADME -> README − rw − r — r — 1 root root 14939 7月 26 16:03 README − rw − r — r — 1 root root 14939 7月 26 16:21 readme2 # chown − R asang:zc . / * # ls − l 总用量 32 lrwxrwxrwx 1 root root 6 7月 26 16:12 LREADME -> README − rw − r — r — 1 asang zc 14939 7月 26 16:03 README − rw − r — r — 1 asang zc 14939 7月 26 16:21 readme2

(2) 改变文件所属组

chgrp 命令用于改变文件或目录的所属组,与 chown 一样,也必需有超级用户权限才能执行该命令。

语 法	chgrp［选项］［所属组］［文件或目录…］ 或 chgrp［选项］［— reference=＜参考文件或目录＞］［文件或目录…］
选 项	− R 递归处理指定目录下的所有文件和子目录下的文件

(3) 更改文件的访问权限

可以用 chmod 命令改变文件或目录的访问权限,其用法如下:

语 法	chmod［选项］＜权限范围＞ +/−/= ＜权限＞［文件或目录…］ 或 chmod［选项］［权限数字代号］［文件或目录…］ 或 chmod［选项］— reference=＜参考文件或目录＞［文件或目录…］
选 项	− R 递归处理指定目录下的所有文件和子目录下的文件
权限范围	u user 文件或目录的拥有者 g group 文件或目录的所属组 o others 其他用户 a all 全部用户
权 限	r 读权限 w 写权限 x 执行权限

嵌入式 Linux 系统设计

78

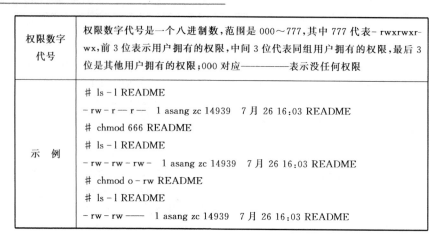

权限数字代号	权限数字代号是一个八进制数,范围是 000~777,其中 777 代表- rwxrwxr-wx,前 3 位表示用户拥有的权限,中间 3 位代表同组用户拥有的权限,最后 3 位是其他用户拥有的权限;000 对应————————表示没任何权限
示 例	# ls－l README －rw－r—r— 1 asang zc 14939 7 月 26 16:03 README # chmod 666 README # ls－l README －rw－rw－rw－ 1 asang zc 14939 7 月 26 16:03 README # chmod o－rw README # ls－l README －rw－rw—— 1 asang zc 14939 7 月 26 16:03 README

5. 文件查找、搜索和排序类命令

查找指定文件或目录在磁盘中的位置可用 find 命令;在某个文件中查找指定样式在该文件中所在的行,则可以用 grep 命令;sort 命令可对文件内容按每行的首字母进行排序。

(1) 搜索文件

为了找出文件在磁盘中的位置可用 find 命令。find 输出指定文件或目录在磁盘中位置的绝对路径,其使用方法如下:

语 法	find［起始目录］［寻找条件］［操作］
选 项	－ name＜字串＞ 查找文件名匹配所给字串的所有文件,字串内可用通配符 － lname＜字串＞ 查找文件名匹配所给字串的所有符号链接文件,字串内可用通配符 *、?、[] － gid n 查找属于 ID 号为 n 的用户组的所有文件 － uid n 查找属于 ID 号为 n 的用户的所有文件 － group ＜字串＞ 查找属于用户组名为所给字串的所有文件 － user＜字串＞ 查找属于用户名为所给字串的所有文件 － path＜字串＞ 查找路径名匹配所给字串的所有文件,字串内可用通配符 － perm 权限 查找具有指定权限的文件和目录,权限的表示可以如 711,644 － type x 查找类型为 x 的文件 － print 显示满足查找条件的文件或目录的路径名
示 例	# find /usr－name 'gedit'－print /usr/bin/gedit /usr/share/omf/gedit /usr/share/gnome/help/gedit

（2）查找文件内容

grep 命令在指定文件中查找包含某种样式的行，并输出这些行，其使用方法如下：

语　法	grep［选项］［查找模式］［文件名 1，文件名 2，…］
选　项	－ E　每个模式作为一个扩展的正则表达式对待 － F　每个模式作为一组固定字符串对待，而不作为正则表达式 － i　在匹配过程中忽略字母的大小写 － l　显示首次匹配时匹配串所在的文件名，并用换行符将其分开。当在文件中多 　　　次出现匹配串时，不重复显示次文件名 － c　只打印匹配行的行数 － n　打印匹配行的行号 － v　打印不匹配的行
示　例	# grep － n contents README 127：files, copy the contents of the docs/sample. gftp/ directory to ～/. gftp. 222：Every time gFTP is run, it will log the contents of the log window to ～/. gftp/ 223：gftp. log. The contents of this file will be automatically purged this file when

（3）对文件内容进行排序

sort 命令将文本文件内容以行为单位进行排序（按每行的首字母在字典中的顺序进行排序），用法如下：

语　法	sort［选项］［- o<输出文件>］［- t<分隔字符>］［+<起始栏>］［-<结束栏>］［文件］
选　项	－ b　忽略每行前面开始处的空格字符 － c　检查文件是否已排序 － d　仅对英文字母、数字及空格字符排序 － f　排序时将小写字母作为大写字母 － m　合并几个已排序的文件 － n　按数值大小排序 － o<输出文件>　将排序结果保存成指定文件，默认将排序结果显示在屏幕上 － t<分隔字符>　指定排序时所用栏的分隔字符，默认为空格 ＋<起始栏>-<结束栏>　以指定的栏来排序，范围由起始栏到结束栏的前一栏
示　例	# cat sortfile c.... .... 　（c 为该行首字母） b.... ....　（b 为该行首字母） d.... ....　（d 为该行首字母） a.... ....　（a 为该行首字母） # sort sortfile a.... ....　（a 为该行首字母） b.... ....　（b 为该行首字母） c.... ....　（c 为该行首字母） d.... ....　（d 为该行首字母）

6. 文件备份、压缩和解压类命令

文件备份、压缩和解压命令都是非常有用的命令,它们可用于系统及数据的备份,以防某种错误而导致数据毁坏或系统崩溃时进行恢复。其中最常用的命令是 tar,它可以调用各种压缩命令来处理不同类型的压缩文件。

(1) 压缩或解压(.bz2 文件)

bzip2 命令可用来压缩文件生成.bz2 文件,也可用来解压.bz2 文件,其用法如下;

语　法	bzip2［选项］［— repetitive-best］［— repetitive-fast］［-压缩等级］［文件/目录］
选　项	－ c　将执行结果送到标准输出 － d　执行解压缩 － f　在压缩或解压时不覆盖现有的同名文件 － k　bzip2 命令在压缩或解压缩后,会删除原始文件。k 参数用来保留原始文件 － v　显示命令执行过程的详细信息 － z　强制执行压缩 — repetitive-best　使用此参数可提高有重复出现内容文件的压缩比 — repetitive-fast　使用此参数可加快有重复出现内容文件的压缩速度 -压缩等级　压缩时扇区的大小。设置值为 1～9,分别代表扇区的大小为 100～ 　　　　　900 kb,默认为 9。压缩等级越高,压缩效果越好,完成压缩需要的时 　　　　　间越长

(2) 压缩或解压文件(.gz 文件)

gzip 命令可用来压缩文件生成.gz 文件或解压.gz 文件,其用法如下:

语　法	gzip［选项］［-<压缩比>］［— best/fast］［文件/目录］
选　项	－ c　将执行结果送到标准输出 － d　执行解压缩 － l　列出压缩文件的有关信息 － r　递归处理,将指定目录下的所有文件及子目录一并处理 － v　显示命令执行过程的详细信息 -<压缩比>　设置压缩比,同 bzip2 的压缩等级,默认为 6

(3) 压缩或解压文件(.z 文件)

compress 命令可以用来压缩文件或解压.z 文件,其用法如下:

语　法	compress［选项］［-b＜压缩比＞］［文件/目录］
选　项	-b＜压缩比＞　　指定压缩比。压缩比是介于 9～16 之间的数值,数值越大, 　　　　　　　　压缩比越高,耗时越久,默认为 16 -c　将压缩文件输出到指定设备上 -d　对.z 文件进行解压缩 -f　强制压缩 -r　递归处理,将指定目录下的所有文件及子目录一并处理 -v　显示命令执行过程的详细信息

（4）归档和恢复文件

tar 命令可用于备份和恢复文件,也可用于创建和解压以上三种类型的归档文件。tar 命令可以说是安装软件包(源码包)的必备命令,具体使用方法如下:

语　法	tar［选项］［文件］
选　项	-c　新建备份文件 -r　新增文件到已存在备份文件的结尾部分 -t　列出备份文件的内容 -u　仅置换较备份文件后更新的文件 -x　从备份文件中还原文件 -f＜备份文件＞　指定备份文件,备份文件也可以是外设 -h　不建立符号链接,直接复制该链接所指向的原始文件 -v　显示命令执行过程 -j　使用 bzip 命令处理文件 -z　使用 gzip 命令处理文件 -Z　使用 compress 命令处理文件
示　例	# ls LREADME　README　readme2　sortedfile　sortfile　sortfile～ # tar-jcf ./temp.tar.bz2 ./ # ls LREADME　README　readme2　sortedfile　sortfile　sortfile～　temp. tar.bz2 # tar-tf temp.tar.bz2 ./ ./sortfile～ ./readme2 ./sortedfile ./LREADME ./README ./sortfile
说　明	参数-jxvf 可用来解压指定的.bz2 文件,相应的,-zxvf 可用来解压.gz 文件、 -Zxvf 可用来解压.z 文件

7．输入输出重定向及管道

＜　输入重定向符，从指定文件中输入数据；

＞　输出重定向符，把输出结果输出到某个指定文件中；

≫　把输出接到某个文件的尾部；

|　管道。

示　例	＃ cat ＜ README ｜ grep － n Compiling ＞ result 说明：cat 命令从 README 中读取数据，并把输出通过管道作为 grep 的输入，重定向符"＞"又把 grep 的查找结果输出到文件 result 中 ＃ cat result 81：　6. Compiling_Problems 354：Chapter 6. Compiling Problems ＃ find /usr/bin － name gedit － print ≫ result 说明："≫"　把 find 命令的查找结果接到文件 result 的尾部 ＃ cat result 81：　6. Compiling_Problems 354：Chapter 6. Compiling Problems /usr/bin/gedit

8．文件系统管理类命令

（1）加载文件系统或设备

用 mount 命令可以将一个文件系统或已格式化的块设备以某种文件系统格式安装到 Linux 目录树的一个指定的目录，mount 用法如下：

语　法	mount［选项］　［设备名］［加载点］
选　项	－ a　加载文件/etc/fstab 中设置的所有设备 － L＜标签＞　加载文件系统标签为＜标签＞的设备 － r　以只读的方式加载设备 － t ＜文件系统类型＞　指定设备的文件系统类型 － o ＜选项＞　指定加载文件系统时的选项，如 iocharst＝utf8 用来指定加载文件系统时所用的字符编码是 utf8

（2）卸载文件系统

umount 命令与 mount 命令相反，它用来卸载设备或文件，其用法如下：

语　法	umount［设备/目录］
示　例	umount /mnt/temp ＃卸载挂载点/mnt/temp，使其不可用 umount /dev/hda7 ＃卸载设备/dev/hda7，使得挂载该设备的挂载点都变成不可用

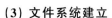

（3）文件系统建立

mke2fs 命令可用来建立 ext2 文件系统。

（4）显示目录或文件的大小

要得知某个文件或目录所占用空间的大小可用 du 命令，使用方法如下：

语　法	du ［选项］［文件或目录］
选　项	- b　以字节为单位显示文件或目录的大小 - k　以 kB 为单位 - m　以 MB 为单位

（5）显示磁盘信息

df 命令可用于磁盘可用空间检查，显示磁盘的有关信息。

示　例	# df				
	Filesystem	1K -块	已用	可用	已用% 挂载点
	/dev/hda11	8628864	4913020	3270444	61%　/
	/dev/hda10	77717	13341	60363	19%　/boot
	/dev/shm	257344	0	257344	0%　/dev/shm
	/dev/hda1	7158988	4868176	2290812	69%　/mnt/xp
	/dev/hda5	21034816	10622400	10412416	51%　/mnt/study
	/dev/hda6	13452208	9710904	3741304	73%　/mnt/backup

9．用户管理类命令

（1）建立新用户

需要为系统添加一个新用户时，可用 useradd 命令来创建一个新帐号。useradd 的用法如下：

语　法	useradd ［- g 组］［- u uid ］　用户帐号
选　项	- g　指定用户所属的组 - u　指定用户的 uid

（2）删除用户

与 useradd 相反，userdel 用于删除不用的用户帐号，用法如下：

语　法	userdel ［- r］［用户帐号］
选　项	- r　删除指定用户的登录目录及目录中的所有文件和子目录

（3）新建组

对一群有相近需求的用户，可以使用 groupadd 命令新增一个组，以方便管理。groupadd 用法如下：

语　法	groupadd [- fr] [- g<GID>] <- o> [组名]
选　项	- f　强制建立已存在的组 - g<组识别码>　设置新建组的识别码 - o　强制使用已存在的组识别码 - r　建立系统组

（4）删除组

对不再需要的组可以使用 groupdel 进行删除，用法如下：

语　法	groupdel [组名]
说　明	当组内还有用户时，无法删除组，只有删除组内所有用户后才能删除组

（5）用户密码设置

要给用户帐号设置或修改密码可用 passwd 命令，其使用方法如下：

语　法	passwd [选项] [用户名称]
选　项	- d　删除密码，系统管理员专用
说　明	在不指定用户名称时将更改当前用户的密码，普通用户只能更改自己的密码，超级用户可以更改所有用户的密码

10．进程和作业控制类命令

（1）显示进程

ps 和 top 都可用于显示进程。ps 显示进程状态信息，报告程序运行状态；top 则动态显示系统中正在执行程序的详细信息。ps 用法如下：

语　法	ps [选项...]
选　项	- A　显示所有进程

top 用法跟 ps 类似。

（2）中止进程

中止某个正在执行的程序或作业可用 kill 命令完成。kill 用法如下：

语　法	kill [- s signal] pid 或 kill - l
选　项	- s　指定要给进程发送的信号 - l　列出所有信号

killall 用于中止所有运行某个特定程序的进程，用法如下：

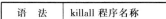
语　法	killall 程序名称

11. 其他较有用的命令

(1) 文件比较

比较两个文件有何不同则可用 diff 命令。diff 的语法和常用参数如下：

语　法	diff［选项］［文件或目录 1］［文件或目录 2］
选　项	-a　逐行比较二进制文件 -C＜行数＞　指定要显示多少行的文本，并显示其全部内容，标出不同点 -i　忽略大小写 -u　以合并的方式显示文件内容
说　明	diff 逐行比较文本文件。比较目录时，diff 会比较目录中相同文件名的文件。不带任何参数的 diff 命令将显示逐行比较的不同处所在行的内容。若文件名为"-"，则从标准输入读取数据

(2) 日期时间设置

date 命令可用于显示或设置系统时间与日期，用法如下：

语　法	date［-s＜字符串＞］［MMDDhhmmCCYYss］
选　项	-s＜字符串＞　使用字符串来指定日期和时间。MM 为月份，DD 为日期，hh 为小时，mm 为分钟，CC 为年份的前两位，YY 为年份的后两位，ss 为秒

(3) 显示文件类型

file 命令可用于查看文件的类型，用法如下：

语　法	file［选项］［文件或目录...］
选　项	-L　直接显示符号链接所指向文件的类型

(4) 显示命令使用历史

history 命令用于显示最近使用过的命令，用法如下：

语　法	history［N］［选项］［文件名］
选　项	-N　显示最近 N 次使用过的命令 -a　在 history 中追加记录 -r　仅读 history 文件，不追加记录 -w　覆盖原有的 history 文件

4.4.2 vi 编辑器的使用

vi 是一个在 Unix/Linux 中常见的文本编辑器。vi 的操作模式有两种，分别是命令方式和插入编辑方式，这两种模式可以互相切换。

命令模式是用户进入 vi 后的初始状态。在此模式中，可以输入 vi 的命令，请求 vi 完成不同的工作处理。

在命令模式下按下"i"或"a"等插入命令后进入插入模式，在插入模式下可以在编写的文件中添加或修改文本或程序代码，按 Esc 键可以返回到命令模式。

在 vi 中，Esc 是个很特殊的键，它的原意是取消前面的命令。因此，在插入模式下，按 Esc 键就会退出插入模式。若在命令模式下，则敲错命令也可以用 Esc 键取消（这只对多个字符组成的命令有效。对单个字符命令，它的执行结果只能用 u 命令取消）。

vi 的常用命令如表 4-1 所列。

表 4-1 vi 命令及说明

命 令	说 明	命 令	说 明
i	在当前位置插入文本命令	a	在当前位置追加文本命令
r	替换命令	R	替换多个字符命令
J	合并当前行和下一行	ndd	删除 n 行
nyy	复制 n 行	p	粘贴
D	从当前位置删除到行尾	nG	跳转到第 n 行，未指定 n 则到文件尾
H	跳转到第一行	/string	向下查找字符串 string
? string	向上查找字符串 string	:1,$ s/str1/str2/g	从全文中以 str2 替换 str1
n	同向重复搜索	N	反向重复搜索
?	向后重复搜索	/	向前重复搜索
^f	向下翻页	^b	向上翻页
h	光标左移	l	光标右移
j	光标下移	k	光标上移
^L	屏幕刷新	u	Undo
U	整行 Undo	:wq	存盘退出
:w name	以"name"为文件名存盘	:x,y w name	将 x 行到 y 行的内容存入文件"name"
:q!	不存盘强行退出	:f	在屏幕底部显示文件信息

4.4.3　Linux 的配置与管理相关命令

1. Shell 环境变量

每个 Shell 的动作、执行命令的机制、命令、程序的输入/输出的处理以及如何编程等都受到某些环境变量设置的影响。每个 Linux 系统都有一个初始的系统 Shell 启动配置文件,这个文件通常是/etc/profile,它包括了对 Shell 和其他一些实用程序起作用的重要环境变量的初始化设置。另外,Shell 在启动的时候还会处理一些相关的 Shell 的启动配置文件、执行这些文件的内容;它们通常包括用户主目录(以～表示)下的～/. profile 或者是特定 shell 的启动、登录文件。对于 RedHat Linux 使用的 Bash,其用户的启动和登录的配置文件通常是～/. bash_profile与～/. bash_login。当登录 bash 时,bash 首先执行/etc/profile/文件中的命令;然后,它顺序寻找～/. bash_profile、～/. bash_login 或～/. profile 文件,并执行找到的第一个可读文件中的命令。当退出 bash 时,它将执行～/. bash_logout 文件中的命令。当启动一个交互的 bash 时,它还将执行/etc/bashrc 和用户目录下的～/. bashrc 文件中的命令。这几个配置文件的功能如下:

* etc/profile

此文件用于设置系统所有用户公用的环境信息。当用户第一次登录时,该文件中的命令被加载执行,同时还将加载/etc/profile. d 目录下相关配置文件。

* /etc/bashrc

在一个交互式 Bash shell 被打开时,此文件中的命令被加载执行。该文件是系统中所有用户公用的交互式 Shell 启动配置文件。

* ～/. bash_profile

此文件是用户的 Shell 启动配置文件,该文件在用户登录时被加载执行,且仅加载执行一次。

* ～/. bashrc

该文件也是用户的 Shell 启动配置文件,每当用户打开一个新的交互式 Bash shell 时,该文件被加载执行。同/etc/bashrc 一样,修改了此文件,则打开一个新的交互式 Shell(比如在图形界面下打开一个新的终端)时,改变的环境变量在新的 Shell 中就会被更新。与/etc/bashrc 不同的是,该文件修改仅对它所属的用户产生影响,不会影响系统中的其他用户。

这些配置文件中,/etc/profile 和/etc/bashrc 文件是系统的启动配置文件,它们的配置对系统中的所有用户都有影响;用户主目录下的～/. bash_profile 和～/. bashrc 文件是用户启动配置文件,它们仅对所属用户起作用,其更改不会影响系统中的其他用户。

Bash 和 DOS 类似,有许多内置命令可以用来查看或更改环境变量:

（1）declare 命令

declare 命令用于声明 Shell 变量；若不带参数运行，则显示所有已声明的环境变量。其使用方法如下：

语　法	declare［＋／－］［rxi］［变量名称＝设定值］或　declare－f
说　明	＋／－　增加/取消变量的属性 －f　仅显示函数 rxi　变量属性，r 指定变量为只读；x 指定变量为环境变量，可供 Shell 以外的程序使用；I 的设定值可以是数值、字符串或运算式。当设定值为运算式且指定属性为 i 时，将仅把运算式的结果赋给变量。三者可以单独或联合使用

（2）export 命令

export 命令用于输出或显示环境变量。用 declare 命令声明的环境变量须使用 export 命令输出到 Shell 环境中才能在后继的命令中使用。若不带参数运行 export 命令，则显示所有已生成的环境变量。其使用方法如下：

语　法	export［－fnp］［变量名］＝［变量值］
选　项	－f　指定［变量名］所指变量为函数 －n　删除指定的变量，使其在后继命令的执行过程中不起作用 －p　列出所有 Shell 赋予程序的环境变量
说　明	在 Shell 中执行程序时，Shell 会提供一组环境变量。export 可新增、修改、删除或输出这些环境变量，供其他程序使用。export 的作用仅限于该次登录操作

（3）set 命令

set 命令能设置所使用 Shell 的执行方式，可依照不同的需求来设置，其使用方法如下：

语　法	set［＋－abCdefhHklmnpPtuvx］
选　项	－a　标识已修改的变量，以输出至环境变量 －b　使被中止的后台程序立刻回报执行状态 －C　转向所产生的文件但无法覆盖已存在的文件－d　Shell 预设会用杂凑表记忆使用过的指令，以加速指令的执行。使用该参数可取消这些记忆 －e　若指令传回值不等于 0，则立即退出 Shell －f　取消使用通配符－h　自动记录函数的所在位置 －H Shell　可利用"！"加＜指令编号＞的方式来执行 history 中记录的指令 －k　指令所给的参数都会被视为此指令的环境变量 －l　记录 for 循环的变量名称

－m	使用监视模式
－n	只读取指令,而不实际执行
－p	启动优先顺序模式
－P	启动－P 参数后,执行指令时,会以实际的文件或目录来取代符号链接
－t	执行完随后的指令,即退出 Shell
－u	当执行时使用到未定义过的变量,则显示错误信息
－v	显示 Shell 所读取的输入值
－x	执行指令后,会先显示该指令及所下的参数
＋＜参数＞	取消某个 set 曾启动的参数

（4）unset 命令

unset 命令用于删除变量或函数,用法如下:

语　法	unset ［－fv］［变量或函数名称］
说　明	unset 为 Shell 内部命令,可删除一个或多个变量或函数。－f　仅删除函数, －v 仅删除变量

2. 网络管理与配置

（1）ifconfig 命令

ifconfig 命令用于显示网络设备的配置或设置相关参数。

语　法	ifconfig 网络设备名 ifconfig 网络设备名［地址类型］选项｜地址...
说　明	当用 ifconfig 命令显示或配置网络设备（即网络适配器,NIC）时,需要指定的参数有 ip 地址、子网掩码以及硬件本身的 IRQ、I/O 等。不带任何参数的 if-config 将显示当前使用的网络配置
示　例	ifconfig eth0 192.168.0.1　←设置 eth0 的 IP 地址

（2）route 命令

route 命令用于手动修改路由表。

语　法	route［－nNvee］［－FC］［＜AF＞］　　　←显示路由表 route［－v］［－FC］｛add｜del｜flush｝...　←修改路由表 route［－V］［－－version］［－h］［－－help］　←显示版本或帮助信息

说　明	route 命令可以对路由表进行增加、删除和修改的操作,其对应的操作命令分别是 add、del 和 flush;若不带任何参数运行 route 命令,则显示当前路由表
示　例	＃route add default gw 192.168.137.1　　←添加默认路由 ＃route　　　　　　　　　　　　　　←显示系统路由表 Kernel IP routing table Destination　　Gateway　　　Genmask　　　Flags Metric Ref　Use Iface 192.168.137.0　*　　　　　255.255.255.0　U　0　0　　0 eth0 169.254.0.0　　*　　　　　255.255.0.0　　U　0　0　　0 eth0 default　　　 192.168.137.1 0.0.0.0　　　 UG　0　0　　0 eth0

(3) TFTP 服务

简单文件传输协议 TFTP 多用于计算机启动时获取操作系统映像。在 RedHat Linux 中 TFTP 的配置文件是"/etc/xinetd.d/tftp"。下面是一个配置文件的例子:

```
service tftp
{
    disable = no
    socket_type = dgram
    protocol = udp
    wait = yes
    user = root
    server = /usr/sbin/in.tftpd
    server_args = - s /tftpboot
}
```

这个配置文件说明了 TFTP 服务应使用 UDP 协议为用户提供服务,服务使用"/tftp-boot"目录存放传输的文件。

修改好配置文件之后,可用"/etc/init.d/xinetd start"命令启动 TFTP 服务(若 TFTP 服务已经启动,则应使用"/etc/init.d/xinetd restart"命令重新启动 TFTP 服务,使新的配置生效)。

(4) BOOTP 和 DHCP 服务

BOOTP 和 DHCP 协议用于计算机启动时从服务器获取自身的 IP 地址。在 RedHat Linux 中 DHCP 的配置文件是"/etc/dhcpd.conf"。下面是一个配置文件的例子:

```
default-lease-time 3600;
max-lease-time 18000;
ddns-update-style none;
```

```
subnet 192.168.8.0 netmask 255.255.255.0{
option routers 192.168.8.1;
range dynamic - bootp 192.168.8.2 192.168.8.254;←用于支持 BOOTP 协议
      }
```

这个配置文件说明了 DHCP 服务为计算机提供从 192.168.8.2～192.168.8.254 范围内的 IP 地址,并且同时提供 BOOTP 协议的支持。DHCP 服务使用"/etc/init.d/dhcpd start"命令启动。

(5) NFS 服务

网络文件系统 NFS 最初是由 SUN 公司开发的,它提供透明、一体化的联机共享文件访问。在 RedHat Linux 中 NFS 的配置文件是"/etc/exports"。下面是一个配置文件的示例:

```
/nfsroot * (rw,no_root_squash)
```

这个文件的内容指明通过 NFS 输出"/nfsroot"目录,客户可通过 NFS 以读/写方式访问此目录。若启动 NFS 服务,则可运行"/etc/init.d/nfs start"命令;若要使新的配置文件生效,则可运行"/usr/sbin/exportfs -r"命令。需要注意的是,NFS 服务需要 portmap 服务的支持,若未启动 portmap,则客户机有可能无法访问 NFS。

4.5 嵌入式 Linux 简介

目前,国内外不少大学、研究机构和知名公司都加入了嵌入式 Linux 的研究开发工作,较成熟的嵌入式 Linux 产品不断涌现,下面就来简要介绍几种嵌入式 Linux 系统。

4.5.1 自制嵌入式 Linux

在当前的嵌入式领域,所使用的大部分嵌入式 Linux 都是自制的。一般来说,自制式嵌入式 Linux 系统即是在 Linux 标准内核源码的基础上,根据所选定的硬件平台和所需的功能,对标准内核进行裁剪修改,并制作相应的文件系统。裁剪后的内核和文件系统就构成了自制嵌入式 Linux 的基础。接下来,往制作好的嵌入式 Linux 移植所需要的应用程序,就构成了完整的自制嵌入式 Linux 软件系统。

4.5.2 商业版嵌入式 Linux

虽然在嵌入式领域中,自制的 Linux 占了很大一部分,但是商业版的嵌入式 Linux 系统仍占有一部分市场,主要的嵌入式 Linux 提供商有 MontaVista 公司、Lineo 公司、Metrowerks 公司、TimeSys 公司、LynuxWorks 公司和 FSMLabs 等。

MontaVista 软件公司是一个世界领先的智能设备和相应基础部件的嵌入式 Linux 系统软件供应商,它以提供基于 GNU/Linux 的开放源码软件解决方案来推动嵌入式系统革命,由实时操作系统(RTOS)的倡导者 James Ready 在 1999 年创立。MontaVista 公司提供的 MontaVista Linux 家族系列产品满足了广泛的软件开发商的需要,包含从通信基础设施到消费电子的应用。MontaVista 发布的多种 MontaVista Linux 版本包括专业版(Professional Edition)、消费电子版(Consumer Electronics Edition)和电信运营级版(Carrier Grade Edition)。

TimeSys 作为一个世界领先的嵌入式 Linux 开发软件供应商,为了吸引大部分的自制 Linux 开发者,使开发者可以定制自己的嵌入式 Linux 并推广其公司的产品,开展了一个名为 LinuxLink 的收费服务。通过这个服务,使用者可以有偿获得 TimeSys 提供的一系列服务。这些服务包括:

- 提供各种模块、内核以及开发工具包以及它们的源码,并提供最新的升级。
- 邮件列表,可以通过邮件列表与 TimeSys 的工程师或其他成员交流。
- 错误报告,跟踪用户所遇到的错误,并将错误报告提供给 TimeSys 存档,使错误可以得到更好、更快的解决。
- 文档支持,包括说明文档和 how-to 文档。

通过这些服务,用户可以得到最新的更新,LinuxLink 提供的服务涵盖了主流的处理器,如 Intel,ARM 及 MIPS 等,而且提供的源代码完全遵循 GPL 协议。LinuxLink 为使用者提供了方便的开发环境,使嵌入式开发变的更简单、有效。

4.5.3　NMT RT-Linux 简介

NMT RT-Linux 可以说是所有实时 Linux 的鼻祖,它是由美国新墨西哥科技大学(New Mexico Technology)的 Victor Yodaiken 和他的学生 Michael Barabanov 开发的。这个系统的做法是"架空"Linux 内核,在 Linux 内核与硬件系统间实现一个简单的实时内核,Linux 内核作为这个实时内核最低优先级的任务,所有的实时任务的优先级都要高于 Linux 的进程。

RT-Linux 这种将 Linux 作为最低优先级别的执行线程运行的做法,使 Linux 对于下层的实时内核来说是可以被抢占的,这样实时线程和中断处理子进程永远不会被非实时操作所延迟。RT-Linux 中的实时线程可以通过共享内存或一个 FIFO 管道与 Linux 中的进程通信。这样,实时应用程序就能够利用 Linux 所有强大的、非实时的服务,这些服务包括网络功能、图形功能、窗口系统、数据分析程序包、Linux 设备驱动程序以及标准的 POSIX API。

RT-Linux 中的实时任务并不是 Linux 的进程,而是 Linux 的可加载核心模块。

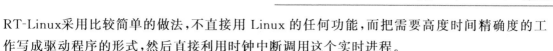

RT-Linux 采用比较简单的做法,不直接用 Linux 的任何功能,而把需要高度时间精确度的工作写成驱动程序的形式,然后直接利用时钟中断调用这个实时进程。

从这个角度看,RT-Linux 只是一个实时驱动程序的构架,算不上是真正的实时 Linux。但由于它的出现得早,且其构架较符合自动控制的需求,所以使用者非常多,在自动控制领域应用非常广泛。再加上 RT-Linux 是源代码开放的自由软件,而且 Linux 功能强大、性能稳定、支持广泛,因而其应用的前景十分看好。

4.5.4　RTAI 简介

RTAI(Real-Time Application Interface)是目前最为业界关注的实时 Linux 解决方案,它源于 RT-Linux。RTAI 在设计思想上和 RT-Linux 完全相同,同样采用"架空"Linux 的方式,直接使用可加载核心模块作为实时进程。

RTAI 和 RT-Linux 最大的不同之处在于,它非常小心地在 Linux 上定义了一个实时硬件抽象层 RTHAL(Real-Time Hardware Abstraction Layer),实时任务通过这个抽象层提供的接口和 Linux 系统进行交互,这样在给 Linux 内核中增加实时支持时,可以尽可能少修改 Linux 的内核源代码。这种方法解决了 RT-Linux 难于在不同 Linux 版本之间移植的问题,使得将 RTAI 移植到新版 Linux 的工作量大大减少。

RTAI 的示意图如图 4-2 所示。

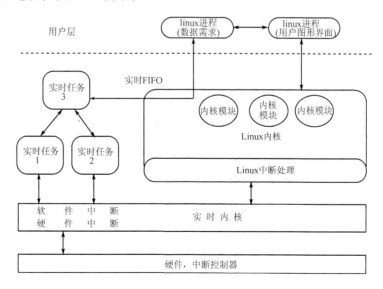

图 4-2　RTAI 示意图

4.5.5 μClinux 简介

随着 Linux 技术的逐渐成熟,Linux 在嵌入式系统领域也得到了广泛的应用并迅速获得了成功。现在,嵌入式 Linux 操作系统越来越引起人们的关注。μClinux 是从 Linux 中派生出来的,专门为无内存管理单元(MMU)的微处理器设计的一种嵌入式操作系统。μClinux 在 Linux 的基础上去除了 MMU 支持,并对内核的部分源代码进行了紧缩和裁剪;实现了完整的 TCP/IP 协议栈以及众多其他的网络协议;可以支持 ext2、FAT16/32 及 NFS 等多种文件系统。也就是说,μClinux 比 Linux 有着更小的内核,占用更少的系统资源,同时保留了 Linux 操作系统的主要优点——稳定性、较高的网络性能和出色的文件系统支持。μClinux 最初是用在 Motorola DragonBall 上的,随后渐渐又移植到其他的硬件平台上,成为无 MMU 平台上常用的操作系统。正因为这些原因,Linux 2.6 内核扩展多嵌入式平台支持的一个主要途径就是把 μClinux 的大部分并入主流内核功能中。目前许多嵌入式处理器,如 ARM 系列的一部分型号等,很多都是无 MMU 的。μClinux 在嵌入式系统中的应用非常广泛。因此,Linux 2.6 对无 MMU 体系结构的支持,及将 Linux 和 μClinux 合并到统一的新内核中,无疑为 Linux 在嵌入式领域的广泛应用加重了砝码。

μClinux 的内核有两种加载方式:直接在 Flash 上运行或者加载到内存中运行。前一种方法可以减少内存的占用量,后一种方法运行速度更快。它的根文件系统采用 romfs,比一般的 ext2 文件系统要求更少的空间。不但内核中实现 romfs 的代码比 ext2 简单,而且文件系统的超级块(Superblock)需要的存储空间也是前者更少。另外,μClinux 对体积庞大的 glibc 库做了精简,产生了 μClibc。基于这些小型化的策略,μClinux 对系统资源的要求比传统的 Linux 小了很多,更加适合嵌入式系统使用。

μClinux 与 Linux 最大的区别在于内存管理方面。标准的 Linux 使用虚拟存储技术,采用分页机制管理内存,虚拟存储器由存储器管理机制以及一个大容量的硬盘存储器支持。运行时,根据一定的管理策略将暂时不用的页面交换到磁盘上,需要时再从磁盘读入内存。通过这种技术,编程者在写程序时可以不考虑系统实际内存的容量。在有内存管理单元的处理器上,程序中的地址采用虚拟地址,每个任务都有自己的虚拟-物理地址映射表。每个任务把虚拟地址送到 MMU,MMU 通过识别该任务的映射表将虚拟地址转换为实际的物理地址。每个任务的映射表不同,因此两个任务的虚拟地址相同,对应的物理地址也不一样,保证了每个任务有自己的内存空间。

μClinux 是为无内存管理单元的处理器设计的,当然也就不能使用虚拟存储技术来管理内存。μClinux 对存储器仍然采用分页式管理,但由于没有 MMU,很多地方与带 MMU 的系统不同。首先,μClinux 对内存的访问是直接的,程序中访问的所有地址都是实际的物理地址；而使用 MMU 的程序中的地址是虚拟地址。其次，操作系统对内存空间没有保护，所有进程都可以访问任意的内存地址；与之相对，MMU 为进程的地址空间提供了保护机制，其他的进程无权访问。再次，一个进程运行之前，必须能够为其分配足够的连续地址空间，将程序全部载入内存。μClinux 的这种特点给开发人员提出了更高的要求，在开发应用程序时，必须根据硬件平台的特性考虑内存的分配情况以及程序需要占用的内存空间。同时，由于是实地址访存且无保护机制，降低了系统的安全性。没有 MMU，对进程管理也产生了一些影响。

　　尽管有着这些问题，但在嵌入式开发中，考虑到成本因素，还是普遍采用不带 MMU 的处理器。从嵌入式系统的功能来看，大部分系统都是在某一特定环境下实现某种相对简单功能，对于这样的系统，缺少 MMU 并不会对程序的开发和运行带来什么问题。

本章小结

　　本章首先介绍了 Linux 的发展历史和目前常见的发行版本，然后对 Linux 操作系统总体结构进行大致介绍，使读者对 Linux 操作系统有了大概的了解，接下来介绍了一些常用的系统操作命令，最后，简单介绍了常见的嵌入式 Linux。

习题与思考题

　　1. 上机练习各种常用命令的使用，加深对各命令使用方法的印象。

　　2. 用 vi 编辑器编辑一个文件，熟悉 vi 的各种操作。

　　3. 常见的嵌入式 Linux 有哪几种？各有什么优缺点？

第 **5** 章

Linux 程序开发简介

本章要点

在 Linux 下使用最多的编程语言是 C 和 C＋＋。在 Linux 下使用 C/C＋＋开发应用程序，就应学会使用 GCC 编译程序、Makefile 管理程序的编译以及 GDB 调试程序。本章主要介绍以下内容：

- GNU GCC 使用简介；
- GNU make 介绍与 Makefile 编写；
- 使用 autoconf 和 automake 自动生成 Makefile；
- 基于 GDB/Insight 的程序调试；
- Eclipse 集成开发环境的使用。

5.1 GNU Compiler Collection 简介

GNU Compiler Collection(简称 GCC)是一个集成了多种编译器的编译程序，它所支持的语言包括 C，C＋＋，Fortran 和 JAVA 等。通常，GCC 编译器可执行文件的名字就叫"gcc"。同时，它也分出了一些支持单一语言的编译器，比如，g＋＋是单独的 C＋＋编译器，gcj 是单独的 JAVA 编译器。这里将不会涉及用 GCC 处理 Fortran 和 JAVA 程序的内容，而主要介绍如何使用 GCC 编译 C/C＋＋源程序，以及 GCC 的一些通用特性。

GCC 支持三个不同版本的 C 语言标准：C89/C90，C94/C95 和 C99。此外，GCC 还为 C 语言的编译提供了一些扩展标准，例如 GNU89(C89 加上 GNU 扩展)，GNU99(C99 加上 GNU 扩展)。扩展后的标准与传统标准相比有了更强的功能，默认情况下，GCC 使用 GUN89 标准，用户也根据需要特别指定使用其他的某一标准。一般的 Linux 发行版都带有 GCC，如果没有,也可以到网上下载源代码安装。

下面介绍如何使用 GCC 来编译源程序,以及 GCC 各个命令行选项的意义和用法。GCC 的选项有很多,用起来也很灵活,本节介绍 C/C++相关的最常见的一些用法。

5.1.1　用 GCC 编译简单程序

为了对 GCC 有一个初步了解,下面以最简单的例子 hello.c 说明用 GCC 编译源程序生成可执行文件的过程。用 vi 命令创建 hello.c,程序代码如下:

```
#include <stdio.h>

int main()
{
    printf("Hello,Linux! \n");
    return 0;
}
```

编写完成后,保存、退出并使用 GCC 编译,GCC 的使用很简单,最简单的 gcc 命令只以源文件为参数,在命令行执行

```
# gcc hello.c
```

就会编译 hello.c,生成一个名为 a.out 的可执行文件,它执行结果就是打印出"Hello Linux!"。

5.1.2　GCC 使用简介

5.1.1 小节所述的不带任何选项的命令是 GCC 最简单的用法。但一般情况下,都需要使用 GCC 的命令选项对编译过程进行特定的控制。有些选项控制编译的不同阶段,有些选项控制预处理器和编译器行为,还有控制汇编器和链接器,但其中大部分选项是极少用到的。在介绍一些常用选项之前,先说明几条一般规则。

① 单字符的选项不能连写。例如"- d - r"不能写成"- dr"。

② 在一条 GCC 命令中使用的多个选项,它们的先后顺序通常没有关系,但也有少量选项例外。例如,如果多次使用"- L"选项,那么搜索目录的顺序将按照它们在命令中出现的顺序进行。

③ 许多选项是以"- f"或"- W"开头的长选项,例如,"- fforce - mem"及"- Wformat",这些选项大部分都有否定的形式,例如"- fno - force - mem","- Wno - format"。

GCC 的选项可以分成以下几种类型:总体选项(Overall Options)、C 语言选项、C++选

项、语言无关选项、警告选项、调试选项、优化选项、预处理器选项、汇编器选项、链接器选项、目录选项、目标选项（Target Options）、机器相关选项以及代码生成选项（Code Generation Options）。每一类都包含了很多具体的选项。但是这些选项中,有 90％以上很少用到,这里只介绍一些常用的选项。

表 5 - 1　GCC 文件类型约定

文件类型	说　明
file. c	必须被预处理的 C 源文件
file. i	不应被预处理的 C 源文件
file. ii	不应被预处理的 C++源文件
file. h	C 头文件(不被编译和链接)
file. cc　file. cp　file. cpp file. cxx　file. c++　file. c	必须预处理的 C++源文件
File. s	汇编代码
File. S	必须预处理的汇编代码
其他	其他扩展名的文件都被当成链接时使用的对象文件(object file)

1. 总体选项

总体选项（Overall Options）又称为输出控制选项（Options Controlling the Kind of Output）。使用 GCC 从 C 语言源代码文件生成可执行文件的过程,称为程序的编译过程,它涉及预处理、编译(生成汇编代码)、汇编和链接四个阶段。前三个阶段都是由一个源文件产生一个对象文件的过程,而在链接阶段则可能由多个对象文件链接后合成一个可执行文件。对于源文件的扩展名,GCC 有默认的约定,具体如表 5 - 1 所列。

除了使用这些默认的约定,也可以使用"- x"选项强行指定源文件的类型,但习惯上不这样做。文件的扩展名(或使用"- x"选项)实际上是告诉 GCC 编译过程从哪个阶段开始。例如,file. c 文件从预处理开始,而 file. s 文件从汇编开始。那么,想要让编译过程进行到某一阶段停止,就需要用到"- c"、"- S"和"- E"这三个选项。

- c　　编译或者汇编源文件,但不进行链接。输出由源文件生成的对象文件,扩展名默认为". o"。

- S　　在编译完成后即停止,不进行汇编。输出编译生成的汇编代码文件,扩展名默认为". s"。

- E　　在预处理完成后即停止,不进行编译。输出预处理后的代码,与前两个选项不同,输出的内容送到系统的标准输出(例如终端)。

- o file　把输出送到文件 file。无论输出的内容是可执行文件、对象文件、汇编文件还是预处理的代码,这个选项都是有效的。但由于这个选项只能产生一个文件,所以在编译多个源文件的时候,除非用这个选项生成最后的可执行文件,否则是没有什么意义的。

考虑上面 hello. c 程序,分别执行:

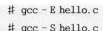

```
# gcc - E hello.c
# gcc - S hello.c
# gcc - c hello.c
```

第一条命令会在屏幕上显示出预处理过的代码,那是 hello. c 连同"♯include"进来的 stdio. h 一起进行预处理的结果,它实际上还是一段 C 代码;第二条命令生成一个叫 hello. s 的文件,用文本编辑器查看它就能看出是一段 AT&T 汇编语言代码;第三条命令生成一个名为 hello. o 的文件,这是一个可重定向的对象文件(relocatable object file),具体的类型与主机的体系结构有关。如果执行:

```
# gcc hello.c - o hello
```

就会得到一个叫 hello 的可执行程序,在支持动态链接的主机上则使用动态链接方式。

　　注意:在这里使用了"- o"选项,这样生成的文件名以命令中指定的为准,而不是像 a. out 这样没有意义的名字。

2. C/C++语言控制选项

　　C/C++语言历史上有不同的标准,GNU 也对其进行了进一步扩展,这些不同版本的 C 语言可以理解为 C 语言类中的"方言"。设置 C/C++语言控制选项,一方面就是为了解决不同标准的问题,同时也涉及 C/C++语言其他的特性以及编译器如何处理 C/C++的某些异常情况。下面这些参数中有些仅对 C 语言有效,有些仅对 C++有效。一般情况下,这些参数比较少用,有些仅在测试时使用,下面仅给出与 C 语言标准有关的两个参数。

　　- ansi　　　对于 C 语言,支持 ISO C89 标准;对于 C++,移除与 ISO C++相冲突的所有 GNU 扩展。

　　- std=　　　确定语言标准。这个选项目前仅对 C 语言有效,它主要有 ISO C89 标准(c89)、ISO C99 标准(c99)、gnu89 和 gnu99。其中,gnu89 由 ISO C89 加上 GNU 扩展构成(这是 GCC 默认使用的标准),gnu99 由 ISO C99 加上 GNU 扩展构成。

　　对于按照 ISO 标准书写的程序,一般无须使用 C/C++语言控制选项。

3. 警告选项

　　警告(Warning)是编译器给出的建议性诊断信息。当程序中一条语句本身并没有错误,但编译器认为其用法有潜在的危险性或可能引发错误时,就会给出警告。因此,警告信息可以帮助编程者找出程序中某些隐含的漏洞和错误。可以通过以"- W"开头的选项提请警告信息,例如"- Wimplicit"要求给出关于"隐含声明"的警告。每一个这样的选项都有另外一个以"- Wno -"开头的否定选项,例如,"- Wno - implicit"即不要给出关于隐含声明的警告。下面介绍的选项均只给出两种形式中被 GCC 默认的一种。

　　- w　　　关闭所有的警告信息。

- Wall　这是一个常用的选项。给出所有关于程序结构上可能出现问题的警告,使用这个选项就不用麻烦地逐个选项去指定。但要注意,其他类型的警告还要另外指定。

4. 调试选项和优化选项

调试选项有很多,它们在目标代码中加入了调试信息,便于调试器对源程序进行调试。其中有一个选项"- g",这个选项产生与本地操作系统有关的调试信息,可以利用这些信息使用 GDB 调试器进行调试。

优化选项的作用在于缩减代码规模和提高代码执行效率。常用的选项有以下几个:

- O、- O1　编译器会尽量缩减代码规模和执行时间,这会导致编译过程耗费更多的时间和内存,但仅做一些简单的优化,不进行过于耗时的优化。使用这个参数,编译器还会适当地增加寄存器变量的使用。

- O2　进一步的优化,编译器几乎执行所有不涉及时空效率的优化,但编译器不进行循环展开、函数内联和寄存器改名等优化。

- O3　在"- O2"的基础上加入了函数内联和寄存器改名两项优化。

- Os　基于空间的优化。执行"- O2"中不会明显增加代码规模的优化以及另外一些可缩减代码规模的优化。

这几个选项中每一个实际都包含了多项优化技术,这些优化选项由形如"- fflag"的选项表示,每一个选项代表一个具体的优化参数。例如,"- finline"执行函数内联优化,"- funroll - loops"执行循环展开优化等。

到此为止,本章已经介绍了 GCC 的概况和使用方法。如果机器上已经安装好了 GCC,就可以写一些小程序,使用上面介绍的这些选项进行编译,看看使用后的具体效果。

GCC 是 Linux 下功能强大的程序编译工具,掌握好 GCC 的使用方法对使用 GCC 进行程序开发至关重要。下面将介绍 GNU make,则可以看到 GCC 如何与 make 结合完成一个工程的编译。

5.2　GNU make 与 Makefile 编写

在编写小型的 Linux 应用程序时,一般情况下只有少数几个源文件。这样程序员能够很容易地理清它们之间的包含和引用关系。但随着软件项目逐渐变大,对源文件的处理也将变得越来越复杂。此时,单纯依赖手工方式进行管理的做法就显得有些力不从心了。为此,Linux 专门为软件编译提供了一个自动化管理工具 GNU make。通过它,程序员可以很方便地管理软件编译的内容、方式和时机,从而能够把主要精力集中在代码的编写上。

GNU make 允许将一个软件项目的代码分开放在多个源文件里,在改动其中一个文件时,可以只对该文件进行重新编译,然后重新链接所有的目标文件。对于那些由许多源文件组成的大型软件项目来说,全部重新进行编译需要花费很长的时间;而采用这种编译管理方法则可以极大地提高工作效率,让原本复杂繁琐的开发工作变简单。

5.2.1　Makefile 的编写

GNU make 通过定义好的编译规则来控制代码的创建过程,这些规则通常定义在一个名为 Makefile 的文件中。Makefile 被用来告诉 make 编译哪些文件、怎样编译和何时编译。Makefile 中的每条规则都是这样的形式:

```
target: prereq1 prereq2 prereq3…
    command
    …
```

其中,

- target 是本条规则的目标,也就是 Makefile 规则的名字。
- prereq1,prereq2,prereq3…指明此目标所依赖的文件或其他目标,一个 target 可以有多个依赖文件,因而通常是一个列表。
- command 指明本条规则需要执行的命令,这也是一个列表。make 在处理一条规则时,将依次执行这条规则的所有命令。这些命令将交由 Shell 来解释执行。需要注意的是,每个 command 命令行必须是以制表符(Tab)开头,否则,make 无法区别 command 和其他行。下面列出了一个简单 Makefile 文件的内容,并围绕这个文件介绍编写一个 Makefile 的基本规则和常见用法。

```
# Sample Makefile
myprog: main.o display.o input.o
    gcc main.o display.o input.o - o myprog
main.o: main.c common.h
    gcc - c main.c
display.o: display.c display.h common.h
    gcc - c display.c
input.o: input.c input.h common.h
    gcc - c input.c
clean:
    rm - f myprog main.o display.o input.o
```

这个 Makefile 中,myprog 是一个目标,依赖于 main.o,display.o 及 input.o 三个目标,执行的动作是链接三个模块生成可执行文件 myprog。main.o,display.o 及 input.o 三个目标也

分别有自己的依赖文件,由 gcc 命令生成。clean 是一个特殊的目标,它没有依赖关系,并且也不是一个实际的文件,它一般用于清除 make 过程中生成的文件。

要执行一个目标,需在命令后面将目标名作为 make 的参数输入。例如,要执行 clean 目标,要在命令行输入

```
# make clean
```

如果 make 不加任何参数,则执行 Makefile 中的第一个目标,因此写 Makefile 时,要把默认目标作为 Makefile 中的第一个目标。

5.2.2　Makefile 的处理过程

现在来看看 make 是如何处理上面这个 Makefile 的。在 Makefile 所在目录下执行

```
# make
```

就会读取 Makefile 处理第一个目标 myprog。它要执行的动作是运行 GCC 链接三个“.o”的对象文件。但是在这之前必须先处理 myprog 的依赖关系。

make 首先检查第一个依赖关系 main.o。main.o 又依赖于 main.c 和 common.h,则 make 检查 main.o 与 main.c,common.h 的时间戳是否吻合。若吻合,说明最近一次生成 main.o 后,main.c 和 common.h 没有修改过,则 main.o 不需要更新;反之,则 main.o 需要更新,更新的方法是执行 main.o 规则中的规定动作。用同样的方法处理 display.o 和 input.o 两个目标。若 myprog 依赖的三个目标中任何一个被更新过,则 myprog 也需要更新。

假设已经修改了 main.c,那么 make 会重新编译 main.c 以更新 main.o,然后重新链接 myprog。如果修改了 common.h,那么“.o”对象都要重新编译,然后链接 myprog。整个处理过程类似于函数的嵌套调用。

5.2.3　Makefile 的变量

在 Makefile 中可以使用变量,变量可用来代替一些重复出现的字符串。这样做一是为了使用方便,二是为了防止重复输入字符串产生人为的书写错误。Makefile 中的变量有一些是习惯上约定的变量。例如,“CC”代表 C 编译器名,“OBJS”代表“.o”对象的集合,“prefix”代表安装根目录等。下面引入变量重写上面的 Makefile。

```
# Sample Makefile With Variables
CC = gcc
OBJS = main.o display.o input.o
myprog: $(OBJS)
    $(CC)  $(OBJS)  -o myprog
```

```
main.o: main.c common.h
    $(CC)  -c main.c
display.o: display.c display.h common.h
    $(CC)  -c display.c
input.o: input.c input.h common.h
    $(CC)  -c input.c
clean:
    rm -f myprog $(OBJS)
```

这里定义了两个变量"CC"和"OBJS",代替了原来的"gcc"和"main.o display.o input.o"。在需要用到这两个字符串的地方,就用"$(变量名)"或者"${变量名}"的格式引用相应的变量。"$"在这里变成了一个功能字符,如果确实需要一个字符"$",则需写成"$$"。变量可以用在任何地方,它实际上与宏定义一样,是一种严格的字符替换。

对一个变量赋值有三种操作符,"="、":="和"?="。例如下面的定义:

```
CC = gcc
CC_CMD = $(CC)-o-g
```

它们使用"="进行赋值,当引用"CC_CMD"时,首先展开为"$(CC)-o-g",然后再展开为"gcc-o-g"。如果用":="为"CC_CMD"赋值,则"CC_CMD"在定义时就被展开为"gcc-o-g"。也就是说,使用"="赋值,所有的嵌套赋值是在每次引用变量时展开,而使用":=",则是在定义时一次性展开。另外,":="允许自嵌套,而"="不行,例如:

```
CC = gcc
CC = $(CC)-o-g
```

是错误的,而

```
CC = gcc
CC := $(CC)-o-g
```

可以正确的展开为"gcc-o-g"。最后一种"?="实际上是一种条件赋值,意思是"如果这个变量尚未定义,则赋值"。

当一个变量被赋值后,可以用"="或":="对其赋予新值,还可以使用"+="在原值尾部添加内容,例如:

```
CC = gcc
CC += -o-g
```

除了这些自定义的变量,make 本身已经设定了一些隐式变量,如果没有特别制定,则使用默认值,如:

```
CC          cc
CXX         g++
AR          ar
CPP         $(CC) - E
RM          rm - f
```

另外，make 还有一些自动参数，它们给编写 Makefile 带来了一些方便。

```
$@      一条规则中的目标名字
$<      依赖文件中的第一个
$?      依赖文件中所有比目标新的
$^      所有的依赖文件，重复出现的名字只保留一个
$+      所有的依赖文件，保持重复出现的名字不变
```

这是五个常用的自动变量，可以用它们再次改写上述的 Makefile。

```
# Sample Makefile With Automatic Variables
CC = gcc
OBJS = main.o display.o input.o
myprog：$(OBJS)
    $(CC)  $(OBJS)  - o $@
main.o：main.c common.h
    $(CC)  - c $<
display.o：display.c display.h common.h
    $(CC)  - c $<
input.o：input.c input.h common.h
    $(CC)  - c $<
clean：
    rm - f myprog $(OBJS)
```

5.2.4　PHONY 目标

经常会在 Makefile 中看到这样的一行：

```
.PHONY：target
```

PHONY 后面的 target 通常不是指一个实际存在的文件，而只是一个名字。PHONY 表示这个目标并不是实际的文件目标。PHONY 目标总是使与之相关的目标被执行。例如上面的 clean 目标，每次执行 make clean 时，make 发现 clean 这个文件尚不存在，则认为 clean 目标需要更新，因此需要执行下面的命令。对于 clean 这类并不产生实际文件的目标，将其设置为 PHONY 目标是比较规范的用法：

```
.PHONY: clean
clean:
    - rm - f myprog $(OBJS)
```

这样,运行 make clean 时,不做任何检查而直接执行下面的命令。因而,就算真的存在一个叫 clean 的文件,也不会对这条规则产生任何影响。要注意,这里的 rm 命令前面加了一个"-"。一般来说,make 执行每一行命令都要检查返回值是否为成功,如果成功,则继续进行,否则终止。用"-"的意思是忽略返回值的错误,不因错误停止后继命令的执行。

5.2.5　利用隐含规则简化 Makefile

用上面介绍的技术已经可以编写规范的 Makefile。make 还有一些隐含规则,可以利用这些规则进一步简化 Makefile。隐含规则是 Makefile 中"隐含"的不必写出来的规则。例如,"把[.c]文件编译成[.o]文件"这一规则根本不需要写出来,make 会自动推导出这种规则并生成需要的[.o]文件,下面举例说明:

```
# Sample Makefile Using Implicit Rules
CC = gcc
OBJS = main.o display.o input.o
myprog: $(OBJS)
    $(CC)  $(OBJS)  - o $@
main.o: common.h
display.o: display.h common.h
input.o: input.h common.h
clean:
    rm - f myprog $(OBJS)
```

当编译 C 源代码时,不一定要写出编译的命令,make 会自动搜索并找出匹配的隐含规则。例如这个例子,make 知道对于".o"目标隐含规则是用"cc - c"命令编译,因此可以省略编译命令。另外,make 可以根据".o"文件的名字自动搜索同名的 C 源文件并列为该目标的隐含依赖文件,因此这里也省略了".o"目标依赖文件中的 C 源文件。这个 Makefile 甚至还可以进一步简化:

```
Sample Makefile Using Further Implicit Rules
CC = gcc
OBJS = main.o display.o input.o
myprog: $(OBJS)
    $(CC)  $(OBJS)  - o $@
clean:
    rm - f myprog $(OBJS)
```

这个 Makefile 中省略了所有".o"目标。但它仍然可以正常工作。myprog 的依赖关系是三个".o"文件,make 会用隐含规则自动编译需要更新的".o"文件。

可以看出,隐含规则可以大大简化 Makefile 的设计,但滥用隐含规则,也会造成 Makefile 不易理解甚至出现错误的语义。

5.2.6　make 的命令行参数

make 常用的命令行参数如下所示:

- C dir -- directory=dir	转换到目录 dir 中读取 Makefile,这在含有子目录的源文件中有用。
- d	打印出调试信息。
- e	用环境变量中的某个变量值替换 Makefile 中同名变量值。
- f file -- file=file -- Makefile=file	使用 file 作为 Makefile,而不使用默认的 Makefile 或 Makefile 文件。
- k	make 某个模块出错时,并不停止编译,而是跳过去继续编译其他模块。
- s -- silent -- quiet	安静模式,即不打印出编译过程执行的命令。

除了这些参数,make 还可以在命令行带有某个目标的名字以执行特定目标(例如 make clean),定义环境变量(例如 make CFLAGS="- O2 - Wall")。命令行中定义的环境变量在 make 过程中可以覆盖 Makefile 中同名变量的值,并且对所有子目录的 Makefile 均有效。

5.2.7　Makefile 示例

下面给出一个使用 Makefile 的具体例子,这个 Makefile 只处理一个简单的 HelloWorld 程序,hello.c 代码如下:

```
# include <stdio.h>
int main()
{
```

```
    printf("Hello world！\n");
    return 0;
}
```

对应的 Makefile 文件代码：

```
CC = gcc
all：hello
hello：hello.o
    $(CC) $^ - o $@
hello.o：hello.c
    $(CC) - c hello.c
.PHONY：clean
clean：
    rm - f  *.o hello
```

　　把这两个文件放在同一个目录下，然后在终端运行 make 命令，就会生成可执行文件 hello。运行 make clean，则会把生成的 hell.o 和 hello 都删除。这里的 Makefile 对于简单的 HelloWorld 程序确实是没必要，但对于一个大些的项目，里面有几十个文件或目录，这时若用 Makefile 就会发现使用它的好处。

5.3　autoconf 和 automake 简介

　　make 的使用简化了编译的操作过程，也使编译的过程更加自动化。正如前面提到的，Makefile 的编写是使用 make 的关键问题，编写一个合适的 Makefile 至关重要。对于简单的程序，手工编辑 Makefile 也许并不难。但是对于稍大的工程来说，可能包含很多子目录，很多源文件，写起来并不轻松，且容易出错。本节主要介绍 autoconf 和 automake 工具，它们配合使用可以从源代码自动生成 Makefile。使用这两个工具，可以不必手动编写 Makefile 中的每一条规则，而只须写一个 Makefile.am 文件来说明每个被编译的对象的具体情况（例如源代码文件及编译链接参数等），生成 Makefile 的工作则交给 automake 处理。使用这两个工具自动生成 Makefile 的主要流程如图 5 - 1 所示。

　　autoconf 的作用是生成一个 Shell 脚本 configure，在编译前运行这个脚本能够自动对源码包进行配置，以适应多种不同的平台，并通常会在配置完成后输出编译所需的所有 Makefile。这个脚本一经生成就不再依赖 autoconf，可以独立运行。也就是说，使用者无须安装 autoconf 就可以运行 configure 对软件进行配置。autoconf 实际上是一组软件的集合，其中最主要的是 autoconf，另外还有 autoheader，autom4te，autoreconf，autoscan，autoupdate 及

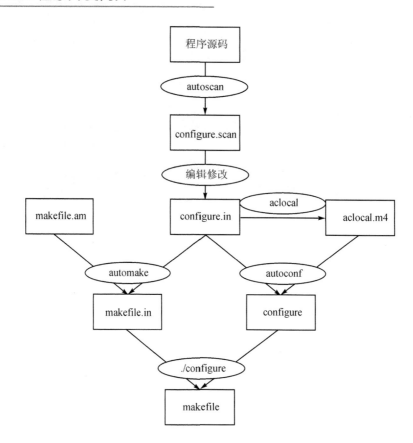

图 5 - 1   利用 **autoconf/automake 工具自动生成 Makefile 的流程**

ifnames等。本节的介绍将涉及 autoscan 和 autoconf 的使用,实际应用中可能还需要用到其他的几种工具。

automake 通 过 读 入 文 件 Makefile. am 和 configure. in 生 成 Makefile. in 的 工 具。Makefile. am是用户对 make 变量的一系列定义,configure. in 是 autoconf 用于生成 configure 的输入文件,Makefile. in 是遵从 GNU Makefile 标准的 Makefile 文件雏形。GNU Makefile Standard 是一个较复杂的标准,并可能随时发生变化,因此维护 Makefile 也成为程序开发的一项负担。automake 的目标就是为 GNU 软件开发人员分担维护 Makefile 的负担。

5.3.1   使用前的准备

首先要安装 autoconf 和 automake,另外需要装有 aclocal,如果要编译动态链接库,最好安装 Libtool,automake 还要求安装 perl(用于生成 Makefile. in)。下面的例子是在 Fedora Core 4 环境下进行的,使用的软件为 GNU automake,GNU autoconf,GNU m4,perl 及 GNU Libtool。

下面从一个比较简单的例子开始,说明 Makefile 的自动生成。

5.3.2　自动生成 Makefile 的方法

下面以一个简单的例子说明如何自动生成 Makefile。这个例子中源代码目录下只有一个源文件 hello.c,其内容是用 printf 函数打印出"hello",编译最终目标是生成可执行文件 hello,下面是从源文件生成 Makefile 直至编译的过程。

① 在源代码目录下运行 autoscan。autoscan 扫描当前目录树中的源文件,检查是否存在可移植性问题(portability problems),执行完毕会生成文件 configure.scan,这个文件就是 configure.in 的雏形,生成的 configure.scan 如下:

```
#                  - * - autoconf - * -
# Process this file with autoconf to produce a configure script.
AC_PREREQ(2.59)
AC_INIT(FULL - PACKAGE - NAME,VERSION,BUG - REPORT - ADDRESS)
AC_CONFIG_SRCDIR([hello.c])
AC_CONFIG_HEADER([config.h])
# Checks for programs.
AC_PROG_CC
# Checks for libraries.
# Checks for header files.
# Checks for typedefs,structures,and compiler characteristics.
# Checks for library functions.
AC_OUTPUT(Makefile)
```

② 对 configure.scan 文件进行修改。在 configure.scan 中,有很多以"AC_"开头的一些字符串,它们都是 autoconf 定义的宏。autoconf 定义了多种类型的宏,其中需要特别注意的是 AC_INIT 和 AC_OUTPUT,它们都是必不可少的。AC_INT 宏必须放在任何处理语句之前,它起初始化的作用。通常可以用 AC_INIT 来声明软件名称、版本号以及维护者联系方式,例如:

```
AC_INIT(hello,1.01,maintainer@abc.com)
```

此外,还有各种测试用的宏,例如测试头文件、库和编译器等,用户甚至还可以根据需要自定义宏。由于将使用 automake 处理 configure.in,因此还要添加一行 automake 的初始化宏 AM_INIT_AUTOMAKE,这一句要放在 AC_INIT 的后面。最后一句 AC_OUTPUT 也需要修改,这是运行 configure 后的输出文件。需要 configure 输出的只是一个 Makefile,因此这一

行改为 AC_OUTPUT(Makefile),修改后的 configure. scan 具体内容如下:

```
#                 - * - autoconf - * -
# Process this file with autoconf to produce a configure script.
# autoconf 通过处理这个文件来生成 configure 脚本
AC_PREREQ(2.59)
AC_INIT(hello,1.0,maintainer@abc.com)
AM_INIT_AUTOMAKE(hello,1.0)
# AC_CONFIG_SRCDIR([hello.c])
# AC_CONFIG_HEADER([config.h])
# Checks for programs.    检测程序
AC_PROG_CC
# Checks for libraries.     检测库
# Checks for header files.    检测头文件
# Checks for typedefs,structures,and compiler characteristics.
# 检测类型定义、数据结构和编译器特征
# Checks for library functions.    检测库函数
AC_OUTPUT(Makefile)
```

按上面内容改好后保存、退出,并将 configure. scan 改名为 configure. in。

③ 运行 aclocal 和 autoconf,完成后就会产生 configure 文件。但现在 Makefile. in 还没有生成,不能运行 configure。

④ 编辑 Makefile. am 文件的内容为:

```
AUTOMAKE_OPTIONS = foreign
bin_PROGRAMS = hello
hello_SOURCES = hello.c
```

保存、退出后,运行:

```
# automake - a
```

这将会生成 Makefile. in 文件。需要提到的是 Makefile. am 文件,这是唯一一个需要全部用人工编辑的文件,也是 automake 生成 Makefile. in 的输入文件之一。Makefile. am 的具体写法将在 5. 3. 3 小节详细介绍。

⑤ 运行:

```
# ./configure
```

开始检查系统的编译环境,如果顺利通过,则最后会输出一个 Makefile。有了 Makefile 就可以运行 make,make 调用编译器生成需要的程序 hello。如果打开这个 Makefile,可以看到它包含了 GNU Makefile 标准的一些常用目标,例如 clean,distclean,all,install 及

uninstall 等。

5.3.3　Makefile. am 的编写

automake 通过读入 Makefile. am 来生成 Makefile. in,而最终的 Makefile 又是基于 Makefile. in 生成的,因此,Makefile. am 编写的正确与否决定了能否产生正确的 Makefile。一个 Makefile. am 可能包含以下部件:

(1) Super target

这是 make 后将要生成的最终目标,有几种不同类型的目标:

bin_PROGRAMS　　　需要被编译和安装的程序,例如可执行代码。

bin_SCRIPTS　　　　只需要安装无须编译的程序,例如脚本。

man_MANS　　　　　需要安装的 man 帮助文件。

lib_LTLIBRARIES　　需要用 Libtool 生成的库。

noinst_PROGRAMS　编译但无须安装的程序。

(2) _SOURCES

使用 Super target 目标的名字作为前缀放在"_SOURCES"之前,可用于指定某个目标的源文件(可以有多个源文件)。若前缀目标名包含"."号,则"."号用"_"代替,例如:

```
bin_PROGRAMS = target.exec
target_exec_SOURCES = target.c common.c
```

(3) _LDFLAGS

它用于为某一目标传递额外的链接参数。同"_SOURCES"一样,目标的名字也作为前缀放在"_LDFLAGS"之前。例如某一目标用到数学函数库,可以写成:

```
target_LDFLAGS = - lm $ (AM_LDFLAGS)
```

$(AM_LDFLAGS)是公用的链接参数,这样写可以保证不破坏原有的链接参数。当然,如果有意要覆盖旧的参数,就不需要加 $(AM_LDFLAGS)。

(4) _LDADD

引入某个库与目标进行链接。一般是指用户 Libtool 生成的库,而 GCC 的"- L"和"- l"参数最好放在"_LDFLAGS"中。

(5) _CFLAGS/_CXXFLAGS

为某一目标传递额外的编译参数,用法与"_LDFLAGS"类似,相应的公用编译参数为 "AM_CFLAGS"和"AM_CXXFLAGS"。

(6) _HEADER

需要安装的头文件。

为了熟悉 Makefile.am 的一般写法，5.3.4 小节将分析一个复杂一些的例子，这个例子中也将涉及到 Libtool 的应用。

5.3.4　自动处理复杂软件包

下面以一个实例说明如何用 autoconf 和 automake 自动处理较复杂的软件包。这个例子共有三个 C 文件，main.c，add/add.c 和 sub/sub.c，即 add.c 和 sub.c 分别在 add 和 sub 两个子目录中，源代码如下：

```
/* main.c */
#include <stdio.h>
int main()
{
    printf("%d\n",add(sub(4,5),1));
    return 0;
}


/* add/add.c */
int add(int x,int y)
{
    return x + y;
}
/* sub/sub.c */
int sub(int x,int y)
{
    return x - y;
}
```

在这个例子中，add.c 和 sub.c 被编译成动态链接库，然后 main.c 与这两个库链接生成可执行文件，在 main.c 中调用了 add 和 sub 函数计算(4 - 5 + 1)的值。下面来看如何从这些源文件生成所需的库和可执行程序。

① 与 5.3.2 小节中的例子一样，首先是运行 autoscan。

② 修改 configure.scan。除了要添加 AM_INIT_AUTOMAKE，还要加上一行：

```
AC_PROG_LIBTOOL
```

这一个宏打开对 Libtool 的处理过程，为后面使用 Libtool 做准备。AC_OUTPUT 输出的文件有三个：

```
AC_OUTPUT(Makefile add/Makefile sub/Makefile)
```

最后要将 configure. scan 改名为 configure. in。

③ 运行 libtoolize 生成一些支持文件。

④ 运行 aclocal 和 autoconf,这跟上面也是一样的。

⑤ 编写 Makefile. am。每个目录下都需要一个 Makefile. am,下面是 add/Makefile. am 的内容:

```
lib_LTLIBRARIES = libadd.la
libadd_la_SOURCES = add.c
```

".la"是 Libtool 使用的扩展名,最终生成的库将会是以".so"和".a"为扩展名的动态链接库与静态库。根据需要还可以指定库的版本信息,加上这样一行:

```
libadd_la_LDFLAGS = $(AM_LDFLAGS) -version-info [CUR]:[REV]:[AGE]
```

sub/Makefile. am 则大同小异,只要把所有的 add 都改成 sub 就行了。根目录下的 Makefile. am 如下:

```
AUTOMAKE_OPTIONS = foreign
SUBDIRS = add sub
bin_PROGRAMS = main
main_SOURCES = main.c
main_LDADD = add/libadd.la sub/libsub.la
```

"SUBDIRS"告诉 automake 除了根目录外还要分析哪些子目录下的 Makfile. am。文件的第 2 和第 3 行与 5.3.2 小节中的例子相似,不同的是最后一行,使用了"_LDADD"链接了两个由 Libtool 生成的库,Libtool 会自动将 main. o 与 libadd. so,libsub. so 两个库进行链接。

⑥ 写好了 Makefile. am,接下来的步骤就跟 5.3.2 小节中的例子一样了。运行:

```
#automake-a
```

然后执行:

```
#./configure
```

这个命令生成了三个 Makefile,最后运行:

```
#make
```

这样就编译生成了可执行文件 main 和加减法库,这两个库分别存放在各自目录下的 ".libs"目录中。

这个例子展示了如何在有多重目录的软件包中使用 autoconf 和 automake 工具生成 Makefile、进行动态链接库的编译以及将生成的库与指定代码链接。

至此,本章已经介绍了 GCC,make 和 automake 的用法,并通过典型的例子展示了这三种工具的实际操作过程,这三种工具是进行 Linux 开发最基本的三种工具,虽然它们有很多选项和参数,但实际中常用的只是一部分,如能熟练掌握其使用方法,将大大提高开发效率。

5.4　GDB/Insight 调试器的使用

5.4.1　GDB 调试工具简介

调试器能够让程序员观察到程序运行时内部的活动或程序出错时发生了什么,因而调试器是发现程序里的 BUG 或者找到程序崩溃原因的利器。GDB 调试器可以完成以下四种任务:

- 启动程序,并可以指定某些参数控制程序的行为;
- 使程序在特定的条件下停止;
- 当程序停止时,检查程序的状态;
- 改变程序中的参数,这样就可以试图暂时避过某个 BUG,继续查找其他的问题。

1. 安装 GDB

GDB 的源代码可以从 http://www.gnu.org/software/gdb/gdb.html 或者 ftp://ftp.gnu.org 获取。软件包的文件名是由 gdb 加版本号作为后缀,例如 gdb-6.2.tar.gz。解开压缩包,通过运行源代码目录下的 configure 来配置安装 GDB。

```
# ./configure
# make
# make install
```

这是最简单的安装本地使用的 GDB 的方法。其中,configure 可以带一些参数运行,这些参数可以运行 configure -- help 获得。

2. GDB 使用简介

(1) 启动 GDB

直接运行 gdb 即可启动 GDB。启动后,GDB 就开始从终端读取命令,直至退出。启动 GDB 时,也可以带有其他的选项。启动 GDB 最常见的方式是带有一个指定被调试程序名的选项:

```
# gdb programe
```

如果是调试正在运行的程序,则要再加上它的进程 ID:

```
# gdb programe process_id
```

使用-- args 选项,给程序传递参数:

```
# gdb -- args gcc - c foo.c
```

这条命令对 gcc 进行调试,gcc 运行的参数为"- c foo. c"。

(2) 文件选择

当 GDB 启动的时候,从参数中读取指定的可执行文件和核心文件(或进程 ID)。如果第二个参数是数字,GDB 会首先尝试将它当作进程 ID,如果失败,则再尝试作为核心文件看待,主要参数如表 5 - 2 所列。

表 5 - 2　文件选择参数表

参　数	功　能
- symbols file	从文件 file 中读入符号表
- exec file	把 file 作为可执行文件执行
- se file	从 file 中读入符号表并将它作为可执行文件执行
- core file	把 file 作为核心文件
- pid number	调整进程号为 number 的进程
- x file	执行 file 中指定的 GDB 命令
- d dir	把 dir 加入到搜索源文件的路径中
- readnow	立即读入完整的符号表。默认情况下,GDB 只读取部分符号表,随着程序的运行,在需要的时候才读入相关的符号

(3) 模式选择

通过 GDB 的命令行选项,可以控制 GDB 的运行模式,主要参数如表 5 - 3 所列。

表 5 - 3　模式选择参数表

参　数	功　能
- quiet	安静模式,不打印介绍和版本信息
- batch	批处理模式。当"- x"选项指定的文件中所有 GDB 命令都成功执行后,GDB 以状态值 0 退出;否则,以非 0 状态退出
- cd directory	以 directory 为 GDB 的工作目录,而不是当前目录
-- args	将可执行程序后面的参数作为该程序的命令行参数传递
- baud bps	设置串行接口的链接速度
- tty device	使用 device 作为 GDB 的标准输入输出设备
- version	打印 GDB 版本号

(4) 退出 GDB

```
quit [expression]
```

如果未指定 expression，则正常退出；否则，以 expression 的值作为退出状态。退出也可使用 Ctrl＋d。Ctrl＋c 不会退出 GDB，但会使被调试的程序中断回到 GDB 命令行状态。如果是调试正在运行的程序，可以使用 detach 命令释放该程序。

（5）Shell 命令行

如果在运行 GDB 的过程中，偶尔需要执行 Shell 命令，无须退出 GDB，可以使用 GDB 的 Shell 命令接口。

```
shell command string
```

引用标准 Shell 来执行 command string。所引用的 Shell 由环境变量 SHELL 确定，若不存在该变量，则使用 GDB 默认值（如 Unix 系统下为"/bin/sh"）。

在开发环境中，经常使用 make，因此 GDB 特别设置了 make 命令"make make－args"以 make－args 为参数执行 make。这与"shell make make－args"效果是一样的。

3. GDB 命令

GDB 命令是指在 GDB Shell 下运行的命令，用于在调试过程中控制程序的运行和 GDB 的行为等。GDB 命令可以截短使用，以方便输入；输入为空行，则表示重复上一条命令；还可以使用 Tab 键的命令补全功能。

（1）命令语法

一个输入行就是一条 GDB 命令，GDB 对命令的长度没有限制。每个命令由命令名开始，后面可接该命令相关的参数。一个 GDB 命令可以截短使用，只要截短后不会跟其他命令混淆即可，例如 list 命令，可以写成 li,lis。而某些情况下，混淆的情况也允许的，这通常是针对一些很常用的命令。例如以 l 开头的命令包括 list 和 load，如果执行 l 命令，则 GDB 认为是 list，而不是 load。再如，执行 b 则表示 break 命令。输入命令为空行，GDB 会重复执行上一条命令。但对于某些特殊的命令（例如 run），GDB 不会对其重复执行。从"♯"到行尾的所有字符被解释为注释，不产生任何动作。

（2）命令补全

如果用过 Unix Shell，对命令补全应该很熟悉了。当按下 Tab 键，GDB 会根据已经输入的字符猜测可能的命令。如果只有一个可能的命令，则自动补全这个命令，如：

```
(gdb) li <TAB>
```

＜TAB＞表示按下 Tab 键，则自动显示出：

```
(gdb) list
```

因为以 li 开头的命令只有 list 一个，如果存在多个可能的命令，GDB 会把这些命令全部提示给用户，由用户选择输入需要的命令，如：

```
(gdb) l <TAB>
list    load
(gdb) l
```

对于输入 l，GDB 列出了 list 和 load 两个可选命令，并把已经输入的字符复制到新的 GDB 命令行中，等待用户输入后面的字符。当字符串中含有 GDB 的特殊字符时，可以用单引号把字符串包围起来。自动补全还可以用于下面的情况：在一个 C＋＋程序中，定义了很多重载函数，当输入函数名后，按下 Tab，可以列出该函数所有的重载版本，这在设置断点的时候可能很有用。

（3）获取帮助

使用 help 命令，可以获得关于 GDB 命令的相关帮助信息。help 后跟一个命令名，则可获得关于该命令的帮助信息。还有另外一些命令，如 apropos，complete 及 show 等用于获取帮助信息，在此就不一一介绍。

4. 使用 GDB 调试程序

（1）程序的编译

为了有效地调试程序，需要在编译的时候生成调试信息。这些调试信息保存在对象文件中，描述变量和函数的数据类型，以及源文件行号与可执行代码中地址的关系等信息。使用 GCC 编译的时候，加入"－g"参数要求编译器生成调试信息。某些编译器无法很好地处理调试和优化的关系，在使用优化参数的时候可能无法正常地生成调试信息。

（2）启动程序

使用 GDB 命令 run，就可以启动程序。当然，要事先在 GDB 的选项中指定程序的名字，或者使用 GDB 命令 file 或 exec－file 指定。程序的参数可以在 run 之后给出，例如：

```
(gdb) run 123
```

则把 123 作为参数传给被调试程序。再次执行 run 的时候，如果没有指定参数，则仍然使用上一次的参数，可以使用 set 命令设置新的参数。

```
set args
```

指定下一次执行被调试程序时所使用的参数。

（3）程序执行环境设置

对于某些程序，环境变量的值对其运行结果有影响，这时就有必要在 GDB 中对环境变量进行必要的设置。

```
show environment [varname]
```

打印环境变量 varname 的值，若未指定 varname，则打印所有的环境变量。environment 可以简写为 env。

```
set environment varname [ = value]
```

设置环境变量 varname 的值,该命令设置的只是该程序的环境变量,不影响 GDB 本身所使用的环境变量。

```
unset environment varname
```

删除环境变量 varname,这与"set env varname ＝"不同,unset 从环境变量中删除 varname,而不是把 varname 的值置为空串。

设置工作目录,可以用以下的命令:

```
cd directory
```

设置 GDB 的工作目录为 directory:

```
pwd
```

则显示 GDB 当前的工作目录。

(4) 输入与输出

默认情况下,GDB 向同一个终端进行输入和输出。可以把 GDB 的输入和输出进行重定向,例如:

```
run > outfile
```

启动程序,并把它的输出写入文件 outfile。

(5) 调试正在运行的程序

```
attach process_id
```

链接一个正在运行的进程。当输入空行命令时,该命令不会被重复,因为这有可能造成错误。要使用这个命令,当前运行的环境必须支持进程。用 attach 链接某个进程之前,先用 file 命令加载该程序,如果不知道进程号,可以用 shell ps-A 查询,然后使用 attach process_id 与该进程链接。链接后,GDB 首先中断该进程的执行。这相当于链接的时候在程序中插入一个临时断点,使用 continue 命令可以使程序恢复运行。

```
detach
```

当完成对某个已 attach 的进程的调试,执行 detach 将使 GDB 释放其对该进程的控制。执行 detach 后,进程将会继续执行。与 attach 相同的是,detach 也是一个非重复执行的命令。

(6) 调试多线程程序

GDB 为线程的调试提供的特性包括新线程自动通知、切换线程、查询线程有关信息、对一组线程实施操作和线程特有断点。

需要注意的是,并非所有的系统都支持线程,也并非所有的 GDB 都支持线程。在这样的情况下,执行线程相关的命令将出现错误。调试多线程程序时,GDB 在每个时刻总是聚焦在一个线程上(称其为当前线程),所有的调试命令和信息都针对这个线程。每当有新的线程被创建时,GDB 都会输出与平台相关的线程标识。同时,GDB 也为该线程分配一个供调试使用的线程编号。

> `info thread`

打印程序中所有线程的摘要信息,这些信息包括 GDB 分配的线程编号、系统相关的线程标识符和该线程当前堆栈的信息。在所有线程信息中,有一个左端标有“＊”符号的线程,表示该线程为当前线程。

> `thread threadno`

使线程编号为 threadno 的线程成为当前线程。threadno 是 GDB 分配的线程号,而不是操作系统的线程标识符。

> `thread apply [threadno] [all] args`

该命令可以向一个或多个线程实施 args 命令。threadno 是你想要操作的线程编号,而如果想对所有线程操作,则可使用 thread apply all args。

5．程序的暂停和继续

在程序结束或出现错误之前使其暂停,可以观察程序执行过程中某一时刻的状态。在 GDB 中,可以使程序暂时停止的因素包括信号、断点及单步执行等。通过程序的暂停,可以检查变量,调整断点,然后继续运行。

(1) breakpoint,watchpoint 和 catchpoint

breakpoint,watchpoint 和 catchpoint 都属于断点,它们有不同的特点。一个断点使程序运行到某个特定的位置或时刻自动停止,每个断点又可以有自己的属性。

breakpoint 是设置在程序源文件中的断点,程序运行到断点所在行则停止;watchpoint 是关于表达式的断点,当某个特定表达式的值发生变化时,则停止程序;catchpoint 是关于事件的断点,例如 C＋＋异常(C＋＋ exception)的发生及动态链接库的加载等。

GDB 对 breakpoing,watchpoint 和 catchpoint 统一管理,为每个断点分配一个断点号。在管理断点的命令中,使用断点号告诉 GDB 要修改的是哪个断点。每个断点都有 enable 和 disable 两种状态,处于 disable 状态的断点将不产生任何作用,直至变为 enable。

① 设置断点。

> `break [[filename;]function| [[filename;]linenum | * address`

命令 break 用于设置断点,当没有参数时,break 在下一条将要执行的指令处设置断点。
加在 function 和 linenum 前的源文件名 filename,表示要设置的断点在该文件中。

参数 function 在函数 function 的入口处设置 breakpoint。对于源代码使用允许函数重载的语言编写的程序,会列出所有可供选择的重载版本,例如:

```
(gdb) b test::add
[0] cancel
[1] all
[2] test::add(float,float) at test.cpp:25
[3] test::add(int,int) at test.cpp:20
>
```

通过这个菜单,可以选择想要的函数。

参数 linenum 在当前源文件的 linenum 行设置 breakpoint。若为当前源文件时,使用 list 命令可以列出代码的文件。

参数 * address 在地址 address 上设置 breakpoint。当程序中没有调试信息或缺少源文件时,这种方法是有用的。

② 设置 watchpoints。

根据使用的系统不同,watchpoint 的实现可能是软件或硬件的,软件 watchpoint 可能会比硬件 watchpoint 的速度慢几十到上百倍。watchpoint 的优点是,当不知道应该在何处设置断点时,可以通过某个表达式值的变化停止在任何一个可能的地方,定位导致其值变化的指令。在 GNU/Linux 和大部分的 x86 平台上,GDB 支持硬件 watchpoint,这将可以避免耗时的软件模拟,提高调试的效率。

```
watch expr
```

为表达式 expr 设置 watchpoint。当 expr 的值发生变化时,GDB 将中断程序的运行。

如果系统支持硬件 watchpoint,GDB 将优先使用硬件 watchpoint。

③ 设置 catchpoints。

命令 catch 用于设置 catchpoint,以监视程序中特殊事件的发生。

```
catch event
```

在事件 event 发生时,中断程序,event 可以是抛出一个 C++异常或捕获一个 C++异常。

④ 删除(Delete)和关闭(Disable)断点。

当断点不再有用时,需要删除或关闭断点,使程序不再因它们而停止。有两个命令用于删除断点,它们是 clear 和 delet。clear 基于断点的位置:

```
clear [[filename:]function| linenum]
```

删除[文件 filename 的]函数 function 入口或 linenum 行处的断点,不带参数则删除下一条指令处可能存在的所有断点。

```
delete [breakpoints]
```

该命令删除包含 breakpoints 指明的所有断点,它可以是单个断点号,也可是形如 1～9 这样的数字范围。若该命令不带参数,则删除所有断点。

每个断点的状态可以细分为 Enable(到达该断点则停止程序运行),Disable(禁用断点),Enable once(第一次到达该断点时停止,随即变为 disable 状态)和 Enable for deletion(第一次到达该断点时停止,随即删除)。

控制断点的状态的命令格式:

```
disable/enable [breakpoints] [once|delete]
```

该格式的命令把[breakpoints]内的断点设置为 disable/enable。无参数时,则关闭所有断点。参数 once 和 delete 只对 enable 有效。

⑤ 多线程程序中的断点。

当程序有多个线程时,可以选择一个断点是在所有线程上设置,还是在特定的线程上设置。

```
break linespec thread threadno
```

linespec 指定源代码行号。thread threadno 指定断点作用的线程编号,若不使用 thread threadno,则断点对所有线程均有效。

当 GDB 由于某种原因停止程序运行时,实际上所有的线程都停止了,而不只是当前线程;反过来,当程序继续运行时,所有的线程都恢复运行。

调试多线程程序有一个不易处理的问题:如果一个线程遇断点而停止,另一个线程正好被阻塞在系统调用中,那么系统调用可能过早地返回。这种现象是多线程、GDB 用于实现断点的信号以及其他事件交互产生的结果。要解决这个问题,最好的办法就是在程序中检查每一个系统调用的返回值,并进行适当的处理,其实这样做本来就是一种好的编程风格。例如,不要使用这样的语句:

```
sleep(10);
```

因为 sleep 可能因为信号或其他原因过早地返回,则用下面的方式比较稳妥:

```
time_t unslept = 10;
while(unslept > 0)
    umslept = sleep(unslept);
```

由于线程的调度与操作系统的实现有关,因此,GDB 不能使所有的线程同步地单步运行,也就是说,当前线程单步运行一次,另一个线程也许已经运行了若干条语句,也可能没有被调度到尚未执行新的语句。除此之外,当程序停止运行时,非当前线程可能在执行一条语句的中间某个时刻停止,而不一定是语句的最后。

当程序运行过程中,非当前线程遇到断点、信号或其他事件,则 GDB 会自动把当前线程切换至该线程并停止。

(2) 继续(continue)和单步(step)

"继续"表示使程序从中断处继续运行,直至结束。"单步"表示一行一行地执行源程序的语句。无论是"继续"还是"单步"都会因为遇到断点或收到信号而再次中断。

```
continue [ignore-count]
```

使程序从当前中断点开始继续运行。可选的参数 ignore-count 表示忽略将来可能遇到的 ignore-count 次断点,因此,这个参数仅对因断点中断而继续运行的情况有意义。

```
step
```

继续运行程序直至到达源文件中的一个新行时停止,缩写为 s。step 只在源代码一行中的第一个指令处中断,以避免多次的重复中断。当遇到函数调用时,step 会进入此函数,并在函数的入口停止。当然,如果这个函数没有调试信息,则 step 不会进入。使用单步调试最常用的方法就是,在可疑的代码段开头设置断点,当程序在该点中断时,开始一步步地跟踪程序的运行,检查是否有感兴趣的问题。

```
step count
```

与 step 类似,只是一次完成 count 次 step。

```
next [count]
```

与 step 不同的是,next 不会进入调用的函数。

```
finish
```

继续执行程序直至堆栈中的函数返回(return)。

```
until [location]
```

直到遇到源代码中超过当前行位置的语句时停止。与 next 类似,不同的是,当遇到一个循环的尾部时,如果条件满足,next 将绕回循环体首部,第一条语句停止;而 until 则不停止,直至跳出循环后的第一条语句,使用 until 可以避免单步跟踪陷入循环体中而很难跳出。

若使用参数 location,则在遇到位置 location 时停止。location 的格式与 break 命令中的写法相同,与不带参数时相比,它可以跳过函数的递归调用,例如:

```
30 int selfsub(int value)
31 {
32      if (value > 0){
33           selfsub(value - 1);
34      }
35      return value;
36 }
```

如果当前行为 32，调用 until 35 可以使程序运行到 35 行时停止。

    stepi

执行一条机器指令，如果是函数调用，则进入函数。

    nexti

执行一条机器指令，如果是函数调用，则执行到函数返回。

（3）信　号

信号是程序运行过程中的异步事件。操作系统定义了多种类型的信号，每个信号都有名字和编号。GDB 将信号分为两大类处理：一类被认为是程序正常功能的信号，例如 SIGAL-RM；另一类被认为是预示错误的信号，例如 SIGSEGV。GDB 可以检测到程序中出现的任何信号，可以人为地设置 GDB 对这些信号的处理方式。通常，GDB 总是直接把第一类信号传给被调试的程序，而不停止程序的运行，就如同它并不知道信号的发生；而对于第二类信号，则对程序将产生一次中断。

    info signals

打印一张包含所有信号的表格，表格里记录了 GDB 将如何处理每一个信号，包括收到信号后是否打印、是否中断以及是否传递给被调试程序。

    handel signal keywords…

改变 GDB 处理信号 signal 的方式。signal 可以是信号编号或信号名称，keywords 可以是以下几种：nostop（发生信号时不停止程序），stop（发生信号时停止程序），noprint（发生信号时不打印消息），print（发生信号时打印消息），pass（将这个信号传给程序，如果程序无法正确的处理这个信号，也许会因此终止运行）和 nopass（不将这个信号传给程序）。当调试因信号停止时，这个信号实际上还没有传给程序，除非调试都让程序继续运行。

    signal signaln

恢复程序的运行，并立即向程序发送信号 signaln。signaln 可以是信号编号或信号名称。如果 signaln 为 0，则 GDB 不向程序发送任何信号。当程序因信号停止，而又不想把这个信号传给程序,就可以使用命令 signal 0 避过这个信号。

6. 调试举例

下面通过一个简单例子来说明 GDB 调试工具的使用方法,所用程序 test. c 代码如下:

```
# include <stdio. h>
int main()
{
    int a,b,c;
    a = 9;
    b = 3;
    c = a/b;
    printf("The result of % d/ % d is % d\n",a,b,c);
    return 0;
}
```

用 GCC 编译的时候要用 - g 参数编译,生成的可执行文件才能用 GDB 调试:

```
# gcc - g - o test test. c
```

(1) 启动 GDB

```
# gdb test
GNU gdb 6. 3. 50. 20050713 - cvs
Copyright 2004 Free Software Foundation,Inc.
GDB is free software,covered by the GNU General Public License,and you are
welcome to change it and/or distribute copies of it under certain conditions.
Type "show copying" to see the conditions.
There is absolutely no warranty for GDB.   Type "show warranty" for details.
This GDB was configured as "i686 - pc - linux - gnu"... Using host libthread_db library "/lib/
libthread_db. so. 1".
(gdb)
```

(2) GDB 的 list 命令可查看程序源代码

```
(gdb) list
1         # include <stdio. h>
2         int main()
3         {
4             int a,b,c;
5             a = 9;
6             b = 3;
```

```
7                 c = a/b;
8                 printf("The result of % d/ % d is % d\n",a,b,c);
9                 return 0;
10          }
(gdb)
```

(3) 设置、清除断点和显示变量

```
(gdb) break 7                     //在程序代码的第 7 行设置断点
Breakpoint 1 at 0x80483a6: file test.c,line 7.
(gdb) run                         //运行程序直到遇到第一个断点
Starting program：/root/gdbtest/test


Breakpoint 1,main () at test.c:7
7                 c = a/b;
(gdb) print a                     //显示变量 a 的值
$ 1 = 9
(gdb) print b                     //显示变量 b 的值
$ 2 = 3
(gdb) step                        //单步执行程序
8                 printf("The result of % d/ % d is % d\n",a,b,c);
(gdb) continue                    //继续执行程序,直到到达第二个断点或结束
Continuing.
The result of 9/3 is 3


Program exited normally.
(gdb) clear 7                     //清除在第 7 行设置的断点
Deleted breakpoint 1
(gdb)
```

5.4.2　GDB 图形前端 Insight 简介

Insight 是 GDB 的图形操作界面,源码包可以到 http://sources. redhat. com/insight/下载,其软件界面如图 5 - 2 所示。

Insight 操作比较简单,工具栏的各按钮分别对应 Control 和 View 菜单下的选项,Find 查找框用于在源文件中查找变量、函数或字符串,其右边的前两个按钮用来设置堆栈形式,最后一个按钮使堆栈指针到达堆栈底部。工具栏下来的那一行三个选框用于选择要显示的内容和

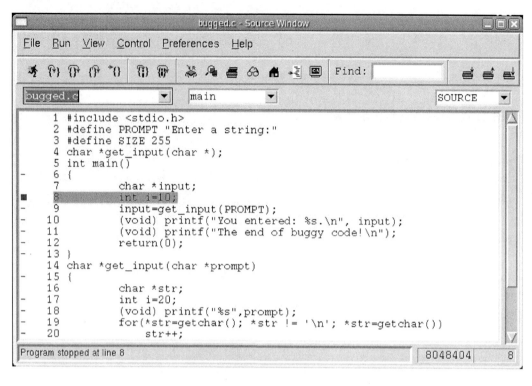

图 5 - 2　insight 主界面

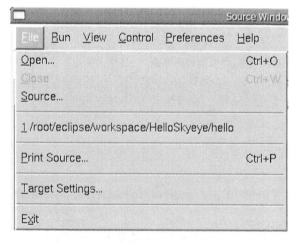

图 5 - 3　File 菜单选项

显示模式。在主显示区的最前面一列有许多的"—"，在某个"—"处单击，"—"就会变成红色的小方块，红色小方块表明该处设置了断点，如图 5 - 2 所示。

　　File 菜单选项下的 Open 和 Close 用来打开或关闭用于调试的可执行文件。Source 选项选定 GDB 命令文件，相当于 GDB 命令的 - x file 参数，如图 5 - 3 所示。

　　Target settings 选项可对目标程序进行设定，如图 5 - 4 所示。单击 More options 旁的三角号可以显示更多的设置。

　　Target 下拉菜单中有 Exec，Remote/Serial，Remote/TCP，GDBserver/Serial 和 GDBserver/TCP 等选项。

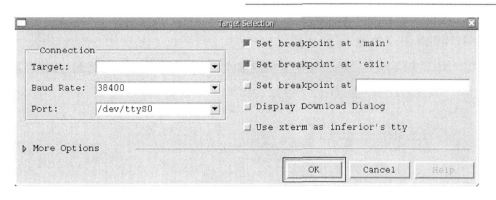

图 5 - 4　Target Setting 选项

Exec 用于程序执行，可在 Arguments 那行填入程序运行所需的参数，如图 5 - 5 所示。

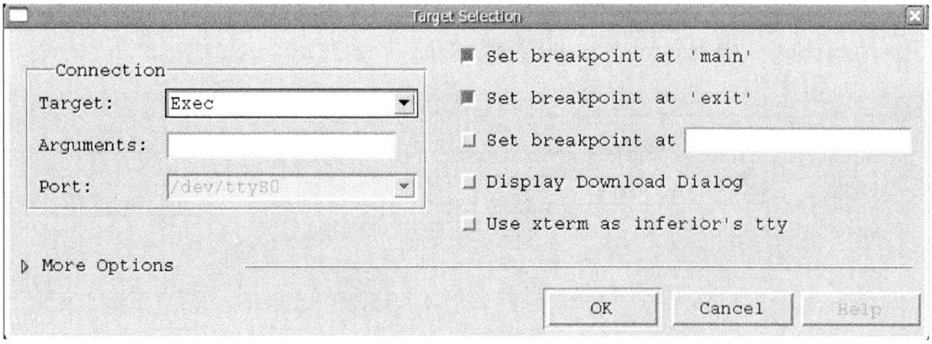

图 5 - 5　Target：Exec

Remote/Serial 表示使用串口连接设备，Baud Rate 选择传输的波特率，Port 选择设备名，如图 5 - 6 所示。

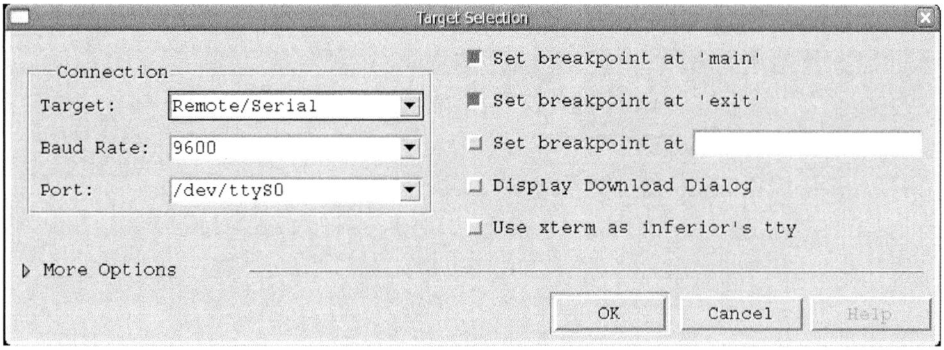

图 5 - 6　Target：Remote/Serial

Remote/TCP 表示使用 TCP 协议链接远程主机，Hostname 指定远程主机名或 IP，Port 为连接端口，如图 5-7 所示。

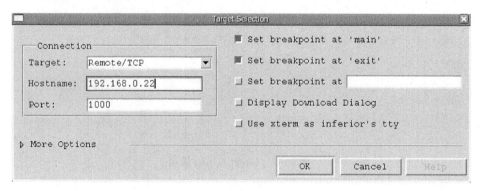

图 5-7　Target：Remote/TCP

GDBserver/Serial 跟 Remote/Serial 类似，如图 5-8 所示。

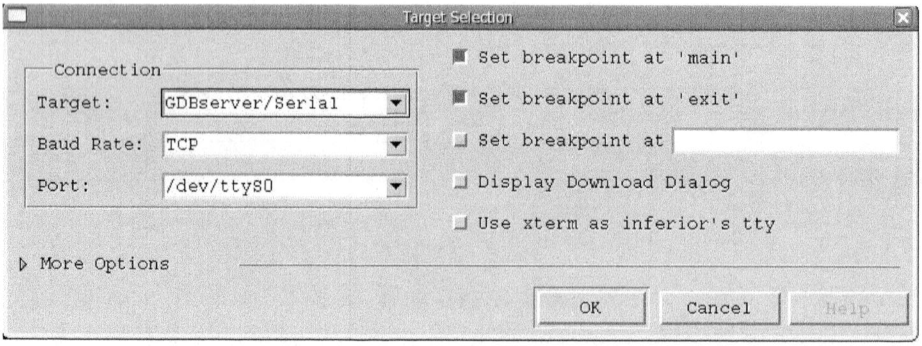

图 5-8　Target：GDBserver/Serial

GDBserver/TCP 跟 Remote/TCP 类似，如图 5-9 所示。

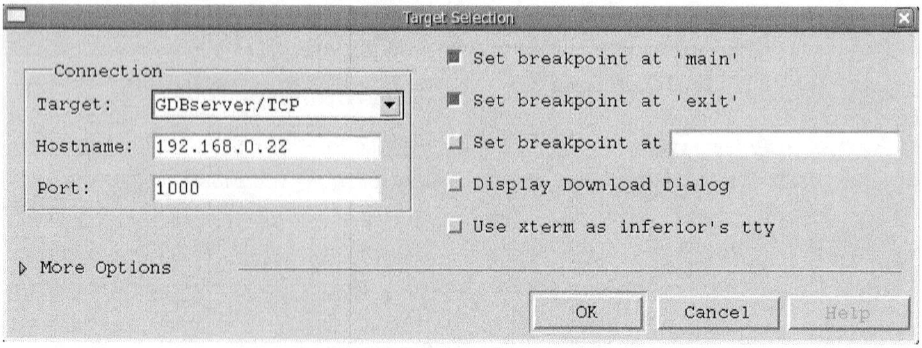

图 5-9　Target：GDBserver/TCP

Run 菜单下有 Attach to process，Run，Detach 和 kill 选项，如图 5 - 10 所示。

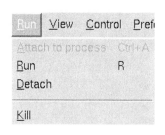

Attach to process 链接需要调试的进程，如图 5 - 11 所示。

Run　运行打开的可执行文件，到达断点处会停下。

Detach　释放进程。

Kill　杀死进程。

View 菜单如图 5 - 12 所示。

Stact 显示目前堆栈里的函数，如图 5 - 13 所示。

图 5 - 10　Run 菜单选项

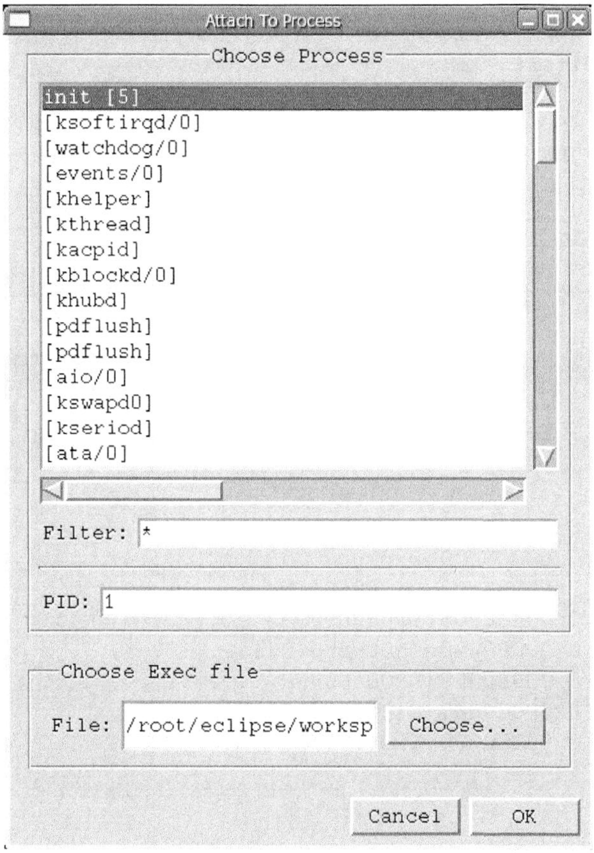

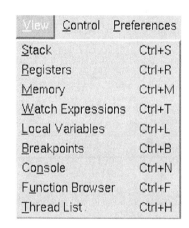

图 5 - 11　Run：Attach

图 5 - 12　View 菜单选项

图 5 - 13　View：Stack

Registers 显示寄存器信息，如图 5 - 14 所示。

Memory 查看主存内容，可以选择不同地址来查看主存个部分的内容，如图 5 - 15 所示。

Watch Expressions 跟踪表达式的值，在 Add Watch 旁的输入框中输入想跟踪的变量名，

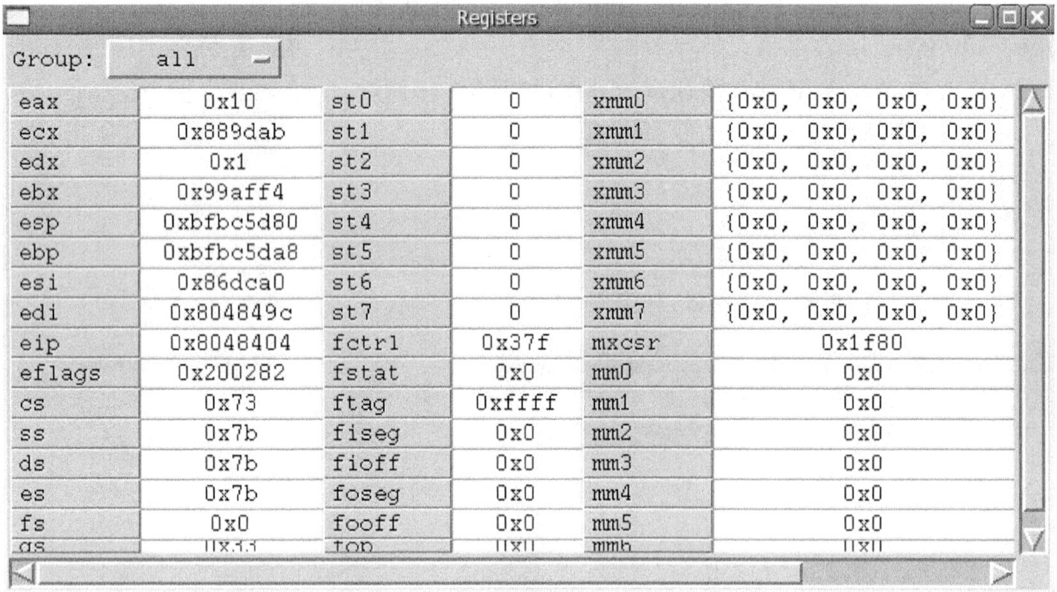

Registers

Group: all

eax	0x10	st0	0	xmm0	{0x0, 0x0, 0x0, 0x0}
ecx	0x889dab	st1	0	xmm1	{0x0, 0x0, 0x0, 0x0}
edx	0x1	st2	0	xmm2	{0x0, 0x0, 0x0, 0x0}
ebx	0x99aff4	st3	0	xmm3	{0x0, 0x0, 0x0, 0x0}
esp	0xbfbc5d80	st4	0	xmm4	{0x0, 0x0, 0x0, 0x0}
ebp	0xbfbc5da8	st5	0	xmm5	{0x0, 0x0, 0x0, 0x0}
esi	0x86dca0	st6	0	xmm6	{0x0, 0x0, 0x0, 0x0}
edi	0x804849c	st7	0	xmm7	{0x0, 0x0, 0x0, 0x0}
eip	0x8048404	fctrl	0x37f	mxcsr	0x1f80
eflags	0x200282	fstat	0x0	mm0	0x0
cs	0x73	ftag	0xffff	mm1	0x0
ss	0x7b	fiseg	0x0	mm2	0x0
ds	0x7b	fioff	0x0	mm3	0x0
es	0x7b	foseg	0x0	mm4	0x0
fs	0x0	fooff	0x0	mm5	0x0

图5-14　View: Registers

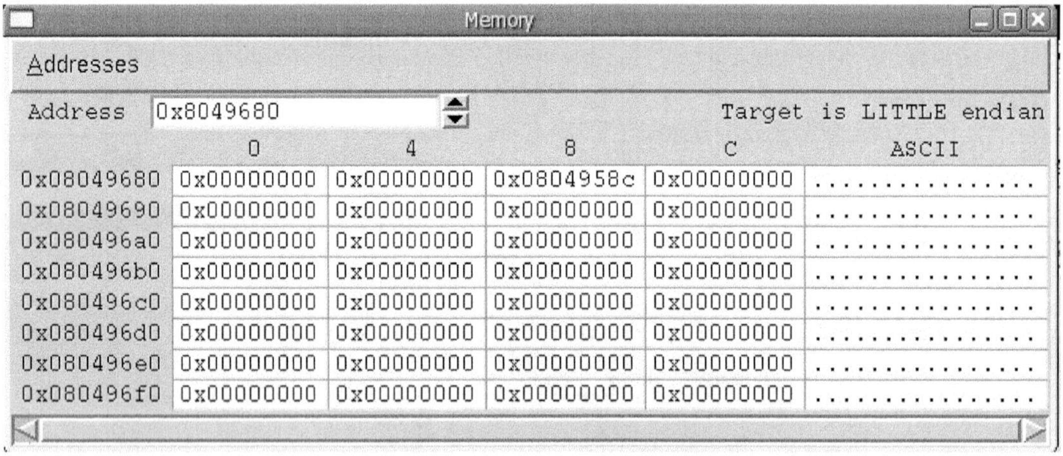

Memory

Addresses

Address 0x8049680　Target is LITTLE endian

	0	4	8	C	ASCII
0x08049680	0x00000000	0x00000000	0x0804958c	0x00000000	....
0x08049690	0x00000000	0x00000000	0x00000000	0x00000000	....
0x080496a0	0x00000000	0x00000000	0x00000000	0x00000000	....
0x080496b0	0x00000000	0x00000000	0x00000000	0x00000000	....
0x080496c0	0x00000000	0x00000000	0x00000000	0x00000000	....
0x080496d0	0x00000000	0x00000000	0x00000000	0x00000000	....
0x080496e0	0x00000000	0x00000000	0x00000000	0x00000000	....
0x080496f0	0x00000000	0x00000000	0x00000000	0x00000000	....

图5-15　View: Memory

然后单击Add watch按钮，变量名的值就会出现在上面的显示框中。当表达式值发生变化时发生中断，并显示新值，如图5-16所示，可以同时跟踪多个变量或表达式的值。

Local Variables显示当地局部变量的值，如图5-17所示。

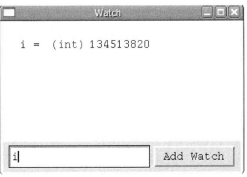

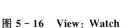

图 5 - 16　View：Watch

图 5 - 17　View：Local Variables

Breakpoints 查看断点信息。Breakpoint 菜单选项可对选定的断点进行设置，Global 菜单选项可对所有断点进行设置，如图 5 - 18 所示。

Console 用于打开 GDB 命令行窗口，如图 5 - 19 所示。

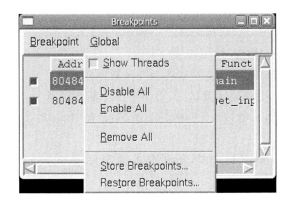

图 5 - 18　View：Breakpoints

图 5 - 19　View：Console

Function Browser 浏览函数，如图 5 - 20 所示。

Thread List 查看线程列表。

Control 菜单如图 5 - 21 所示。

Step 单步执调试程序。

嵌入式 Linux 系统设计

132

图 5 - 20 View: Function Browser

图 5 - 21 Control 菜单选项

图 5 - 22 Preferences 菜单选项

Next 与 Step 相似,但不跟进函数。

Finish 继续执行程序直至堆栈中的函数返回。

Continue 从中断处继续运行,直至下个中断或结束。

Step Asm lnst 和 Next Asm lnst 跟 Step 和 Next 类似,用于汇编指令。

Preferences 菜单选项用于改变界面显示模式,如图 5 - 22所示。

Help 菜单选项给出帮助信息和 GDB 的版本信息。

5.5 Linux 下集成开发工具的使用

Linux 下有许多开发工具,如 KDevelop 及 Eclipse 等,可以根据自己的需要选择合适的 IDE 进行开发,这里介绍 Eclipse 及 KDevelop 集成开发环境。

5.5.1 Eclipse

Eclipse 是一个跨平台的开发工具,它是一个免费软件,不仅可以用来开发与 JAVA 相关项目,还可用来开发 C/C++程序。Eclipse 基于插件机制,需要新增功能则可以下载到相应的插件装上。Eclipse 的优点就是随时都可以为 Eclipse 添加想要的插件,而不需要重装 Eclipse。下面介绍如何在 Linux 下使用 Eclipse 开发 C/C++程序。

① 首先要先下载 Eclipse,可以到 http://www.eclipse.org/downloads/index.php 下载最新版本的 Eclipse。

② 用 Eclipse 开发 C/C++程序需要用到 CDT 插件,可以到 http://www.eclipse.org/cdt 下载与所使用的 Eclipse 版本相对应的 CDT 插件。

③ 下载完毕,把 Eclipse 包和 CDT 插件包解压到同一个目录,如:

```
# tar zxvf eclipse - SDK - 3.1 - linux - gtk - tar.gz   - C ~/
# tar zxvf org.eclipse.cdt - 3.0.0 - M6 - linux.x86.tar.gz   - C ~/
```

也可以手动解开两个压缩包,然后把 CDT 目录下 features 和 plugins 内的内容分别复制到 Eclipse 目录下的 features 和 plugins 内。

④ Eclipse 本身是用 JAVA 语言编写,但下载的压缩包中并不包含 JAVA 运行环境,需要用户另行安装 JDK,并且要在操作系统的环境变量中指明 JDK 中 bin 的路径,安装步骤如下:

ⓐ 到 http://java.sun.com/j2se/网站下载最新的 JDK 并安装。

ⓑ 安装好 JDK 后要修改~/.bash_profile 设置 JDK 的环境变量。在 # User specific environment and startup programs 下添加三行内容,如下:

```
# User specific environment and startup programs
export JAVA_HOME = /usr/java/jdk1.5.0
export CLASSPATH = .
export PATH = $ JAVA_HOME/bin: $ PATH
```

ⓒ 修改完毕,进行注销再进入系统就可以运行 Eclipse 了。

⑤ 用 Eclipse 编写 C/C++程序。下面通过一个例子来说明如何用 Eclipse 来开发 C 程序,开发 C++程序与开发 C 程序类似。

ⓐ 开启 Eclipse 后,首先要开启 C/C++专用视窗,如图 5 - 23 所示。若在 Windows→Open Perspective 下没找到 C/C++这项,可以在 Others 下面找到。

ⓑ 建立一个项目名为"C Project"的 C 项目。

选择 File→New→Project→C→Standard Make C Project,项目名称为 C Project。

ⓒ 在新建的 C Project 项目里面添加 hello.c 文件。

在 C Project 处右击,选择 File→New→File,文件名为 hello.c,编辑该文件使其内容如下:

```
# include <stdio.h>
int main()
```

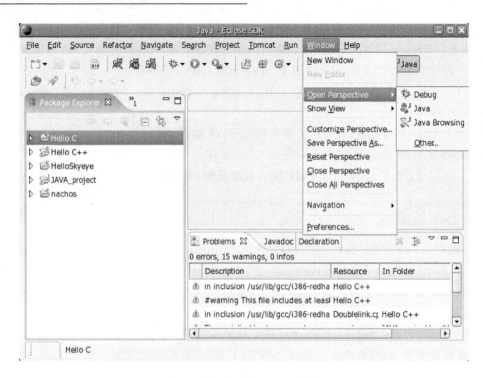

图 5 - 23　打开 C/C++ 视窗

```
{
    printf("Hello\n");
    return 0;
}
```

也可以通过 Import 选项把已编辑好的 hello. c 导进来，例如，选择 File→Import→File System，浏览/root/hello. c。

ⓓ 为编译写好的程序建立一个 Makefile。

选择 File→New→File，文件名称为 Makefile，Makefile 内容如下：

```
all:
    gcc - g - o hello hello. c
```

注意：gcc 前面是一个 Tab 字符，不是两个空格。

ⓔ 设定 Make Targets。

选择 Windows→Show View→Make Targets，如图 5 - 24 所示。

然后右击 Make Targets 视窗，选择 Add Build Target 选项，在 Name 文本框输入"编译"，Make Target 文本框输入"all"，如图 5 - 25 所示。

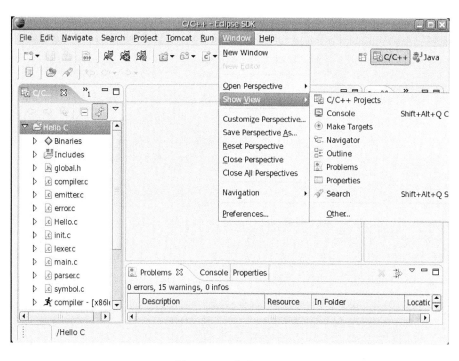

图 5 – 24　生成 target

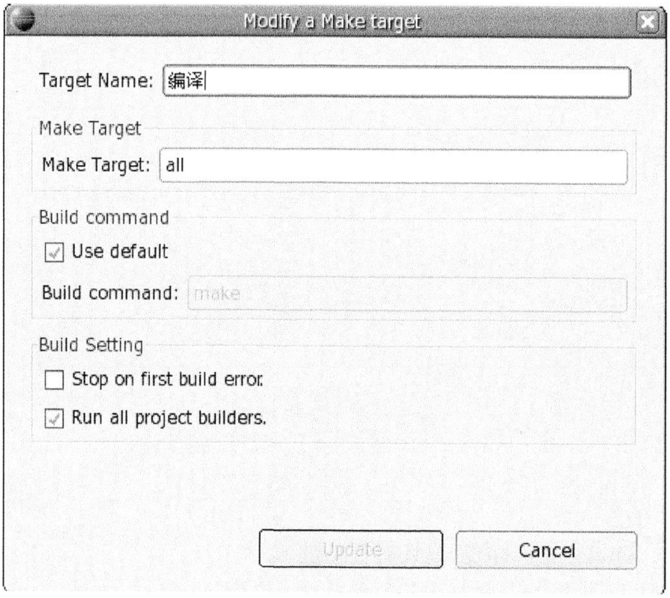

图 5 – 25　编辑 target

ⓕ 编译。

在 Make Targets 窗口中，双击刚建立的名为"编译"的编译目标，即开始编译。可以在 C - Build视窗里看到编译过程输出的信息和错误提示。编译完后，会生成可执行的目标文件。

ⓖ 执行。

右击生成的可执行文件 hello，然后选择 Run As→C/C＋＋Local Application，这样程序就开始运行。在 Consloe 视窗可以看到程序的执行结果，如图 5－26 所示。若要运行带参数的程序，可以右击可执行文件，然后选择 Run As→Run…，在 Arguments→Program arguments 文本框里面输入需要给出的参数即可。其中，参数间要用空格隔开。

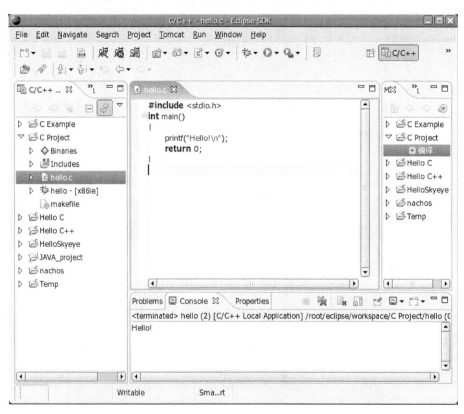

图 5－26　运行结果

5.5.2　KDevelop

KDevelop 为 KDE 开发的、易用的集成开发环境，支持多种程序开发语言，例如，C/C＋＋,Java,Ada,Fortran,Pascal,PHP,Python,Ruby,perl,SQL 和 bash 脚本等。KDevelop

为 C/C＋＋提供了代码补全功能，其用一个 Berkeley DB 文件数据库保存符号，以便快速查找，而不用重新解析。

KDevelop 对 C/C＋＋程序开发提供了许多程序框架的模板，以便于开发。例如，KDevelop 提供了一个 Hello World 的 C 程序框架，用户可以直接生成一个 Hello World 程序，并在此基础上编写自己的程序。

下面以 5.3.4 小节的应用程序为例，说明 KDevelop 的使用。在 KDevelop 的菜单选择"新建工程"选项，如图 5－27 所示，根据创建新工程的向导建立一个新的工程 main。

图 5－27　建立新工程

KDevelop 可以利用 automake 工具管理源代码,自动生成所需的 Makefile,同时,其也可以帮助用户创建文件,并自动编写工程所需的 configure.in 和 Makefile.am 等文件。将 5.3.4 小节应用程序中的子目录 add,sub 以及相关的程序添加到 Kdevelop 的工程中,例如,可以利用 KDevelop 的 Automake 管理器添加 add 和 sub 两个子工程,如图 5-28 所示,并使 KDevelop 自动生成 Makefile。

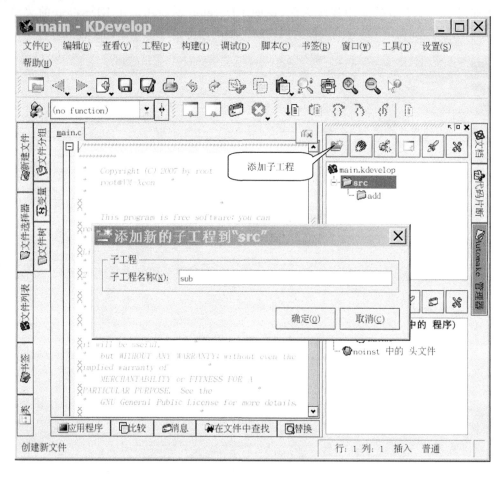

图 5-28　添加子工程

接下来就是为子工程添加编译目标。先选择子目录 add,单击"添加目标"按钮,设置并修改目标类型的主体为 Libtool 库,前缀为 noinst,文件名为 add.la,如图 5-29 所示。实际上,就是在 Makefile.am 中设置了一个 noinst_LTLIBRARIES 类型的目标 libadd.la。同样,也为 sub 添加一个新的目标,文件名为 sub.la。

新创建的目标 libadd.la 和 libsub.la,需要创建相应的源文件 add.c 和 sub.c,可以通过

"创建新文件"菜单项实现,如图 5 - 30 所示。

图 5 - 29　添加新目标　　　　　　　图 5 - 30　添加新文件

为使 main 程序能和 libadd 与 libsub 库一起编译链接,还须在 main 的选项内选择与 libadd. la 和 libsub. la 库进行链接,如图 5 - 31 所示。

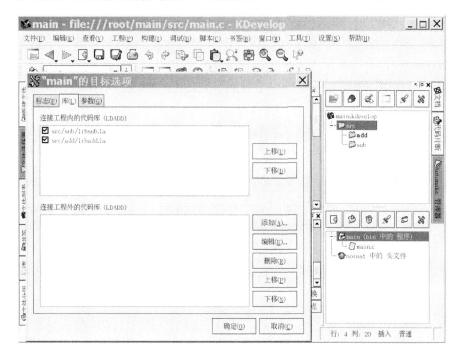

图 5 - 31　关联工程内的库文件目标

接下来,在相应的文件内输入 5.3.4 小节应用程序中的代码,然后进行工程的构建。KDevelop 自动运行 automake 工具,创建 configure 脚本并运行以创建 Makefile,用于编译工程生成应用程序 main。

本章小结

Linux 操作系统下有丰富的软件开发工具,其对于 C/C++的编程开发工具非常多,可用于源码编辑、源代码缩排、编译和链接、调试跟踪和性能测试等,从而加快软件开发过程。

本章介绍了在 Linux 下使用 C/C++开发应用程序的流程和常用工具。掌握 GCC 的使用方法,因为用它进行 C/C++源程序编译是 Linux 下 C/C++应用程序开发必备的基本技能。此外,常使用 Makefile 来维护源程序间的关系与编译的依赖关系,了解其编写将有助于程序的开发和移植。GDB 是一个功能强大的程序调试工具,掌握其使用对于 Linux 下的程序开发调试很有帮助。

习题与思考题

1. Makefile 中的自动变量♯@和♯^分别表示什么意思? 为什么要使用自动变量?

2. 编写一个计算 5+9/3 的程序,要求分成四个文件,一个头文件 myhead.h、一个进行加法运算的 myadd.c 文件、一个进行除法运算的 mydiv.c 文件和一个 result.c 文件。然后编写一个 Makefile,使它们在 make 工具下生成正确的可执行文件 myresult。

3. 用 autoconf 和 automake 工具生成上题的 Makefile 文件,比较一下与自己写的 Makefile 有什么差别。

4. 用 GDB 调试工具调试第 2 题生成的可执行文件 myresult。

5. 比较 KDevelop 创建的 Makefile 与使用 autoconf 和 automake 工具生成的 Makefile 的异同。

第 **6** 章

嵌入式 Linux 开发入门

本章要点

本章详细介绍了开发一个简单嵌入式 Linux 系统的全过程,其中主要包括如下方面:
- 嵌入式 Linux 的构造,包括内核的裁剪与编译以及文件系统的构造;
- 介绍在开发板上运行嵌入式 Linux 的方法;
- 介绍一种 ARM 开发板的软件仿真工具 SkyEye,利用它模拟开发板运行嵌入式 Linux 的过程。

6.1 嵌入式系统的开发模式

嵌入式系统的开发与通常 PC 机上的软件开发有很大的区别,原有的 PC 机的软件开发过程从编写程序、编译和运行等过程全在同一个 PC 机平台上完成(Native 模式);嵌入式开发的程序编写和编译还在 PC 机(Host)上完成,但编译产生的结果要在嵌入式目标平台(Target)上运行。通常将这种在主机上开发编译,在目标平台上调试运行的开发模式称为交叉开发。同样,运行在主机上的编译器(例如 GCC)编译程序产生目标机上运行的可执行程序的编译过程称为交叉编译。嵌入式系统采用这种交叉开发、交叉编译的开发模式主要是因为嵌入式系统是种专用的计算机系统,采用量体裁衣、量身定制的方法制造,它的这种特点使其与通用 PC 机的开发与使用特点有很大的不同。

图 6-1 是一个嵌入式交叉开发环境的示意图。一个嵌入式系统的开发环境一般包括嵌入式目标板、开发用的宿主 PC 机和硬件调试器,它们之间通过串口、JTAG 或 BDM 等调试接口和网络等接口互相连接。其中,嵌入式软件系统运行于嵌入式目标板上,这些软件所对应的程序开发和编译在宿主机上运行,程序的调试则由宿主机通过硬件调试器控制目标机执行相

应的操作实现。

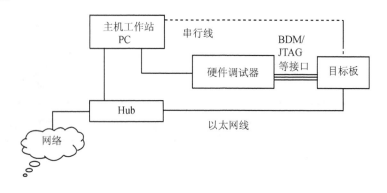

图 6 - 1　嵌入式开发环境示意图

在很多情况下,硬件调试器并不是必需的。例如,运行嵌入式 Linux 的系统,硬件调试器只在 Bootloader 程序开发以及 Linux 内核移植时有可能需要使用。应用程序的开发通常是 Linux 操作系统在嵌入式目标机上运行起来之后进行。此时,更多的是在宿主机上使用 GDB 通过网络(或串口)与目标板通信,进行程序的调试(Semi-Hosting 模式)。也就是说,硬件调试器多在底层软件开发调试时使用,对于应用程序的开发调试通常使用其他的手段。

6.2　嵌入式 Linux 系统的开发流程

在 6.1 节中已经提到,嵌入系统的开发须采用交叉开发的模式。通常,嵌入式 Linux 开发的第一步就是在宿主机上建立交叉开发所需的交叉编译环境。交叉编译环境的建立主要是在宿主机上安装交叉编译工具 Cross-gcc。Cross-gcc 工具链可以自己用 GCC 的源代码编译,或是使用别人已经编译好的交叉编译的 GCC 工具链。通常,第一种方式的难度较大,一般用户都使用已编译好的 GCC 工具链。

在交叉编译环境建立好之后,就可以在宿主机上利用交叉编译环境构造一个嵌入式 Linux 系统。在第 4 章提到,Linux 操作系统由 Linux 内核和应用程序两大部分组成。Linux 内核的开发主要是根据实际的需要进行内核裁剪和配置,然后用交叉编译器编译生成内核的二进制文件映像。对于许多自行设计的嵌入式系统,内核的开发还包括根据实际的硬件系统进行内核和外设驱动程序的移植开发。

除了内核之外,Linux 操作系统的另外一个重要组成部分就是应用程序。这些应用程序通常都放在 Linux 的根文件系统中。根文件系统主要存放了嵌入式系统的配置文件、设备文件、应用程序、动态链接库以及其他一些相关的程序和文件。通常最初的根文件系统只是一个基本的根文件系统,只包含了一些必要的系统支撑程序(例如 Shell,ls 和 mount 等)。用户特

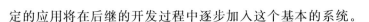

定的应用将在后继的开发过程中逐步加入这个基本的系统。

　　在宿主 PC 机上完成嵌入式 Linux 软件系统的构建之后,接下来的工作就是在嵌入式硬件系统(嵌入式开发板)上测试、运行构造好的嵌入式 Linux 软件系统。其中,测试工作需要在宿主机上通过远程终端(例如串口终端)操控嵌入式开发板完成。通常在嵌入式开发板上存在一个内核的引导加载程序(Bootloader),它用于硬件的初始化,给用户提供一个操作界面,将嵌入式 Linux 加载到内存中运行。此外,它对于嵌入式 Linux 系统的开发调试也起到很大的作用。

　　目前,ARM 开发板较为流行的 Bootloader 有 Redboot,U-boot,blob 和 Armboot 等。通常,在市面上购买的嵌入式开发板都有 Bootloader,因此,一般不需要开发 Bootloader。

　　一个基本的嵌入式 Linux 系统在目标板上运行起来之后,接下来的工作就是应用程序移植开发和调试,这是嵌入式系统开发的一个重要工作,嵌入式系统开发人员通过这个步骤的工作,在嵌入式系统中运行定制的应用程序、控制嵌入式系统完成既定目标。

6.3　嵌入式 Linux 的构造

　　本节将介绍基于 2.6 内核的嵌入式 Linux 裁剪开发以及基于 Busybox 的文件系统的构造。

6.3.1　开发环境的安装

　　建立嵌入式 Linux 开发环境主要就是安装交叉编译的工具链。所谓编译工具链,就是在编译程序时使用到的一系列工具,例如编译器、汇编器及链接器等。工具链可以从网上下载已经编好的工具链进行安装,这里以“XScale gcc 3.4.3”工具链来说明安装过程。

　　通常已经编译好的工具链安装比较简单,如果是一个压缩包,则只要将它解压到指定的目录即可。解压安装后,首次使用工具链前,需要修改用户主目录下的.bash_profile 文件,把工具链所在路径加入 PATH 环境变量中。这样在下次使用工具链时,就可以直接使用工具的名称,而不必输入完整的路径。假设将 GCC 工具链解压安装在“/opt/xscale/3.4.3”目录下,工具链中的可执行文件放在安装目录的子目录 bin(就是 arm-linux-gcc 所在目录)下,则可做如下设置:

```
[root $ xmu /]# vi ~/.bash_profile
PATH = $ PATH: $ HOME/bin
PATH = /opt/xscale/3.4.3/bin: $ PATH        ←增加此行
[root $ xmu /]# source ~/.bash_profile
```

　　这样,工具链就设置好了,接下来可以对安装好的工具链进行测试。用 vi 写一段简单程

嵌入式 Linux 系统设计

143

序,然后用 arm-linux-gcc 编译,例如:

```
[root $ xmu root]# vi test.c
int main()
{return 0; }
[root $ xmu root]# arm-linux-gcc-o test test.c
```

上面的命令编译产生二进制文件 test,若用 file 命令检查二进制文件的属性有:

```
[root $ xmu root]# file test
test: ELF 32-bit LSB executable,ARM,version 1 (ARM),for GNU/Linux 2.4.3,dynamically linked
(uses shared libs),not stripped
```

若见到与上面信息类似的输出,则说明 Cross-gcc 安装正确,可以使用。从这里也可以看出交叉编译工具 arm-linux-gcc 是个很特殊的程序。arm-linux-gcc 运行在 PC 机上用于编译源程序,它编译产生的可执行文件是适用于 ARM 体系结构的二进制文件。

6.3.2　内核裁剪与编译

本节将基于 Linux 2.6.20.1 内核介绍内核的裁剪与编译。内核配置主要是对内核的功能模块进行选择及参数设定,它需要进入内核源码目录,使用 make menuconfig,make xconfig 或 make gconfig 命令完成。menuconfig 窗口是一个按照功能模块分类的表单,从这里选取内核需要支持的功能模块。对于<>和[]开头的条目,将光标移动到对应条目,按空格可切换选择"﹡"、"M"和空置不选三种状态(对于[]开头的条目只有选取和不选两种状态,不能选为"M"态)。"﹡"表示此项目编入内核中;"M"表示此项目编译成内核模块,编译时,将生成一个独立可加载的内核模块文件,可以在需要时动态载入,不用时动态卸载,这样既增强了内核的灵活性,又可以节省系统资源,减少内核体积。空置不选表示不编译该项目,即内核不需支持此项功能。xconfig 和 gconfig 都是图形窗口界面,在 X Window 下面使用较为方便。

下面以 xconfig 为例,重点说明与开发板相关的必要配置,包括:处理器类型设置、选择开发板类型、设置默认内核启动命令行参数、Initrd 相关设置和串口驱动设置。

处理器类型设置用于选择开发板所用的 CPU 类型,这一步需根据实验开发板所用的 CPU 选择,如图 6-2 所示。例如,本节所用开发板的处理器是 PXA255 处理器,所以选择的设置为 PXA2xx-based;若是三星 ARM9 处理器,则选择 Samsung S3C2410,S3C2412,S3C2413,S3C2440,S3C2442。

对于一些复杂的处理器,例如,XScale 系列处理器,其外围电路比较复杂,各种不同开发板设计的外围电路逻辑都有很大差别。为了便于描述这些差别,在内核配置中设计了开发板选项。对于这些有开发板配置的复杂处理器,在选择完处理器后,接下来的工作就是选择开发

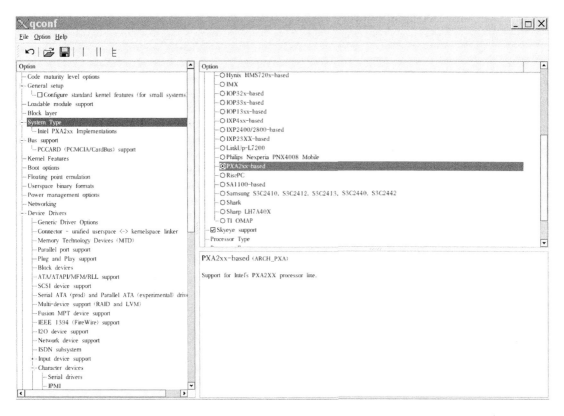

图 6 - 2　系统类型(System Type)设置

板类型。例如,对于上面所选的 PXA2xx-based 类型的处理器,在标准的 2.6.20.1 内核中,支持的开发板类型有"Intel DBPXA250 Development Platform"(也就是代号为 lubbock 的开发板),"LogicPD PXA270 Card Engine Development Platform","Intel HCDDBBVAo Development Platform"(也就是代号为 mainstone 的开发板),"Accelent Xscale IDP",SHARP "Zarus SL－5600,SL－C7xx and SL－Cxx00 Models"和"Keith und Koep Trizeps4 DIMM－Module"。若所用的开发板与这些内核中已有的开发板设计有很大差别,则需要做板级移植开发。在本书编写过程中,就为所用的实验开发板做了板级移植,这样开发板的类型就应选择新移植的开发板类型。例如,对于本书开发过程中移植的内核,选择的就是名为"XMU XScale Development Platform"的开发板,如图 6 - 3 所示。若还未完成开发板移植,则可以暂时选用现有的开发板测试能否启动 2.6.x 内核。例如许多基于 PXA25X 系列处理器的开发板选用"Intel DBPXA250 Development Platform"选项(PXA27X 处理器可以选用"Intel HCDDBBVAo Development Platform")和最小配置都可启动运行 2.6.x 的内核。对于三星 ARM9 处理器的开发板,最常用的选项是"SMDK2410/A9M2410"。许多基于 S3C2410 处理器的开发板,都可以使用这个选项启动。

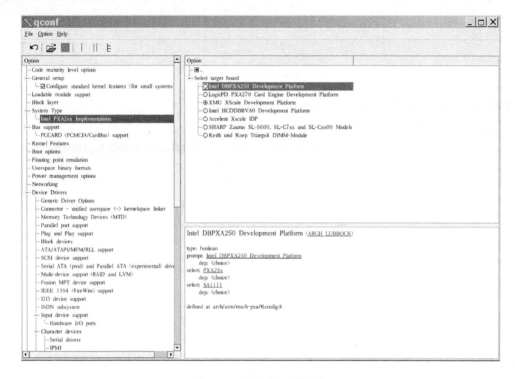

图 6-3　开发板类型设置

在内核的配置中,默认的内核命令行参数是一个很重要的选项,若没有进行正确的配置,内核将无法正常启动。在嵌入式系统中,常用的内核命令行参数如表 6-1 所列。

表 6-1　内核命令行参数

参　　数	说　　明
console＝ttyS＜n＞[,options] 例:console＝ttyS0,115200	用于设置内核启动时打印输出消息的设备。当调试开发嵌入式设备时,打印输出消息的设备常使用串口终端。ttyS＜n＞表示使用第 n 个串口输出。例如,ttyS0 表示使用第一个串口作为内核消息的输出设备。options 用于定义串口配置,默认配置是 9600n8,其中,9 600 表示串口的波特率是 9 600,n 表示没有奇偶校验,8 表示数据位为 8 位。通常在嵌入式系统中较常改变的是串口的波特率,串口的其他配置可以省略

续表 6 - 1

参　数	说　明
init＝＜full_path＞ 例：init＝/linuxrc	用于指定内核启动完成后第一个运行的 init 程序路径名
initrd＝initrd_start［，size］ 例：initrd＝0xa1000000,0x01000000	用于指定 Initial Ramdisk 在开发板内存中的地址以及大小
mem＝nn［KMG］ 例：mem＝64M	强制指定用于启动内核时的所使用的内存数
root＝＜dev＞ 例：root＝/dev/ram	说明根文件系统的设备名
rw	指明启动内核加载镜像为可读/写

例如，默认命令行参数设置"root＝/dev/ram rw initrd＝0xa1000000,0x01000000 console ＝ttyS0,115200 mem＝64M"，如图 6 - 4 所示，则其意义是：

root＝/dev/ram　　　　　　　　使用 ramdisk 为根文件系统加载设备。

rw　　　　　　　　　　　　　　该镜像加载为可读/写。

initrd＝0xa1000000,0x01000000　说明 Ramdisk 在内存中的初始地址为 0xa1000000,并
　　　　　　　　　　　　　　　　指明大小为 0x01000000 字节。

console＝ttyS0,115200　　　　　说明使用第一个串口为终端,波特率设为 115 200。

在嵌入式 Linux 中,Ramdisk 是一种常用的技术。所谓的 Ramdisk,就是指将系统内存拿出一部分作为块设备的方法,它常被用于作为临时的文件系统。嵌入式系统很大一部分的程序和数据都是不变的,通常,这部分不变的程序和数据在运行时都被加载到 Ramdisk 中。这部分被加载到 Ramdisk 中的程序和数据常以某种文件系统(例如 ext2)的二进制映像的形式存放,它通常在内核启动前被加载到内存的指定地址。在内核启动之后,该文件系统映像所加载的内存区域被当做 Ramdisk 设备,立即被内核加载为根文件系统。这种 Ramdisk 就是所谓的 Initrd(initial RAM disk)。许多嵌入式 Linux 系统都用 Initrd 加载根文件系统(后面的章节还将详述 Initrd 的制作方法),图 6 - 5 所示的设置就是采用 Initrd 的嵌入式 Linux 中最常见的内核相关配置。

在前面的默认命令行参数的配置中,内核打印消息输出设备被设置为串口 1。但是若要串口终端真正看到内核消息的输出,光有默认命令行参数的设置并不够。除此之外,还需要有串口设备驱动的支持以及串口驱动对串口终端的支持。在大多数嵌入式 SoC 芯片中都集成了串口设备,PXA255 处理器也不例外,内核配置 PXA255 处理器的串口驱动及其对串口终端的支持如图 6 - 6 所示。

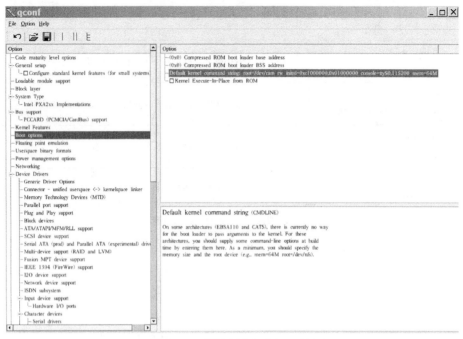

图 6 - 4　默认命令行参数设置

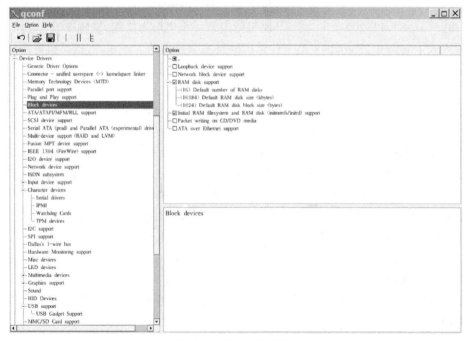

图 6 - 5　Ramdisk 设置

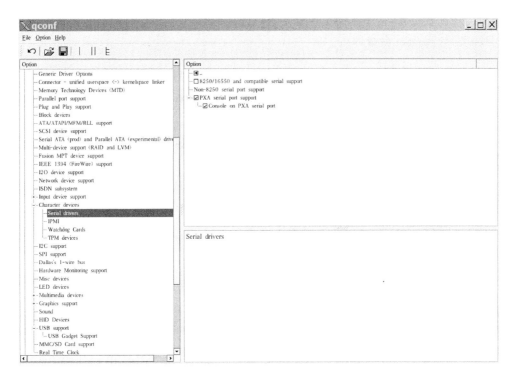

图 6 - 6　PXA 串口设置

做完内核配置之后,就可以保存当前配置并退出。

内核配置是一个很繁琐的过程,若有可能,可以使用源码包自带的默认配置文件对内核进行配置以简化工作。标准的 Linux 内核源码中已经有一些常见开发板的默认配置文件,例如 Lubbock 开发板的配置放在"lubbock_defconfig"文件中,Mainstone 开发板的的默认配置放在 "mainstone_defconfig"中。在开发过程中,一般可以选用一个与自己开发板类似的默认配置, 在这基础上再根据个人需要修改内核配置。若想将自己裁剪好的内核配置保存为默认配置, 则只要将内核源码树中的当前配置文件". config"复制到处理器对应的默认配置文件夹中即可。对于 ARM 处理器这个文件夹是"arch/arm/configs",例如:

```
[root $ xmu linux]# cp .config arch/arm/configs/xmu_defconfig
```

就是本节编写过程中将内核的当前配置保存为一个名为"xmu_defconfig"的默认配置文件,默认配置文件的使用很简单,例如对于上面刚生成的默认配置文件"xmu_defconfig",用下面的命令:

```
[root $ xmu linux]# make xmu_defconfig
```

即可将当前的内核配置更换为所选用的默认配置。

做完内核配置工作,接下来的工作就是进行内核的编译。在 2.6 内核中,内核的编译被简化了,只需要运行 make 命令即可。

```
[root $ xmu linux]# make
```

如果编译过程没有错误,会生成内核映像 zImage,对于 ARM 系列的 CPU,此文件位于 arch/arm/boot 目录下。

6.3.3 Busybox 与根文件系统的构造

在嵌入式 Linux 中,Busybox 是构造文件系统最常用的一个软件工具包,它最早由 Bruce Perens 在 1996 年为 Debian Linux 的安装盘所编写的,Busybox 将大量的工具集成到一个可执行文件中(例如 ls,cp,mount,ifconfig 及 vi 等),目前的 Busybox 集成了 100 多条 Linux 常用命令,这些工具和程序功能的集合,足以满足大部分嵌入式 Linux 的典型应用。

Busybox 在编写时较多地考虑了代码优化,去除了命令中一些不太常用的特性。因此,编译生成的 Busybox 可执行文件的大小通常只有几百 K 字节,而原来这些分散的各个命令文件大小总和有 3~4 MB。

在构造文件系统时,工具包中的各个命令可以在编译时很方便地选择或不选择编入 BusyBox,使得用户可以很容易构建一个自定义的小巧的几近完整的 POSIX 嵌入式系统环境。此外,Busybox 支持多种体系结构,可以支持静态或动态链接,以满足不同需求。

基于 Busybox 构建嵌入式 Linux 的根文件系统可以分为以下几个步骤:

① 按需配置 Busybox。

② 编译安装。编译 Busybox 并将其安装到指定的嵌入式 Linux 根文件系统构建目录。

③ 构建根文件系统。以安装到指定目录的 Busybox 为基础,构造嵌入式 Linux 根文件系统目录结构并创建相关文件。

④ 创建根文件系统映像文件。

下面以 Busybox 1.0 为例说明这个过程。

1. 配置 Busybox

从 Busybox 网站(http://www.busybox.net/)上下载 busybox - 1.00.tar.bz2 并解压,接着运行配置命令,根据需要配置软件包。

```
[root $ xmu /]# tar xjvf busybox-1.00.tar.bz2
[root $ xmu /]# cd busybox-1.00
[root $ xmu busybox-1.0.0]# make menuconfig
```

运行"make menuconfig"进入 Busybox 配置窗口,它的配置方法与内核的 menuconfig 配

置的用法相似,在此不再详述,下面给出一个参考配置:

```
Buffer allocation policy: Allocate on the Stack

Build Options
    Build BusyBox as a static binary (no shared libs)      //是否编成静态库
    Do you want to build BusyBox with a Cross Compiler?
    (arm - linux -) Cross Compiler prefix                  //跨平台编译,这项很重要

Coreutils
    cp
    echo
    ls
    mkdir
    pwd
    rm

Editors
    vi
    Enable ":" colon commands (no "ex" mode)
    Handle window resize
    Optimize cursor movement

Init Utilities
    init
    Support reading an inittab file?
    Support running init from within an initrd?
    Should init be _extra_ quiet on boot?
    reboot

Login Utilities
    getty

Linux Module Utilities
    Support version 2.6.x Linux kernels
    lsmod
    rmmod
    Support tainted module checking with new kernels

Networking Utilities
```

```
    ifconfig
    Enable status reporting output ( + 7k)
    ping
    Enable fancy ping output
    route


Process Utilities
    kill
    killall
    ps


Another Bourne - like Shell
    Choose your default shell (ash)
        ash
    Ash Shell Options
        Enable Job control
        Enable alias support
        nable Posix math support
    Bourne Shell Options
        command line editing
        (15)    history size
        history saving
        tab completion


Linux System Utilities
    dmesg
    mount
    Support mounting NFS file systems
    umount
```

配置完成后保存退出。

2. 编译和安装 Busybox

Busybox 的编译安装很简单,用下面的命令即可完成。

```
[root $ xmu busybox - 1. 0. 0]# make
[root $ xmu busybox - 1. 0. 0]# make install PREFIX = _install
```

其中,PREFIX 用于指定安装的目录,目录名可以根据实际需要修改。

如果没有出错,Busybox 将被安装在_install 目录中。须注意的是,当使用动态链接方式编译时,要把所需的交叉编译的动态链接库文件复制到对应目录中,这样才能保证程序的正常运行。而使用静态链接时,所需的库已经与程序静态链接在一起,这些程序不需额外的库就可以单独运行。

3．构建根文件系统

如前所述,根文件系统中存放了嵌入式 Linux 系统使用的所有应用程序、库以及系统配置等其他一些相关文件。下面以 Busybox 安装后生成的"_install"目录中的内容为基础,构造嵌入式 Linux 根文件系统的目录树。通常一个嵌入式 Linux 系统顶层目录"/"下的子目录有"/bin"、"sbin"、"dev"、"etc"、"lib"、"proc"、"usr"、"var""tmp"和"sys"等(关于这些目录的介绍参见第 4 章的相关内容)。

(1) 创建顶层目录结构

在 Busybox 的安装目录"_install"下已经有"bin"、"sbin"和"usr"三个目录,用下面的命令创建其他一些系统运行需用到的其他目录。

```
[root $ xmu busybox-1.0.0]# cd _install
[root $ xmu _install]# mkdir etc dev proc tmp lib var sys
```

这里创建了一个名为"lib"的目录。如果使用了动态链接库,那么就需将系统运行所需的库文件放入此目录。

(2) 创建设备节点

Linux 系统中的任何对象,包括大部分设备都以文件的方式存取。一个具体的设备采用主设备号和次设备号来标识。主设备号用于标识设备类型,每种类型的设备需要一个对应的设备驱动程序,而一个主设备号可以有多个具体设备与之对应,所以,在驱动程序内采用次设备号来区分这些不同的具体设备。用户访问系统设备时,需通过一个标明主/次设备号的设备节点访问。为此,需要为系统的设备在"/dev"目录下建立设备文件节点。创建设备节点可使用 mknod 命令,其格式为:

mknod 设备名　设备类型　主设备号　次设备号

其中,设备类型有字符型(c)和块设备(b)两种,系统分配的主设备号/次设备号在内核中有明确规定。

```
[root $ xmu _install]# cd dev
[root $ xmu dev]# mknod console c 5 1   ←控制台设备,所有的输入输出都通过此设备完成
[root $ xmu dev]# mknod null c 1 3      ←空设备
[root $ xmu dev]# mknod zero c 1 5      ←零设备
```

上面所创建的设备节点是嵌入式 Linux 运行所可能会用到的几个设备节点,读者还可以根据自己的需要用 mknod 命令建立其他设备节点。

(3) 创建 inittab

inittab 是 init 程序读取的配置文件。init 是内核启动完后运行的第一个程序,所有的应

用程序都是它的子进程,它在系统运行期间一直驻留在内存运行,直到系统关闭。Busybox 的 init 程序在启动时会读取 inittab 文件的内容,并执行相应的命令。下面的命令在"/etc"目录下创建 inittab 文件。

```
[root $ xmu dev]# cd ../etc
[root $ xmu etc]# vi inittab
  ::sysinit:/etc/init.d/rcS              # 系统初始化时执行的内容
  ::askfirst:/bin/sh                     # 询问后在串口启动 Shell
```

这里有必要先说明 Busybox 所用的 inittab 语法,inittab 中的每一语句的语法如下:

```
<id>:<runlevels>:<action>:<process>
```

其中,id 域在执行时,都默认扩展为/dev/id,如 ttyS0 将扩展为/dev/ttyS0;runlevels 在 Busybox 中完全被忽略;process 指的是本项指定运行的程序;action 指定运行程序"process" 的方式,有效的 action 指令如表 6 - 2 所列。

表 6 - 2　action 指令

指　令	说　明
sysinit	执行指定的程序进行系统初始化
respawn	如果相应的进程还不存在,那么 init 就启动该进程,同时不等待该进程的结束就继续扫描/etc/inittab 文件;当该进程死亡时,init 将重新启动该进程。如果相应的进程已经存在,init 将忽略该登记项并继续扫描/etc/inittab 文件
askfirst	与 respawn 类似,只不过在运行程序之前会先在终端显示"Please press Enter to activate this console.",这里的程序必须带有完整路径名
wait,once	wait 启动进程并等待其结束,然后再处理/etc/inittab 文件中的下一个登记项; 而 once 不等待进程结束即处理下一登记项
restart	重新启动系统
ctrlaltdel	在 init 收到 SIGINT 信号时执行此进程,这意味着有人在控制台按下了 Ctrl+Alt+Del 组合键,典型的,可能是想执行类似 shutdown,然后进入单用户模式或重新引导机器
shutdown	关闭系统

(4) 建立 sysinit 动作项执行的命令脚本

sysinit 动作项指定的命令,是 inittab 指定的在系统初始化时执行的命令,通常这个命令使用脚本实现,这个脚本完成一些必要的系统初始化任务,例如,proc 文件系统的安装及网络的启动等。对于前述的 inittab 应在"/etc/init.d"目录下创建一个名为"rcS"的脚本。

```
[root $ xmu etc]# mkdir init.d
[root $ xmu etc]# vi init.d/rcS
    #！/bin/sh
    mount - t proc proc /proc
    mount - t sysfs sysfs /sys
    ifconfig lo 127.0.0.1
    ifconfig eth0 192.168.0.100
[root $ xmu etc]# chmod + x init.d/rcS
```

要注意的是,应为创建的 rcS 脚本增加可执行属性。这是因为 sysinit 项指定的动作应是可执行的。

4. 创建根文件系统映像文件

前面几个步骤创建了一个嵌入式 Linux 的根文件系统目录树,并创建了一些必要的文件。通常,这个目录树需要被打包成一个根文件系统映像文件 Initrd,由引导程序将它加载到内存指定地址,Linux 内核启动时将此映像文件加载到 RAM 盘中,并挂载为内核的根文件系统。Linux 2.6 内核除了支持传统格式的 Initrd 之外,还引入了一种新的 cpio 格式的 Initrd 文件,这里将其称为 cpio-initrd,下面分别说明这两种映像文件的创建方法。

(1) 传统格式的 Initrd

Linux 支持多种格式的文件系统,在嵌入式 Linux 中常用的文件系统格式有 ext2,minix,romfs,cramfs,jffs2 以及 nfs 等。其中,ext2,minix 和 cramfs 三种格式的文件系统较常用于 Ramdisk 中;jffs2 文件系统是一种基于 FLAH 的日志文件系统;nfs 是一种网络文件系统,它常用于嵌入式 Linux 的开发调试。下面将介绍创建一个 ext2 格式的文件系统映像的过程,这种格式的文件系统映像,常在嵌入式 Linux 系统启动时加载到 Initrd,随后内核将其挂载为根文件系统,它的制作过程如下:

```
[root $ xmu etc]# cd../..       ←返回到 busybox 目录,当前目录是 busybox/_install/etc
[root $ xmu busybox - 1.0.0]# mkdir initrd
[root $ xmu busybox - 1.0.0]# cd initrd
[root $ xmu initrd]# dd if = /dev/zero of = initrd bs = 1k count = 2048   ←创建一个 2M 的空文件
[root $ xmu initrd]# mkfs.ext2 initrd - F  ←将 initrd 文件格式化成 ext2 文件系统
[root $ xmu initrd]# mkdir initrd_mnt
[root $ xmu initrd]# mount initrd initrd_mnt - o loop  ←将 initrd 文件安装到 initrd_mnt 目录
[root $ xmu initrd]# cp - a ../_install/ *   initrd_mnt  ←复制根文件系统的内容到 initrd
[root $ xmu initrd]# umount initrd_mnt
[root $ xmu initrd]# gzip - c9 initrd > initrd.gz  ←压缩
```

以上命令首先用 dd 创建一个 2 MB 的二进制空文件 initrd,然后用 mkfs.ext2 把这个文件作为虚拟块设备格式化为 ext2 文件系统格式。接下来,就是通过 loop 设备将 initrd 文件安装到(Mount)一个子目录,然后将前面已制作好的根文件系统内容复制到该目录。最后,将 initrd 卸载(Umount)。这样,就构造了一个 ext2 格式的文件系统映像。上述命令的最后一句把 initrd 文件压缩成 gz 格式,当前的内核为了节省内存或为了能在同样大的 Ramdisk 中存放更多的程序,一般都支持压缩格式的 Ramdisk 文件系统映像,因而这里对 initrd 文件进行压缩,以节约存储空间。

　　注意:若使用 ext2 文件系统格式制作 Initrd,在内核的配置中须选中 ext2 文件系统的支持,如图 6-7 所示。

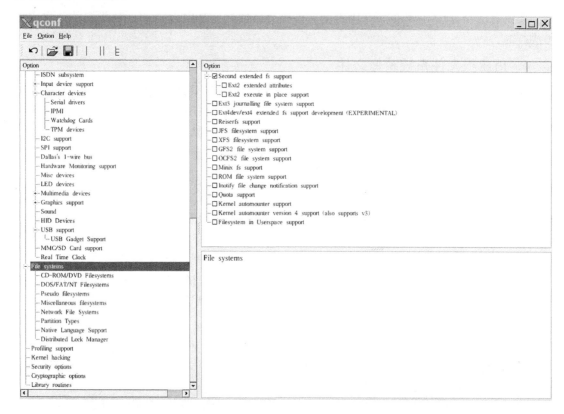

图 6-7　ext2 文件系统

(2) cpio-initrd

　　cpio-initrd 是 Linux 2.6 内核引入的一种新型的 Initrd 文件格式,它使用 cpio 命令创建。与传统的 Initrd 文件相比,cpio 格式的 Initrd 制作方法更为简单,内核的启动处理也更加简化。此外,采用 cpio 格式的 Initrd 不需 ext2 文件系统和 Ramdisk 的支持(在内核选项中只须选择"Initial RAM filesystem and RAM disk",可以不选择"RAM disk support")。

　　cpio-initrd 的制作只需使用 find 命令列出根文件系统目录树的所有文件名列表,再通过管道命令传给 cpio,打包成 cpio 格式的文件即可。

```
[root$xmu_install]# ln -s /bin/sh init   ←cpio 格式的 initrd 需要在根目录下有 init 文件
[root$xmu_install]# find . | cpio -o -H newc > ../initrd.cpio
[root$xmu_install]# gzip -c9 initrd.cpio > initrd.cpio.gz   ←压缩
```

需要注意的是,cpio 格式的 initrd 需在文件系统的根目录下有一个启动文件 init 才能正常工作,否则在启动时会出错。在 cpio 命令中,参数 - o 指明 cpio 的操作模式是将列表文件复制到打包文件中;参数 - H 用于指定生成的打包文件格式,这里用的 newc 就是生成新型的 (SVR4)跨平台格式,这种格式支持大于 65536 i-node 节点的文件系统。

另外,使用 cpio 格式的 initrd 须保证内核命令行参数中的 initrd 大小和 initrd 文件的实际大小一致,否则会出错。为了避免每次更改 initrd 之后都须改动内核命令行参数的麻烦,可以修改内核 init/initramfs.c 文件中的 unpack_to_rootfs()函数;该函数的作用就是将 cpio 格式的 initrd 释放到 rootfs。修改的代码如下:

```
static char * __init unpack_to_rootfs(char * buf, unsigned len, int check_only)
{
……
    while (! message && len) {
    ……
    crc = (ulg)0xffffffffL; /* shift register contents */
    makecrc();
    gunzip();
    if (state != Reset)
        error("junk in gzipped archive");
    this_header = saved_offset + inptr;
    buf += inptr;
    //len -= inptr;
    len = 0;   ←将 len 的值改为 0,此时 initrd 的内容已释放完
    }
    free(window);
    free(name_buf);
    free(symlink_buf);
    free(header_buf);
    return message;
    }
```

这样就可以在在改动 initrd 的内容之后不用更改内核命令行参数了。

6.4　在开发板上运行嵌入式 Linux

如前所述,在开发板上运行嵌入式 Linux 需要使用宿主机(用于嵌入式开发的 PC 机)对嵌入式硬件系统(开发板)进行远程操控。利用终端仿真程序通过串口实现宿主机与嵌入式硬件系统通信,从而实现对嵌入式硬件系统的控制是嵌入式开发中最常用的一种方法。本节将首先介绍 Linux 下的串口终端仿真程序的使用,再介绍使用引导加载程序(Bootloader)进行硬件和内存的初始化工作,加载内核和文件系统,完成 Linux 系统在嵌入式开发板的启动过程(本书以 U-boot 为例,说明使用 Bootloader 启动嵌入式 Linux 的一般过程)。

6.4.1　Linux 下的串口终端仿真程序 minicom 简介

minicom 是 Linux 下最常用的串口终端仿真程序,许多 Linux 发行版中都带有 minicom 终端仿真程序,它可以模拟成 ANSI 或 VT102 类型的终端,常用于和串口设备通信(例如 modem),是嵌入式 Linux 开发中的一个常用工具。

使用 minicom 与嵌入式硬件系统通信之前,首先要确认嵌入式硬件系统与宿主 PC 机之间的串口连接正确。第一次使用 minicom 时,需先设置相关的参数。其中,有两种方式可配置 minicom,一种是使用 minicom-s 命令直接从命令行进入配置菜单;另一种方式是用不带参数的 minicom 命令进入 minicom 后,在命令模式中配置。minicom 的命令模式可用 Ctrl＋A 进行切换,按 Z 键可查看所有的命令;按 Q 键退出 minicom;按 O 键则进入如图6－8所示的 minicom 配置菜单。

在配置菜单中使用键盘的向下箭头键选择 Serial port setup 菜单项并回车,则进入如图 6－9所示的串口设置菜单。

根据菜单提示,在串口设置菜单按 A 键设置串口设备名称,这里的串口设备指宿主机上用于和嵌入式硬件系统连接的串口设备。若宿主 PC 机使用 COM1 与嵌入式目标机连接,则输入 Linux 下 COM1 对应的设备名/dev/ttyS0;若使用 COM2 端口,则对应的设备名为/dev/ttyS1。设备名设置完成后,按回车结束设置。

在串口设置菜单按 E 键进入如图 6－10 所示的菜单,设置串口通信的波特率。若使用 115 200 bps 的波特率则按 I 键;按 Q 键选择串口通信时使用 8 位数据位,1 位停止位,不使用奇偶校验(8N1)。设置完成后,按回车结束设置。

在串口设置菜单中,可以按用 F/G 键切换硬件/软件流控制的设置,通常在与嵌入式设备通信时不使用硬件/软件流控制(也就是设置为 No)。

串口设置完成后,按 Esc 键返回 minicom 配置主菜单,选择 Save setup as dfl 保存配置结果,再选择 Exit 菜单项或按 Esc 键退出配置菜单,回到 minicom 主界面。

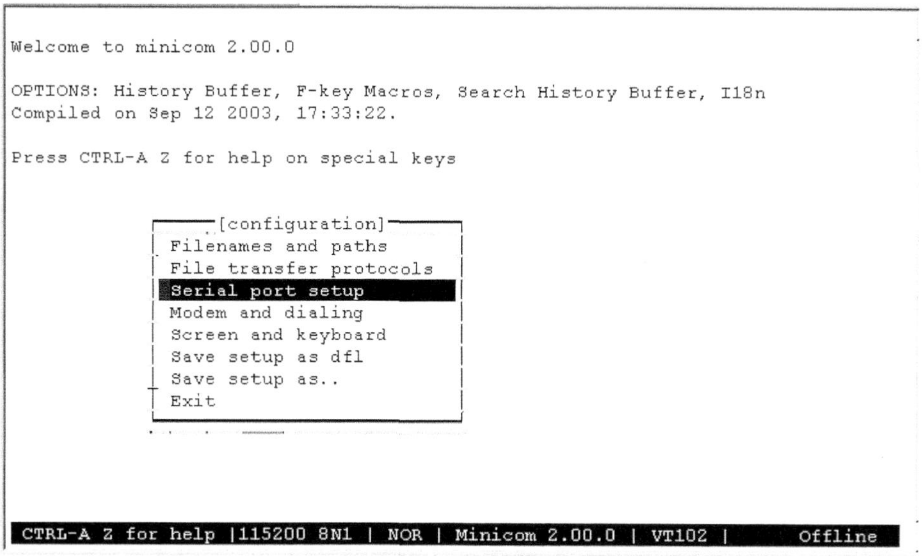

```
Welcome to minicom 2.00.0

OPTIONS: History Buffer, F-key Macros, Search History Buffer, I18n
Compiled on Sep 12 2003, 17:33:22.

Press CTRL-A Z for help on special keys


          ┌──────[configuration]──────┐
          │ Filenames and paths       │
          │ File transfer protocols   │
          │ Serial port setup         │
          │ Modem and dialing         │
          │ Screen and keyboard       │
          │ Save setup as dfl         │
          │ Save setup as..           │
          │ Exit                      │
          └───────────────────────────┘




 CTRL-A Z for help |115200 8N1 | NOR | Minicom 2.00.0 | VT102 |      Offline
```

图 6 - 8　minicom 配置菜单

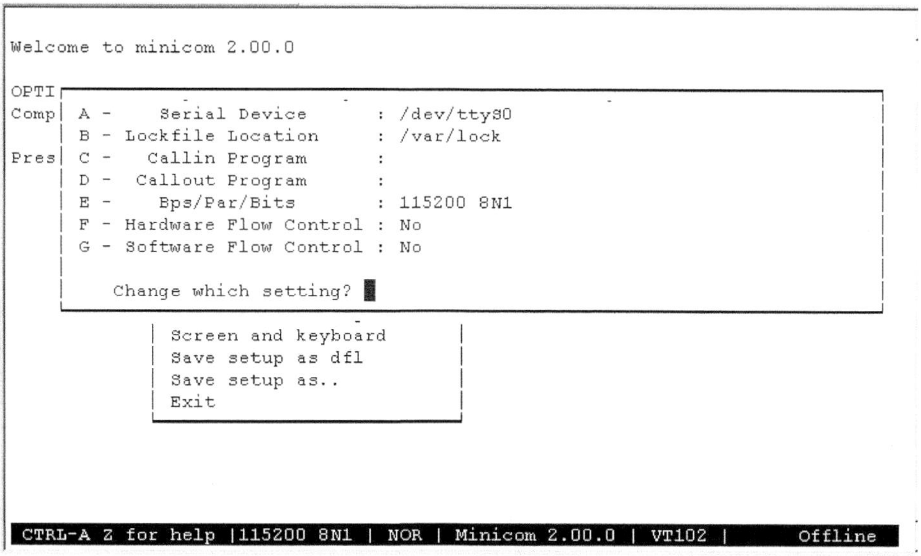

```
Welcome to minicom 2.00.0

OPTI┌─────────────────────────────────────────┐
Comp │ A -    Serial Device      : /dev/ttyS0  │
     │ B - Lockfile Location     : /var/lock   │
Pres │ C -    Callin Program     :             │
     │ D -    Callout Program    :             │
     │ E -    Bps/Par/Bits       : 115200 8N1  │
     │ F - Hardware Flow Control : No          │
     │ G - Software Flow Control : No          │
     │                                         │
     │    Change which setting? █              │
     └──────────┬──────────────────────┬───────┘
                │ Screen and keyboard   │
                │ Save setup as dfl     │
                │ Save setup as..       │
                │ Exit                  │
                └───────────────────────┘




 CTRL-A Z for help |115200 8N1 | NOR | Minicom 2.00.0 | VT102 |      Offline
```

图 6 - 9　Serial port setup 子菜单

若 minicom 配置正确,则运行 minicom 之后,打开与宿主机连接的嵌入式开发板电源,则开发板上的 Bootloader 将执行,并在串口终端输出相关的信息。

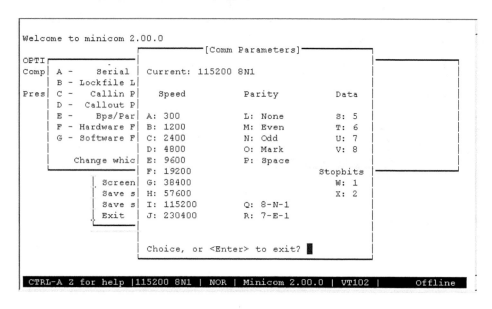

```
Welcome to minicom 2.00.0

OPTI┌──────────────────────[Comm Parameters]──────────────────────┐
Comp│ A -      Serial │ Current: 115200 8N1                        │
    │ B - Lockfile L  │                                            │
Pres│ C -     Callin P│    Speed            Parity          Data   │
    │ D -    Callout P│                                            │
    │ E -     Bps/Par │ A: 300          L: None        S: 5        │
    │ F - Hardware F  │ B: 1200         M: Even        T: 6        │
    │ G - Software F  │ C: 2400         N: Odd         U: 7        │
    │                 │ D: 4800         O: Mark        V: 8        │
    │   Change whic   │ E: 9600         P: Space                   │
    └─────────────────│ F: 19200                       Stopbits    │
          │ Screen    │ G: 38400                       W: 1        │
          │ Save s    │ H: 57600                       X: 2        │
          │ Save s    │ I: 115200       Q: 8-N-1                   │
          │ Exit      │ J: 230400       R: 7-E-1                   │
          └───────────│                                            │
                      │ Choice, or <Enter> to exit? █              │
                      └────────────────────────────────────────────┘

CTRL-A Z for help |115200 8N1 | NOR | Minicom 2.00.0 | VT102 |      Offline
```

图 6 - 10　波特率设置菜单

```
Welcome to minicom 2.00.0

OPTIONS：History Buffer,F－key Macros,Search History Buffer,I18n
Compiled on Sep 12 2003,17:33:22.


Press CTRL－A Z for help on special keys


XMU_BOOT255－V1.0
 Copyright (C) 2005 Xiamen University.
 Support：lxzheng@xmu.edu.cn


Autoboot in progress,press any key to stop ..
Autoboot aborted
Our Ethernet address is 1122 3344 5566.
        Sending bootp packet...
.

Bootp Packet received.
        Host    (server) Ethernet : 0030 4821 D626
```

```
   Host    (server) IP      : 192.168.0.101
   Client (target) Ethernet : 1122 3344 5566
   Client (target) IP       : 192.168.0.100


Type "help" to get a list of commands
XMU_BOOT255>
```

6.4.2　Bootloader 简介

Bootloader 是一种引导加载程序,它是系统加电后运行的第一段软件代码。从功能上说,Bootloader 就是在操作系统内核运行之前用来初始化硬件设备、建立内存空间的映射图的小程序,它将系统的软硬件环境带到一个合适的状态,以便为最终调用操作系统内核准备好正确的环境。如图 6 - 11 所示,在复位时系统从 0x00000000 地址开始运行存放在 Flash起始地址的 Bootloader,Bootloader 启动后,初始化硬件设备,并将嵌入式 Linux 内核和根文件系统映像分别加载到内核中的正确地址,然后跳转到内核的起始地址启动内核。

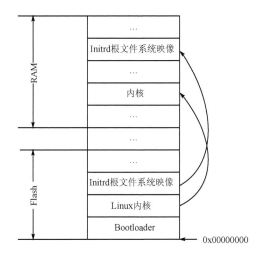

图 6 - 11　Bootloader 加载内核和根文件系统映像

Bootloader 是与硬件密切相关的软件,而嵌入式系统的硬件种类繁多,所以要在嵌入式世界里建立一个通用的 Bootloader 几乎是不可能的。尽管如此,仍然有些 Bootloader 把与硬件相关的代码小心地与其他代码隔离开,以实现对多种体系结构的 CPU 支持。

U - boot 就是一种可以支持多种体系结构 CPU 的 Bootloader,它由德国工程师 Wolfgang Denk 从 8XXROM 代码发展而来的,支持很多处理器,例如 PowerPC,ARM,MIPS 和 x86 等。

U-boot 的最新版本源代码可以从 Sourceforge 的 CVS 服务器获得。Internet 上也有一群自由开发人员对其进行维护和开发,其主页是 http://sourceforge.net/projects/u-boot。

6.4.3　U-boot 烧写与使用

1. 命令简介

在使用 U-boot 之前,先简单介绍下 U-boot 的相关命令,输入 help 即可获得所有 U-boot 命令的帮助信息,包括相关命令的名称和简要说明。

U-boot 可配置性非常强,它所支持的命令也可以通过配置来增减。U-boot 命令主要包括以下几类:信息类命令(表 6-3)、环境变量类命令(表 6-4)、存储器命令(表 6-5)、Flash 专用命令(表 6-6)、下载类命令(表 6-7)、启动类命令(表 6-8)、Cache 类命令(表 6-9)。

表 6-3　U-boot 信息类命令

名　称	使用实例	说　明
help	=> help bdi	获得所有 U-boot 命令的帮助信息,包括相关命令的名称和简要说明
bdinfo	=> bdi	显示开发板信息,将在终端显示内存大小、时钟及 MAC 等信息
coninfo	=> coni	显示控制台设备和信息
flinfo	=> fli	获取 Flash 存储器的信息
iminfo	=> imi	显示像 Linux 内核或者 Ramdisk 之类的映像文件的头部信息

表 6-4　U-boot 环境变量命令

名　称	使用格式和实例	说　明
printenv	=> printenv	显示当前的环境变量
setenv	setenv name value… => setenv my_scrip 'echo hello; echo goodbye'	设置当前的环境变量
saveenv	=> saveenv	保存当前的环境变量

表 6 - 5　U-boot 存储类命令

名　称	使用格式和实例	说　明
md	md［.b,.w,.l］address［# of objects］ => md.l　0xa0000000　0x40	显示存储单元内容
mm	mm［.b,.w,.l］address => mm.l　0xa0000000	存储单元修正（自动增长）
cp	cp［.b,.w,.l］source target count => cp.b a0000000 00000000 0x18000	存储器复制
mw	mw［.b,.w,.l］address value［count］ => mw.b　a0000000　ff　6	写存储器
nm	nm［.b,.w,.l］address => nm.b　a0000000	存储单元修正（恒定地址）
cmp	cmp［.b,.w,.l］addr1 addr2 count => cmp.b　a0000050　a0000054　4	存储单元比较
crc32	crc32 address count［addr］ => crc　a0000000 4	校验和计算,将结果存储到某一个地址
mtest	mtest［start［end［pattern］］］ => mtest 100000 200000	简单的 RAM 测试
loop	loop［.b,.w,.l］address number_of_objects =>loop 100000 8	在地址范围内无限循环

表 6 - 6　U-boot Flash 专用命令

名　称	使用格式	说　明
flinfo	fli	显示 Flash 信息
protect	protect on start end	对一段 Flash 地址空间,开启和关闭 Flash 的写保护
erase	erase start end	对一段 Flash 地址空间,擦除 Flash 数据

表 6 - 7　U-boot 下载类命令

名　称	使用格式	说　明
tftp	tftpboot［loadAddress］［bootfilename］	透过网络功能下载文件
loadb	loadb［off］［baud］	透过串口下载二进制格式的文件
loads	loads［off］	透过串口下载 S-Record 格式的文件

表 6 - 8　U-boot 启动类命令

名　称	使用格式	说　明
bootm	bootm [addr [arg …]]	从存储器某个地址开始启动
boot	boot	预先设定的启动命令并且执行
go	go addr [arg …]	从某个地址开始执行

表 6 - 9　U-boot Cache 类命令

名　称	使用格式	说　明
icache	icache [on,off]	开启和关闭指令 Cache
dcachd	dcache [on,off]	开启关闭数据 Cache

2. 烧写 U-boot 映像

开发板最初使用时可能没有 Bootloader,因此须使用 Flash 烧写程序通过 JTAG 接口烧写 Bootloader,该程序可以通过 JTAG 下载线经由 PC 机将 U-boot 映像文件 u-boot. bin 烧写至开发板的 Flash 起始地址空间(开发板硬件复位后将从此位置开始执行),并且验证烧写的数据正确性。下面是使用实验开发板的烧写程序 Jflash 烧写 U-boot 映像文件的实例。

```
[root@localhost boot - bin]# ./Jflash u - boot.bin
…
ACT: 0110 1001001001100100 00000001001 1
EXP: * * * * 1001001001100100 00000001001 1


PXA255 revision ?? + 6


There are two 16 - bit Flash devices in parallel


Characteristics for one device:
 Number of blocks in device = 128
 Block size = 65536 0x10000 word(16 - bit)
 Device size = 8388608 0x800000 word(16 - bit)


Sample block to address list:


 Block 0 = hex address: 00000000
 Block 40 = hex address: 00A00000
 Block 80 = hex address: 01400000
```

```
Block 120 = hex address: 01E00000

Starting erase
Erasing done
Starting programming
Programming done
Starting Verify
Verification successful!
[root@localhost boot - bin]#
```

3．配置开发板

在制作 U-boot 映像的时候，可以预先按照开发板的情况，对 U-boot 进行配置。但是，出于兼容性考虑，一般在 U-boot 烧写之后，再进行具体配置。

配置的内容包括 Flash 信息及网络地址等，配置的过程中需要使用前面介绍的 U-boot 命令。

第一次启动 U-boot 时，会有"＊＊＊ Warning - bad CRC,using default environment"。这是一个警告信息，不必理会。输入 saveenv 命令，在 Flash 中存储一段循环冗余交验码，就可以避免该信息。

```
U - Boot 1.1.2 (Jul 23 2005 - 21:15:17)

U - Boot code: A3F80000 -> A3F97990  BSS: -> A3F9BEEC
RAM Configuration:
Bank #0: a0000000 64 MB
Bank #1: a4000000  0 kB
Bank #2: a8000000  0 kB
Bank #3: ac000000  0 kB
Flash: 32 MB
＊＊＊ Warning - bad CRC,using default environment
In:    serial
Out:   serial
Err:   serial
=> saveenv
Saving Environment to Flash...
.
Un - Protected 1 sectors
Erasing Flash...
Erasing sector  1 ...  done
Erased 1 sectors
```

嵌入式 Linux 系统设计

```
Writing to Flash...\done
.
Protected 1 sectors
=>
```

若开发板有网络的支持功能,可以在 U-boot 中加入对网卡的支持。在使用网卡时,需要先配置网卡的 Mac 地址、开发板的 IP 地址和与开发板相连的宿主机的 IP 地址。

```
=> setenv  ethaddr  11:22:33:44:55:66
=> setenv  ipaddr   192.168.0.75
=> setenv  serverip 192.168.0.2
```

配置完成后,可以查看一下开发板的信息,以确认输入的配置正确。最后,将配置保存为开发板配置的 U-boot 环境变量。

```
=> printenv
bootdelay = 3
baudrate = 115200
ethaddr = 11:22:33:44:55:66
serverip = 192.168.0.2
ipaddr = 192.168.0.75
stdin = serial
stdout = serial
stderr = serial

Environment size: 136/16380 bytes
=> saveenv
Saving Environment to Flash...
Un - Protected 1 sectors
Erasing Flash...
Erasing sector  1 ...  done
Erased 1 sectors
Writing to Flash...\done
.
Protected 1 sectors
=>
```

6.4.4　用 U-boot 启动嵌入式 Linux

1. 制作、下载、烧写内核

U-boot 的一大突出特点就是支持网络功能,使用网络下载数据要比使用串口快得多。内核的映像文件一般比较大,使用网络下载可以大大提高开发效率(U‐boot 使用简单文件传输协议 TFTP 从网络下载数据。TFTP 服务的配置见 4.4.3 小节)。

U‐boot 所支持的内核格式是 uImage,不是平时使用的 zImage 和 bzImage。当然,U‐boot 考虑到了这一点,它提供了从 zImage,bzImage 制作 uImage 的工具——mkimage。使用这个工具并不需要重新编译内核,只须运行 mkimage 命令对已编译好的可用的内核映像文件进行格式的转化即可。mkimge 命令格式如下:

```
mkimage - l image
            - l        列出 image 文件头信息
mkimage [-x] - A arch - O os - T type - C comp - a addr - e ep - n name - d data_file[:data_file...] image
            - A        设置为 arch 指定的体系结构
            - O        设置为 os 指定的操作系统
            - T        设置为 type 指定的 image 类型
            - C        指明用 comp 方法进行压缩
            - a        指明装载地址为 addr 指定的地址
            - e        指明入口点为 ep(十六进制)指定的地址
            - n        指定 image 的名字为 name
            - d        从 datafile 中获取 image 数据
            - x        设置 XIP (execute in place)
```

例如,如下命令表示从 zImage(Linux 内核二进制映像)生成 uImage 格式的 my_kernel_zip8000 文件,该文件是 ARM 体系结构,操作系统为 Linux 上运行的名为"XMU Kernel"内核映像,该映像的装载地址和入口点都为 0xa0008000。

```
[root@localhost u-boot-1.1.2]# ./mkimage - n'XMU Kernel' - A arm - O linux - T kernel - C gzip
- a 0xa0008000
- e 0xa0008000 - d zImage   my_kernel_zip8000
```

接下来,将 uImage 格式的新的内核映像文件 my_kernel_zip8000 复制至开发宿主机的 tftp 根目录,然后按照如下步骤将它下载至开发板内存,并烧写至 Flash。其中,my_kernel_zip8000 为内核映像文件的文件名,0xA0000000 为内存空间的地址,0x000c0000 为内核文件存放的 Flash 空间的地址。

```
=> tftp    0xA0000000   my_kernel_zip8000

TFTP from server 192.168.0.2; our IP address is 192.168.0.75
Filename 'my_kernel_zip8000'.
Load address: 0xa0000000
Loading: ##################################################
         ##################################################
         ##################################################
         ############################
```

```
done
Bytes transferred = 1246661 (1305c5 hex)
=> era   1:3-7
Erase Flash Sectors 3-7 in Bank # 1
Erasing sector  3 ...  done
Erasing sector  4 ...  done
Erasing sector  5 ...  done
Erasing sector  6 ...  done
Erasing sector  7 ...  done
=> cp.b  a0000000    000c0000 0x1305c5
Copy to Flash...-done
   =>
```

成功下载并烧写之后,检查内核映像文件的完整性,方法为:

```
=> imi  000c0000

## Checking Image at 000c0000 ...
   Image Name:   XMU Kernel
   Created:       2005-07-17  11:29:14 UTC
   Image Type:    ARM Linux Kernel Image (gzip compressed)
   Data Size:    1247449 Bytes =  1.2 MB
   Load Address: a0008000
   Entry Point:  a0008000
   Verifying Checksum ... OK
   =>
```

2. 启动内核

烧写内核之后,就可启动该内核进行测试,由上述烧写过程可知,烧写完的内核位于 0x000c0000 地址开始的 Flash 空间,运行 bootm 命令启动该内核:

```
=> bootm 000c0000
## Booting image at 000c0000 ...
   Image Name:   XMU Kernel
   Created:       2007-10-04  18:29:14 UTC
   Image Type:    ARM Linux Kernel Image (gzip compressed)
   Data Size:    1247449 Bytes =  1.2 MB
   Load Address: a0008000
   Entry Point:  a0008000
   Verifying Checksum ... OK
```

```
      Uncompressing Kernel Image ... OK

Starting kernel ...

Uncompressing Linux..........................................
.................. done,booting the kernel.
Linux version 2.6.20.1 - xmu - skyeye (root@VM - Xeon) (gcc version 3.4.3 (released by zlx,
email:lxzheng@xmu.edu.cn)) #9 Wed Oct 3 17:25:45 CST 2007
CPU: XScale - PXA250 [69052100] revision 0 (ARMv5TE),cr = 00003907
Machine: XMU XScale Development Platform
Memory policy: ECC disabled,Data cache writeback
Memory clock: 99.53MHz ( * 27)
Run Mode clock: 99.53MHz ( * 1)
Turbo Mode clock: 99.53MHz ( * 1.0,inactive)
CPU0: D VIVT undefined 5 cache
CPU0: I cache: 32768 bytes,associativity 32,32 byte lines,32 sets
CPU0: D cache: 32768 bytes,associativity 32,32 byte lines,32 sets
Built 1 zonelists.  Total pages: 16256
Kernel command line: root = /dev/nfs ip = :::::::bootp rw console = ttyS0,115200 mem = 64
°°°°°°°°°°°°°°°°°°°°°°°°°°°°
°°°°°°°°° 以下略°°°°°°°°°
°°°°°°°°°°°°°°°°°°°°°°°°°
```

　　如果不希望每次重新启动都输入"bootm 000c0000"命令,可以在配置环境变量的时候,按照如下方法配置环境变量 bootcmd。

```
      => setenv   bootcmd    bootm 000c0000
=> saveenv
Saving Environment to Flash...
.
Un - Protected 1 sectors
Erasing Flash...
Erasing sector  1 ...  done
Erased 1 sectors
Writing to Flash...\done
.
Protected 1 sectors
 => printenv
bootdelay = 10
baudrate = 115200
```

```
ethaddr = 11:22:33:44:55:66
serverip = 192.168.0.2
ipaddr = 192.168.0.75
bootcmd = bootm 000c0000
stdin = serial
stdout = serial
stderr = serial


    Environment size: 136/16380 bytes
```

这样,每次 U-boot 启动成功之后,将等待 10 s。如果在这 10 s 内,用户没有输入任何指令,U-boot 就会自动执行 bootcmd 的命令内容,自动启动内核。

3. 关于 zImage/bzImage 内核的启动

上面说明了 uImage 格式的内核文件在 U-boot 中的使用。zImage 和 bzImage 格式的内核文件不是 U-boot 直接支持的内核文件格式,但 U-boot 也可以通过一些特殊命令,使得 zImage 和 bzImage 格式的内核可以在 U-boot 中使用。具体的方法如下:

首先将 zImage 或 bzImage 格式的内核下载到开发板的内存空间,下面例子放在 0xa0008000 的内存地址上,占用大小为 0x132f74 字节,然后烧写到 Flash。

```
U - Boot 1.1.2 (Jul 23 2005 - 21:15:17)


U - Boot code: A3F80000 -> A3F97990   BSS: -> A3F9BEEC
RAM Configuration:
Bank # 0: a0000000 64 MB
Bank # 1: a4000000   0 kB
Bank # 2: a8000000   0 kB
Bank # 3: ac000000   0 kB
Flash: 32 MB
In:   serial
Out:  serial
Err:  serial
 => tftp  a0008000  zImageS0
TFTP from server 192.168.0.2; our IP address is 192.168.0.75
Filename 'zImageS0'.
Load address: 0xa0008000
Loading: ###############################################
         ###############################################
         ###############################################
         ###########################
```

```
done
Bytes transferred = 1257332 (132f74 hex)
=> era  000c0000  002bffff

Erasing sector  3 ...  done
Erasing sector  4 ...  done
Erasing sector  5 ...  done
Erasing sector  6 ...  done
Erasing sector  7 ...  done
Erasing sector  8 ...  done
Erasing sector  9 ...  done
Erasing sector 10 ...  done
Erased 8 sectors
=> cp.b  a0008000  000c0000  132f74
Copy to Flash...- done
=>
```

烧写时注意不要将 Flash 开头的 Bootloader 覆盖掉，上面的命令将内核烧写 0x0c0000 开始的 Flash 地址空间，为前面的 Bootloader 预留了 768 kB 的空间。

开发板每次重新启动之后，需将内核复制到内存中内核的启动地址，并执行 go 语句启动内核。

```
=> cp.b 000c0000  a0008000  132f74
=> go a0008000
## Starting application at 0xA0008000 ...
Uncompressing
Linux................................................................
done,booting the kernel.
Linux version 2.6.20.1 - xmu - skyeye (root@VM - Xeon) (gcc version 3.4.3 (released by zlx,
email:lxzheng@xmu.edu.cn)) #9 Wed Oct 3 17:25:45 CST 2007
CPU: XScale - PXA250 [69052100] revision 0 (ARMv5TE),cr = 00003907
Machine: XMU XScale Development Platform
Memory policy: ECC disabled,Data cache writeback
Memory clock: 99.53MHz ( * 27)
Run Mode clock: 99.53MHz ( * 1)
    ......以下略......
```

如果不希望每次都输入复制和跳转命令，可以在配置环境变量时，配置 bootcmd：

```
=> setenv  bootcmd  'cp.b 000c0000  a0008000  132f74;  go a0008000'
=> saveenv
```

```
Saving Environment to Flash...
.
Un - Protected 1 sectors
Erasing Flash...
Erasing sector   1 ...   done
Erased 1 sectors
Writing to Flash...\done
.
Protected 1 sectors
    = >
```

这样,每次启动时,U-boot 会自动把内核复制到内存,并执行跳转执行指令,运行内核:

```
U - Boot 1.1.2 (Jul 23 2005 - 21:15:17)

U - Boot code: A3F80000 -> A3F97990   BSS: -> A3F9BEEC
RAM Configuration:
Bank # 0: a0000000 64 MB
Bank # 1: a4000000   0 kB
Bank # 2: a8000000   0 kB
Bank # 3: ac000000   0 kB
Flash: 32 MB
In:     serial
Out:    serial
Err:    serial
Hit any key to stop autoboot:   0
# # Starting application at 0xA0008000 ...
Uncompressing
Linux.............................................................................
done,booting the kernel.
Linux version 2.6.20.1 - xmu - skyeye (root@VM - Xeon) (gcc version 3.4.3 (released by zlx,
email:lxzheng@xmu.edu.cn)) #9 Wed Oct 3 17:25:45 CST 2007
CPU: XScale - PXA250 [69052100] revision 0 (ARMv5TE),cr = 00003907
Machine: XMU XScale Development Platform
Memory policy: ECC disabled,Data cache writeback
Memory clock: 99.53MHz ( * 27)
Run Mode clock: 99.53MHz ( * 1)
。。。。。 以下略。。。。。。。。。。
```

4. 使用 U-boot 加载 Initrd 中的根文件系统映像

使用 U-boot 加载 Initrd 根文件系统映像文件与使用 U-boot 加载内核步骤类似。如前所

述,下载内核后,下载根文件系统映像到指定地址的内存空间(假设此处使用的根文件系统映像文件名为 initrd.gz,复制的目的地址为 0xa1000000 开始的内存空间)。具体过程如下:

```
= > tftp  a1000000  initrd.gz
TFTP from server 192.168.0.2; our IP address is 192.168.0.75
Filename 'initrd.gz'.
Load address: 0xa1000000
Loading: ######################################################
        ######################################################
        ######################################################
        ################
done
Bytes transferred = 1077082 (106f5a hex)
= >
```

为了避免覆盖存放在 Flash 中的内核文件,Ramdisk 应避免在 Flash 存放的起始地址与内核存放的空间重叠。例如,下面为内核预留了 2 MB 的空间,然后将内存 0xa1000000 处的 Ramdisk 内容复制到 Flash 存储器地址 0x002c0000 处:

```
= > era   002c0000  004bffff

Erasing sector 11 ...  done
Erasing sector 12 ...  done
Erasing sector 13 ...  done
Erasing sector 14 ...  done
Erasing sector 15 ...  done
Erasing sector 16 ...  done
Erasing sector 17 ...  done
Erasing sector 18 ...  done
Erased 8 sectors
= > cp.b  a1000000  002c0000  106f5a
Copy to Flash.../done
   = >
```

为了在启动时自动加载 Ramdisk,同样可以使用环境变量 bootcmd。bootcmd 的内容大体上是:先把 000c0000 开始的内核文件复制到它的启动地址 0xa0008000 开始的地址空间(长度 0x132ac0);再把 002c0000 开始的 Ramdisk 文件复制到内核的 Initrd 加载地址 0xa1000000 开始的地址空间(长度 0x106f5a);最后使用 go 命令跳转到内核的启动地址 0xa0008000 执行。完成 bootcmd 的配置后应保存环境变量,具体的操作方法如下:

```
= > setenv  bootcmd  'cp.b 000c0000  a0008000 132ac0; cp.b  002c0000  a1000000 106f5a;
```

```
go a0008000'
 => saveenv
Saving Environment to Flash...
.
Un - Protected 1 sectors
Erasing Flash...
Erasing sector  1 ...   done
Erased 1 sectors
Writing to Flash... - done
.
Protected 1 sectors
    =>
```

这样,每次启动的时候,若没有在串口终端输入任何信息,U-boot 会自动等待 10 s,然后加载内核和 Initrd 所用的根文件系统映像,从而启动嵌入式 Linux。

6.5　嵌入式硬件仿真环境 SkyEye

SkyEye 是一款优秀的 ARM 模拟器,可使用它在 PC 机上提供一个 ARM 实验开发板的仿真环境,使开发人员可以在 PC 中运行和调试其原来应在实验板上运行的程序。本书使用 SkyEye 仿真实验板,使读者可在没有实验板的情况下学习嵌入式 Linux 的开发。此外,使用 SkyEye 的另一个好处是,可以用它调试 Linux 内核,这对于内核的移植很有帮助。SkyEye 的官方站点是 http://www.skyeye.org/,可以下载模拟器源代码和相关文档。本节以 1.2.2 版的 SkeyEye 为例,说明如何使用 SkyEye 作为仿真环境,测试运行前面构造的嵌入式 Linux 系统。

6.5.1　SkyEye 编译安装

从 http://gro.clinux.org/projects/skyeye/下载 SkyEye,下载源码包后,解压到特定目录,进入解压目录,直接运行 make 进行编译。编译完成之后,将会在源码的 binary 目录下生成 skyeye 的可执行文件。

在编译安装过程中,须注意以下几点:
- 如果使用的是 Mandrake Linux,那么在编译 SkyEye 时可能出现有关 read-line,ncurse 及 termcap 等库的一些错误,那么需要运行命令"ln - s /usr/include/ncurses/term-cap. h /usr/local/include/termcap. h",然后重新编译。

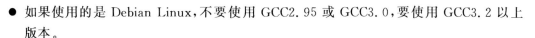

- 如果使用的是 Debian Linux,不要使用 GCC2.95 或 GCC3.0,要使用 GCC3.2 以上版本。
- 在系统中所使用的 GCC 版本应该要大于或等于 2.96。
- 如果使用 LCD 模拟,那么需要在系统中安装 GTK。

SkyEye 运行内核时会检查开发板的机器类型,若发现机器的类型与内核开发板配置所对应的机器类型不一致,则报告出错,停止仿真运行内核。因此,若使用的硬件开发板不是 SkyEye 内置支持的类型,则需要修改 SkyEye 源码。

对于 PXA2xx 系列处理器的开发板,SkyEye 目前支持采用 PXA250 处理器的 Lubbock 开发板和采用 PXA270 处理器的 Mainstone 开发板。为了使它适用于其他的 XScale 开发板,最简单的方法是修改 SkyEye 中开发板的机器类型 ID。例如,对于许多与 Lubbock 类似的开发板,可以修改 arch/arm/mach/skyeye_mach_pxa250.c 中的初始化函数 pxa250_mach_init,将其中的开发板机器类型 ID 修改为自己所用开发板的类型即可。

```
pxa250_mach_init (ARMul_State * state,machine_config_t * mc)
{
......

        state->lateabtSig = LOW;
//修改开发板机器类型 ID
//        state->Reg[1] = 89;      /* lubbock machine id. */
        state->Reg[1] = 200;     /* lubbock machine id. */
......

}
```

若所用的开发板与 SkyEye 内置支持的开发板差别较大,则可以修改 SkyEye 源代码,加入其他开发板的支持。

在 SkyEye 中增加一个开发板的支持,首先是为 SkyEye 增加一个开发板选项。对于 SkyEye 1.2.2 源码包,开发板的选项在 arch/arm/common/arm_arch_interface.c 的 arm_machines[]中定义,可以为此变量增加一个选项。例如,下面的语句增加了一个 pxa_xmu 的开发板选项。

```
{"pxa_xmu",        pxa_xmu_mach_init,        NULL,NULL,NULL}
```

该选项有一个对应的开发板初始化函数 pxa_xmu_mach_init(),该函数需在 skyeye 的开发板初始化文件中定义。通常,这个文件可以参考类似处理器的初始化文件,进行修改编写。对于 ARM 开发板,开发板初始化文件位于 arch/arm/mach 目录。在此目录创建一个开发板初始化文件 skyeye_mach_xmu.c,其主要内容就是开发板初始化函数 pxa_xmu_mach_init()。在这个开发板初始化函数中,需对开发板进行配置,填写数据结构 machine_config_t 的相关信息,并定义相关的处理函数。

```
void
pxa_xmu_mach_init (ARMul_State * state,machine_config_t * mc)
{
        //设置仿真的处理类型
        ARMul_SelectProcessor (state,ARM_XScale_Prop | ARM_v5_Prop | ARM_v5e_Prop);
        //设置数据异常模式
        state->lateabtSig = LOW;
        //设置开发板机器类型
        state->Reg[1] = 200;
        pxa250_io_reset (); //I/O reset
        //填写数据结构 machine_config_t 的相关信息
        mc->mach_io_do_cycle = xmu_io_do_cycle;
        mc->mach_io_reset = xmu_io_reset;
        mc->mach_io_read_byte = xmu_io_read_byte;
        mc->mach_io_write_byte = xmu_io_write_byte;
        mc->mach_io_read_halfword = xmu_io_read_halfword;
        mc->mach_io_write_halfword = xmu_io_write_halfword;
        mc->mach_io_read_word = xmu_io_read_word;
        mc->mach_io_write_word = xmu_io_write_word;

        mc->mach_set_intr = pxa_set_intr;
        mc->mach_pending_intr = pxa_pending_intr;
        mc->mach_update_intr = pxa_update_intr;

        mc->state = (void *) state;
}
```

为将新编写的开发板初始化文件加入 SkyEye 的编译,还须修改 SkyEye 的 Makefile 文件。在定义 SIM_MACH_OBJS 中加入相关的目标,并定义编译规则。

```
SIM_MACH_OBJS = binary/skyeye_mach_.xmuo binary/skyeye_mach_at91.o \
......
binary/skyeye_mach_xmu.o: $(ARM_MACH_PATH)/skyeye_mach_xmu.c $(ARM_MACH_PATH)/pxa.h
        $(CC)   $(ALL_CFLAGS)-c $<-o $@
```

6.5.2　在 SkyEye 中运行嵌入式 Linux

SkyEye 模拟的硬件配置和模拟执行的行为由配置文件 skyeye.conf 中的选项决定。skyeye.conf 的选项分为硬件配置选项和模拟执行选项。目前,skyeye.conf 的配置主要包括:

（1）基本 CPU 核配置选项

格式为 cpu：cpuname，对于 ARM 处理器，目前存在的 cpuname 有 ARM710，ARM7tdmi，ARM720t，ARM920t，sa1100，sa1110，ARM926ejs，PXA25x，PXA27x 与 ARM11。

（2）具体开发板配置选项

格式为 mach：machiename，ARM 开发板的 machiename 有 at91，lpc，s3c4510b，s3c44b0x，s3c44b0，ep7312，lh79520，ep9312，cs89712，sa1100，pxa_lubbock，pxa_mainstone，at91rm92，s3c2410x，s3c2440，sharp_lh7a400，ns9750，lpc2210，ps7500 及 integrator。

（3）内存组配置选项

内存组配置选项建立起所模拟开发板的内存空间映射，包括 I/O 空间的分布和内存空间的大小和起止地址等。对于嵌入式 Linux 的运行，它应说明了嵌入式 Linux 内核和加载到 Initrd 中的根文件系统二进制映像文件在内存的加载位置。这样，在 SkyEye 启动时，它将模拟开发板的 Bootloader 将 Linux 内核和根文件系统映像加载到内存的指定位置。

同一个内存组内的地址是连续的，类型分为 RAM SPACE，ROM SPACE 与 mapped I/O SPACE，格式为：

```
mem_bank：map = M|I,type = RW|R,addr = 0xXXXX,size = 0xXXXX,file = imagefile,boot = yes|no
```

map＝M 表示 RAM/ROM SPACE。

map＝I 表示 mapped I/O SPACE。

type＝RW 且 map＝M 时，则表示 RAM SPACE。

type＝R 且 map＝M 时，则表示 ROM SPACE。

addr＝0xXXXXXXXX 表示内存组的起始物理地址（32 位，十六进制）。

size ＝0xXXXXXXXX 表示内存组的大小（32 位，十六进制）。

file ＝imagefile，file 的值 imagefile 是一个字符串，实际上表示了一个文件，一般是一个二进制格式的可执行程序或 OS 内核文件，或是一个二进制格式的根文件系统。如果存在这个文件，SkyEye 会把文件的内容直接写到对应的模拟内存组地址空间中。

boot＝yes/no，如果 boot＝yes，则 SkyEye 会把模拟硬件启动后的第一条指令的地址定位到对应的内存组的起始地址。这对于嵌入式 Linux 的仿真来说，就是模拟 Bootloader 跳转到内核的启动地址，运行已加载到内存中的 Linux 内核。

下面是一个 skyeye.conf 文件的例子：

```
cpu：pxa25x
mach：pxa_lubbock
mem_bank：map = I,type = RW,addr = 0x40000000,size = 0x0c000000
mem_bank：map = M,type = RW,addr = 0xc0000000,size = 0x00800000
mem_bank：map = M,type = RW,addr = 0xc0800000,size = 0x00800000
mem_bank：map = M,type = RW,addr = 0xc1000000,size = 0x01000000,file = ./initrd
```

```
mem_bank：map = M,type = RW,addr = 0xc2000000,size = 0x02000000
```

编辑好的 skyeye.conf 文件，须放在运行内核仿真测试的目录中（假设这个目录名为 skyeyetest），以便 SkyEye 运行时能找到配置文件。此外，编译好的内核 vmlinux 及根文件系统映像 initrd 文件也需复制到 skyeyetest 目录。

注意：目前 SkyEye 对 MMU 的处理并不完善，为避免 SkyEye 对 MMU 处理引起的问题，在实例中的 SkyEye 的配置文件使用了虚拟地址。由于 SkeEye 是硬件仿真器，其内存配置由 skyeye.conf 文件定义。因此，在 SkyEye 的内存配置中使用虚拟地址，使 SkyEye 仿真的开发板内存地址指向原来物理地址对应的虚拟内存地址。同时，修改 Linux 内核 include/asm/arch/memory.h 文件中对应的内存定义，使其与 SkEye 的内存定义一致。这样，由于 Linux 运行时的虚拟地址与物理地址是一致的，就可以跳过 SkyEye 由于 MMU 引起的问题。

```
/ * *
 * Physical DRAM offset.
 * /
//          # define PHYS_OFFSET      UL(0xa0000000)
         # define PHYS_OFFSET      UL(0xc0000000)   ←Linux 内核虚拟地址从 3G 开始
```

下面是运行仿真测试的过程。

```
[root $ xmu skyeyetest]# ./skyeye - e vmlinux
arch：arm
cpu info：xscale,pxa25x,69052100,fffffff0,2
mach info：name pxa_lubbock,mach_init addr 0x807dd90
uart_mod：0,desc_in：,desc_out：
SKYEYE：use xscale mmu ops
Loaded RAM   ./initrd
exec file "vmlinux "'s format is elf32 - little.
load section .init：addr = 0xc0008000   size = 0x00012000.
load section .text：addr = 0xc001a000   size = 0x001088ac.
not load section .rodata：addr = 0xc0123000   size = 0x00000000 .
not load section .pci_fixup：addr = 0xc0123000   size = 0x00000000 .
not load section .rio_route：addr = 0xc0123000   size = 0x00000000 .
load section __ksymtab：addr = 0xc0123000   size = 0x00002560.
load section __ksymtab_gpl：addr = 0xc0125560   size = 0x00000930.
not load section __ksymtab_unused：addr = 0xc0125e90   size = 0x00000000 .
not load section __ksymtab_unused_gpl：addr = 0xc0125e90   size = 0x00000000 .
not load section __ksymtab_gpl_future：addr = 0xc0125e90   size = 0x00000000 .
not load section __kcrctab：addr = 0xc0125e90   size = 0x00000000.
not load section __kcrctab_gpl：addr = 0xc0125e90   size = 0x00000000.
not load section __kcrctab_unused：addr = 0xc0125e90   size = 0x00000000 .
```

not load section __kcrctab_unused_gpl：addr = 0xc0125e90 size = 0x00000000 .

not load section __kcrctab_gpl_future：addr = 0xc0125e90 size = 0x00000000 .

load section __ksymtab_strings：addr = 0xc0125e90 size = 0x000072d0.

load section __param：addr = 0xc012d160 size = 0x000000f0.

load section .data：addr = 0xc012e000 size = 0x0000ed58.

not load section .bss：addr = 0xc013cd60 size = 0x0000cba4 .

not load section .comment：addr = 0x00000000 size = 0x00001518 .

start addr is set to 0xc0008000 by exec file.

Linux version 2.6.20.1 - xmu - skyeye (root@localhost.localdomain) (gcc version 3.4.1) #7

Thu Mar 15 17:12:26 CST 2007

CPU：XScale - PXA250 [69052100] revision 0 (ARMv5TE),cr = 00003907

Machine：XMU XScale Development Platform

Memory policy：ECC disabled,Data cache writeback

Memory clock：99.53MHz (* 27)

Run Mode clock：99.53MHz (* 1)

Turbo Mode clock：99.53MHz (* 1.0,inactive)

CPU0：D VIVT undefined 5 cache

CPU0：I cache：32768 bytes,associativity 32,32 byte lines,32 sets

CPU0：D cache：32768 bytes,associativity 32,32 byte lines,32 sets

Built 1 zonelists. Total pages：16256

Kernel command line：root = /dev/ram rw initrd = 0xc1000000,0x01000000 console = ttyS0,115200

mem = 64M

PID hash table entries：256 (order：8,1024 bytes)

start_kernel()：bug：interrupts were enabled early

Console：colour dummy device 80x30

Dentry cache hash table entries：8192 (order：3,32768 bytes)

Inode - cache hash table entries：4096 (order：2,16384 bytes)

Memory：64MB = 64MB total

Memory：47232KB available (1104K code,110K data,72K init)

Mount - cache hash table entries：512

CPU：Testing write buffer coherency：ok

checking if image is initramfs...it isn't (bad gzip magic numbers); looks like an initrd

Freeing initrd memory：16384K

NetWinder Floating Point Emulator V0.97 (double precision)

io scheduler noop registered (default)

pxa2xx - uart.0：ttyS0 at MMIO 0x40100000 (irq = 15) is a FFUART

pxa2xx - uart.1：ttyS1 at MMIO 0x40200000 (irq = 14) is a BTUART

pxa2xx - uart.2：ttyS2 at MMIO 0x40700000 (irq = 13) is a STUART

RAMDISK driver initialized：16 RAM disks of 16384K size 1024 blocksize

loop：loaded (max 8 devices)

mice：PS/2 mouse device common for all mice

```
XScale DSP coprocessor detected.
RAMDISK: ext2 filesystem found at block 0
RAMDISK: Loading 4096KiB [1 disk] into ram disk... done.
VFS: Mounted root (ext2 filesystem).
Freeing init memory: 72K
init started: BusyBox v1.2.2 (2007.03.15 - 01:56 + 0000) multi - call binary
Starting pid 657,console /dev/ttyS0: '/etc/init.d/rcS'


Linux kernel 2.6
Embedded Development Platform of Xiamen University
Support:Zheng Lingxiang<lxzhengATxmu.edu.cn>
Copyright (C) 2005 Xiamen University


Please press Enter to activate this console.
Starting pid 662,console /dev/ttyS0: '/bin/sh'



BusyBox v1.2.2 (2007.03.15 - 01:56 + 0000) Built - in shell (ash)
Enter 'help' for a list of built - in commands.

 #
```

6.5.3　利用 SkyEye 调试 Linux 内核

在 SkyEye 中可以对 Linux 内核进行源码级的调试,但 SkyEye 只是对系统硬件进行了一定程度上的模拟,与真实硬件环境相比,仍有一定的差别,这对一些与硬件紧密相关的调试可能会有一定的影响,不过对于大部分软件的调试,SkyEye 可以提供较为精确的模拟。若分析 Linux 内核源码,跟踪、了解 Linux 内核的启动执行过程,则 SkyEye 是一个不错的工具。

SkyEye 内置了 GDB 远程调试协议 RDI 的支持,因而,SkyEye 可以通过 GDB 实现对 Linux 内核的源码级调试支持。

为调试 Linux 内核源码,内核配置时需打开内核调试选项如图 6 - 12 所示。

若要使用 SkeyEye 调试功能,可以在执行的时候加入 - d 参数。

```
[root$xmu linux]#./skyeye - e vmlinux_d
arch: arm
cpu info: xscale,pxa25x,69052100,ffffffff0,2
mach info: name pxa_lubbock,mach_init addr 0x42d180
uart_mod:0,desc_in:,desc_out:
```

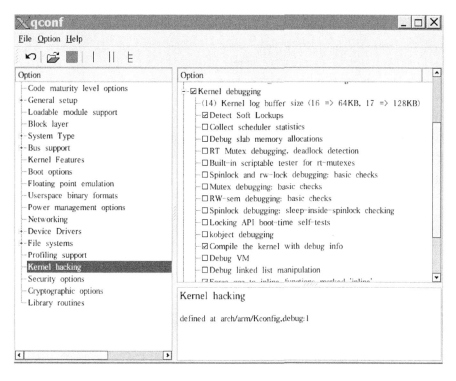

图 6 - 12　Linux 内核调试选项

```
SKYEYE: use xscale mmu ops
Loaded RAM     ./initrd
exec file "vmlinux"'s format is elf32 - little.
load section .init: addr = 0xc0008000   size = 0x00015000.
load section .text: addr = 0xc001d000   size = 0x00172f48.
not load section .rodata: addr = 0xc0190000   size = 0x00000000 .
not load section .pci_fixup: addr = 0xc0190000   size = 0x00000000 .
not load section .rio_route: addr = 0xc0190000   size = 0x00000000 .
load section __ksymtab: addr = 0xc0190000   size = 0x000035d0.
load section __ksymtab_gpl: addr = 0xc01935d0   size = 0x00000b50.
not load section __ksymtab_unused: addr = 0xc0194120   size = 0x00000000 .
not load section __ksymtab_unused_gpl: addr = 0xc0194120   size = 0x00000000 .
not load section __ksymtab_gpl_future: addr = 0xc0194120   size = 0x00000000 .
not load section __kcrctab: addr = 0xc0194120   size = 0x00000000 .
not load section __kcrctab_gpl: addr = 0xc0194120   size = 0x00000000 .
not load section __kcrctab_unused: addr = 0xc0194120   size = 0x00000000.
not load section __kcrctab_unused_gpl: addr = 0xc0194120   size = 0x00000000 .
```

```
not load section __kcrctab_gpl_future：addr = 0xc0194120　size = 0x00000000 .
load section __ksymtab_strings：addr = 0xc0194120　size = 0x0000a290 .
load section __param：addr = 0xc019e3b0　size = 0x00000168 .
load section .data：addr = 0xc01a0000　size = 0x00033204 .
not load section .bss：addr = 0xc01d3220　size = 0x0000f348 .
not load section .comment：addr = 0x00000000　size = 0x00001b5a .
not load section .debug_abbrev：addr = 0x00000000　size = 0x0006048a .
not load section .debug_info：addr = 0x00000000　size = 0x00b2ca34 .
not load section .debug_line：addr = 0x00000000　size = 0x000c416b .
not load section .debug_pubnames：addr = 0x00000000　size = 0x00014d85 .
not load section .debug_str：addr = 0x00000000　size = 0x000515cd .
not load section .debug_aranges：addr = 0x00000000　size = 0x00003d00 .
not load section .debug_frame：addr = 0x00000000　size = 0x0003723c .
not load section .debug_ranges：addr = 0x00000000　size = 0x00016048 .
start addr is set to 0xc0008000 by exec file.
debugmode = 1,filename = skyeye.conf,server TCP port is 12345
```

这样,就在本机的 TCP 端口 12345 开启了 GDB 调试服务,等待 GDB 链接到 SkyEye。下面就使用 GDB 的图形界面前端 Insight 进行内核的调试,执行下面的命令:

```
[root $ xmu linux]# arm - linux - insight vmlinux
```

则出现 Insight 图形界面,选择 File→Target Settings,设置与 SkyEye 链接的参数(Target: Remote TCP,Hostname:127.0.0.1,Port:12345,如图 6 - 13 所示。

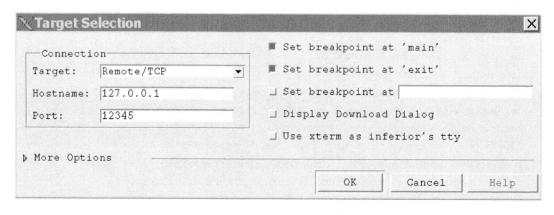

图 6 - 13　Insight 与 SkyEye 链接参数设置

设置好链接参数后,选择 Run→Connect to target,使 Insight 链接到 SkyEye 的调试端口。链接成功则出现如图 6 - 14 所示提示,同时,在 SkyEye 的终端也会出现如下提示:

Remote debugging using host:12345 程序

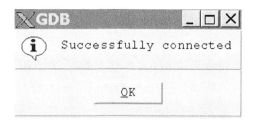

图 6 - 14　Insight 与 SkyEye 链接成功

　　链接成功后,就可以进行内核源代码的跟踪调试。首先,在内核源代码中设置一个断点(例如 arch/arm/kernel/setup.c 文件的 setup_arch 函数),然后单击 Insight 的"继续运行"按钮,使内核在 SkyEye 中开始运行。当内核运行到设置的断点时,则中断运行,停在断点设置之处,如图 6 - 15 所示。接着可以使用单步运行,或设置其他断点,继续运行内核源代码的跟踪调试。

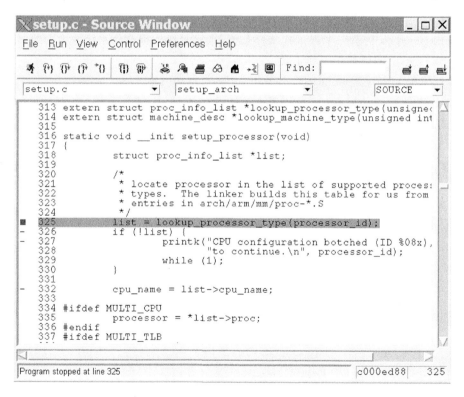

图 6 - 15　在 Insight 源码窗中设置断点

本章小结

通过本章的学习,应该掌握嵌入式 Linux 的基本概念,熟悉构造嵌入式 Linux 系统的一些基本步骤与流程,熟悉内核的裁剪,能够构造出嵌入式 Linux 的根文件系统,并在开发板或仿真环境 SkyEye 中运行构造好的嵌入式 Linux。

习题与思考题

1. 试用 gcc 和 arm-linux-gcc 命令分别编译一个简单的程序,用 file 命令比较输出有何不同。

2. 裁剪一个小于 1 MB 的嵌入式内核,要求支持串口终端等最基本功能,并在 SkyEye 中测试此内核。

3. 使用 Busybox 构造一个嵌入式文件系统,将它制作成根文件系统映像与第 2 题的内核一起放在 SkyEye 中测试是否工作正常。

4. 在开发板上烧写 U-boot 映像并使用 U-boot 启动内核。

5. GCC 工具链是嵌入式 Linux 开发必不可少的工具,从网上下载 4. x 版的 GCC,并完成交叉编译的 arm-linux-gcc 工具链的移植编译工作。

(提示:Cross-gcc 的编译分为两步,首先是产生一个不包含任何库的最小 arm-linux-gcc;其次还需要利用第一步产生的最小的 arm-linux-gcc 编译工具,针对特定版本的内核和 glibc 库进行交叉编译,产生所需的 ARM 体系结构的库以构成完整的交叉编译工具链。第二次编译产生的 ARM 平台的 glibc 库,可用在嵌入式 Linux 系统中作为其他应用程序所需的动态链接库。)

第 7 章
嵌入式 Linux 接口与应用开发

本章要点

本章介绍嵌入式 Linux 应用程序开发以及一些常用的接口应用，主要包括如下方面：

- 嵌入式应用程序开发调试，包括交叉编译，程序移植以及使用 NFS 进行程序的调试、利用 GDB 等工具进行调试；
- 嵌入式 Web 控制接口应用；
- 串口编程及其应用；
- USB 接口与应用；
- I^2C 总线接口与应用；
- 音频接口编程。

7.1　嵌入式应用程序开发调试

本节将介绍嵌入式应用程序的开发，它包括应用程序的移植以及使用 Cross-gdb 调试应用程序。其中，以调试 hello world 程序为例来说明具体的调试过程。

7.1.1　将应用程序加入嵌入式 Linux 系统

下面以最简单的 hello word 程序为例，说明如何将编写的应用程序加入一个嵌入式 Linux 系统中。

首先需要交叉编译所开发的应用程序，这必须使用 arm-linux-gcc 交叉编译器，生成在目标平台（运行程序的嵌入式硬件系统）上运行的可执行代码。

测试程序 hello.c 的源代码如下：

```
# include <stdio.h>
# include <string.h>
int main()
{
    char str[30] = "Hello world";
    printf("This the test program : % s\n",str);
    return 0;
}
```

使用 arm-linux-gcc 编译此文件，除了交叉编译器使用的是 arm-linux-gcc 的名字外，交叉编译的过程与使用 GCC 编译程序一样：

```
# arm - linux - gcc hello.c - o test
```

这样，就成功生成一个名为 test 的二进制文件，该文件就是在开发板上运行的 hello world 程序。

然后，将 test 加入到根文件系统中，假设根文件系统所在的目录为/initrd_mnt：

```
# cp test /initrd_mnt/bin
```

最后，根据 6.3.3 小节所述内容重新制作根文件系统映像，并将根文件系统映像下载到目标板上运行。在目标板上运行新加入的 test 文件，可得到如下输出：

```
# test
# This is the test program : Hello World
```

7.1.2　应用程序的移植

Linux 中可使用的应用程序资源非常丰富，将这些现成的程序移植到嵌入式系统中，可以极大加快开发流程，提高开发效率。另外，为了开发方便，特定的应用程序也会先在宿主机上开发再移植到目标板上。对于嵌入式 Linux 系统的开发而言，应用程序的移植是极其重要的。

在 PC 机下进行 Linux 程序开发，一般使用本地编译器。而进行嵌入式 Linux 程序开发，则要使用交叉编译器。源代码中只要不涉及汇编指令或某些特殊的系统调用，就可以不加修改地移植到目标平台上，唯一需要注意的就是，在编译时设置合适的参数调用交叉编译工具。这里所说的编译工具一般包括 gcc,g++,ar,as,ld,objcopy,objdump 及 strip 等。一般的交叉编译工具都会在这些名字前加上前缀，例如，ARM 系列处理器的编译器使用"arm - linux -"。

设计良好的 Makefile 中通常会有 CROSS 变量，该变量就是指定编译工具的前缀，只要在 make 的命令行中为 CROSS 赋值，即可调用相应的工具，如将应用程序移植到 ARM 处理器

上,可运行如下命令:

```
# make CROSS = arm - linux -
```

若 Makefile 中没有使用 CROSS,则只好手动修改编译工具,为它们加上相应的前缀,例如,在 Makefile 中出现 CC=gcc,则改为 CC ＝ arm-linux-gcc。

如果 Makefile 太多,逐个修改也不方便,可以在 make 的命令行上设置这些变量的值,这些值将会覆盖 Makefile 中同名变量的值,如

```
# make CC = arcm - linux - gcc
```

则 make 过程中遇到的所有"CC"都被解释成"arm - linux - gcc",而不管 Makefile 中是如何赋值的。其他编译工具的修改都与此类似。

编写应用程序,应考虑到程序可移植性,因此,最好在 Makefile 中设置 CROSS 这样的交叉编译参数,方便移植的操作。

若使用集成开发环境(如 KDevelop),则程序的移植原理类似,只要修改相关的配置即可。

若将 KDevelop 开发的程序移植到嵌入式 linux 中,进行交叉编译,则需要修改程序的工程选项→配置选项→常规里面的配置参数,增加 host 参数,用于设定程序运行的机器类型,例如,对于运行嵌入式 linux 的 arm 开发板可以使用-- host＝arm - linux,如图 7 - 1 所示。此外,须为 KDevelop 指定所需的编译器,对于运行 linux 的 arm 开发板即为 arm-linux-gcc,如图 7 - 2 所示。

图 7 - 1　KDevelop 交叉编译的配置参数

图 7－2　KDevelop 交叉编译的编译器配置

　　程序移植完生成二进制文件后,接下来的工作就是将编译好的可执行程序放入文件系统中,重新制作根文件系统映像。

7.1.3　通过 NFS 调试嵌入式应用

　　NFS 网络文件系统是通过文件系统实现资源共享的一种重要方式,它扩充了传统文件系统的功能,允许多个用户共享本地主机中的文件。NFS 文件系统向用户隐藏了网络访问的细节,用户可以像访问本地文件一样存取远程主机中的共享文件。NFS 网络文件系统是基于客户/服务器模型的,客户是要访问文件的计算机,而服务器是提供文件分布共享的计算机。

　　在嵌入式系统的开发过程中,使用 NFS 文件系统可以提高工作效率。与使用 Ramdisk 技术加载根文件系统相比,NFS 系统速度快、调试方便,且调试程序时,无须重新制作根文件系统映像,重新下载根文件系统映像文件,只要将交叉编译好的、需要调试的程序放入 PC 机提供 NFS 服务的共享目录,即可进行调试,省去了许多麻烦。

　　为支持 NFS,首先要打开嵌入式 Linux 内核与 NFS 相关配置,如图 7－3 所示。

　　其次,还需修改 Boot option 中的 Default kernel command string。首先是根文件系统的

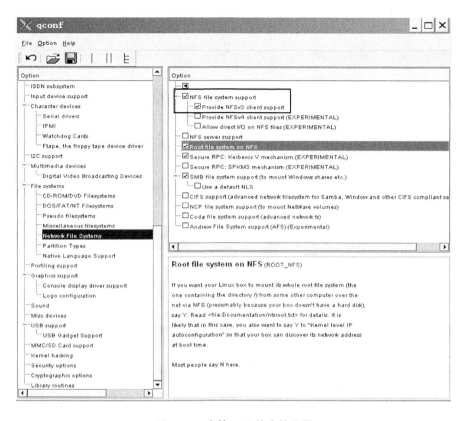

图 7-3　支持 NFS 的内核配置

设备名,让 Linux 启动时使用 NFS 作为根文件系统:

```
root = /dev/nfs
```

其次是 NFS 参数,格式为:

```
nfsroot = [<server - ip>:]<root - dir>[,<nfs - options>]
```

server-ip 是 NFS 服务器地址,后面接 NFS 根目录的路径和 NFS 选项。最后是 IP 地址参数,格式为:

```
ip = <client - ip>:<server - ip>:<gw - ip>:<netmask>:<hostname>:<device>:<auto-
conf>
```

几个域分别为客户机地址、服务器地址、网关、子网掩码、客户机主机名、客户机网络设备名(客户机可能有多个网络设备)以及自动配置等参数。分别填写相关的参数,则可以得到与 NFS 相关的命令行设置:

```
root = /dev/nfs nfsroot = 192.168.2.25:/root/embedded - dev/nfsroot
ip = 192.168.2.120:192.168.2.25:192.168.2.25:255.255.255.0::eth0:off
```

再加上对终端设备和内存的设置,则默认命令行参数可写为:

```
console = ttyS0,115200 mem = 64M rw root = /dev/nfs
nfsroot = 192.168.2.25:/root/embedded - dev/nfsroot
ip = 192.168.2.120:192.168.2.25:192.168.2.25:255.255.255.0::eth0:off
```

采用这种方法默认命令行参数会变得很长,为简化命令行参数,也可以采用 DHCP 服务(DHCP 服务的配置见 4.4.3 小节)为开发板提供上述信息,使客户机可以自动获取 IP 地址和其他信息。使用 DHCP 后,很多域都可以缺省,ip 选项可写成:

```
ip = ::::::bootp
```

bootp 表示通过 bootp 协议获取地址设置。若 DHCP 服务器的选项中包括 NFS 服务器的地址和根目录,且开发板使用 ip 选项自动项获取这些参数,则 nfsroot 选项可省略。这样,与 NFS 相关的命令行设置可写为:

```
root = /dev/nfs   ip = ::::::bootp
```

再加上对终端设备和内存的设置,则默认命令行参数可写为:

```
root = /dev/nfs   ip = ::::::bootp   rw console = ttyS0,115200 mem = 64M
```

可以看出,使用 DHCP 服务后,默认命令行参数的编写简化了很多。

接下来,就可以保存配置的结果,退出内核配置菜单,并重新运行 make 编译内核。

需注意的是,DHCP 服务的配置中要添加对 bootp 协议的支持以及根文件系统路径(在 root - path 选项中根据实际情况填写 NFS 服务的地址和根目录),下面是 redhat Linux 下/etc/dhcpd.conf 文件的内容实例:

```
default - lease - time 3600;
max - lease - time 18000;
ddns - update - style none;
subnet 192.168.11.100 netmask 255.255.255.0{
    option routers 192.168.11.100;
    option root - path "192.168.11.100:/root/embedded - dev/nfsroot";   ←NFS 服务器地址及根目录
    range dynamic - bootp 192.168.11.104 192.168.11.150;                ←支持 bootp 协议
}
```

配置好 dhcp,并用如下命令重新启动 DHCP 服务:

```
# /etc/init.d/dhcpd restart
```

将前面制作根文件系统映像时生成的所有文件复制到 NFS 服务的根目录下(PC 机 NFS

服务的配置启动参见 4.4.3 小节），按照前述步骤下载新的内核进行启动测试，若启动正常则可看到如下的启动信息：

```
Sending BOOTP requests . OK
IP－Config：Got BOOTP answer from 192.168.11.43,my address is 192.168.11.144
IP－Config：Complete：
     device = eth0,addr = 192.168.11.144,mask = 255.255.255.0,gw = 192.168.11.1,
  host = 192.168.11.144,domain = ,nis－domain = (none),
 bootserver = 192.168.11.43,rootserver = 192.168.11.43,rootpath = /root/embedded－dev/nf-
sroot
Looking up port of RPC 100003/2 on 192.168.11.43
Looking up port of RPC 100005/1 on 192.168.11.43
VFS：Mounted root (nfs filesystem).
```

如果 nfsroot 可用，则接下来就可利用 NFS 网络文件系统进行嵌入式程序的开发调试。

7.1.4　通过 Cross-gdb 调试程序

使用 Cross-gdb 调试程序，涉及 Cross-gdb 和 Gdbserver 两个程序。其中，Cross-gdb 与 Cross-gcc 类似，都运行于主机上进行跨平台的交叉调试。Gdbserver 则须运行在开发板上，正如 6.1 节提到的那样，它用于代替硬件调试器和主机上的 Cross-gdb 通信，进行嵌入式 Linux 应用程序的调试。

使用 Cross-gdb 调试的第一步是编译安装 Cross-gdb 和 Gdbserver，它们可以按照下面的步骤完成。

1. 编译 GDB 客户端

从 http://ftp.gnu.org/gnu/gdb/下载 GDB 源代码，然后要把 GDB 编译成支持 ARM 结构的版本。需要说明的是，当编译客户端（Cross－gdb）时，configure 的 target 参数为 arm-linux,host 参数为 x86（该参数可省）；而当编译服务端（Gdbserver）时，configure 的 target 参数为 arm-linux,host 参数为 arm-linux,这样客户端才能和 ARM 的服务端进行通信，调试应用程序。

```
[root $ xmu home]# tar xvzf gdb－6.1.tar.gz
[root $ xmu home]# cd gdb－6.1
[root $ xmu gdb－6.1]# ./configure －－ target = arm－linux －－ prefix = /usr/local/arm－gdb－v
[root $ xmu gdb－6.1]# make
[root $ xmu gdb－6.1]# make install
[root $ xmu gdb－6.1]# vi ～/.bash_profile
PATH = $ PATH：/usr/local/arm－gdb/bin        ←在 PATH 中加入/usr/local/arm－gdb/bin
```

```
[root $ xmu gdb - 6.1]# . ~/.bash_profile
```

如果编译过程没有错误,arm-linux-gdb 会在/usr/local/arm - gdb/bin 目录中生成。

2. 编译 Gdbserver

进入 GDB 源码目录编译 Gdbserver:

```
[root $ xmu home]# cd gdb - 6.1
[root $ xmu gdb - 6.1]# ./configure -- target = arm - linux -- host = arm - linux
[root $ xmu gdb - 6.1]# cd gdb/gdbserver
[root $ xmu gdbserver]# ./configure -- target = arm - linux -- host = arm - linux
```

修改 gdb/gdbserver/config.h:

```
gdb/gdbserver/config.h
# define HAVE_SYS_REG_H 1
-> //# define HAVE_SYS_REG_H 1
```

编译 Gdbserver:

```
[root $ xmu gdbserver]# make CC = arm - linux - gcc
```

Gdbserver 即被创建在 gdb/gdbserver 目录中。

3. Cross-gdb 调试实例

编写如下测试代码:

```c
hello.c
# include <stdio.h>
# include <string.h>
int main()
{
    char * str = NULL;
    strcpy(str,"hello,world");
    printf("str is % s \n",str);
    return 0;
}
```

这个程序模拟使用空指针产生的错误。交叉编译这段代码,

```
[root $ xmu temp]# arm - linux - gcc - g hello.c - o hello
```

注意,使用"- g"参数,"- g"参数表示生成可调试的二进制程序。编译完成后,可以在主机上将 hello 程序和 Gdbserver 复制到开发板的 nfsroot 下。

下面假设主机的 IP 地址是 192.168.0.101,开发板的 IP 地址是 192.168.0.100。将

Gdbserver程序放在开发板的 usr/bin 目录,hello 程序在 root 目录,启动开发板平台上的 gdb-server 来调试 hello:

```
/root # gdbserver 192.168.0.100:1234 hello
Process test created; pid = 80
```

这个命令使 Gdbserver 在 1234 端口监听。

然后在 PC 机上运行 arm-linux-gdb:

```
[root $ xmu root] # arm – linux – gdb
GNU gdb 6.1
Copyright 2004 Free Software Foundation, Inc.
GDB is free software,covered by the GNU General Public License,and you are
welcome to change it and/or distribute copies of it under certain conditions.
Type "show copying" to see the conditions.
There is absolutely no warranty for GDB.   Type "show warranty" for details.
This GDB was configured as "— host = i686 – pc – linux – gnu — target = arm – linux".
Setting up the environment for debugging gdb.
(gdb)
```

通过 TCP/IP 链接到开发板的 Gdbserver:

```
(gdb) target remote 192.168.0.100:1234
Remote debugging using 192.168.0.100:1234
0x40002980 in ?? ()
```

如果链接成功,开发板的串口终端会显示下面的信息:

```
/root # gdbserver 192.168.0.100:1234  hello
Process hello created; pid = 80
Remote debugging from host 192.168.0.101
```

接下来开始调试程序:

```
(gdb) symbol - file hello          ←此处的 hello 为 PC 机上 hello 所在路径
Reading symbols from hello...done.
(gdb) list
1          # include <stdio.h>
2
3          int main()
4          {
5              char * str = NULL ;
6
7              strcpy(str,"hello,world");
8              printf("str is % s \n",str);
```

```
9
10            return;
11        }
```

为了调试空指针引起的错误,在第 7 行设置断点:

```
(gdb) break 7
Note: breakpoint 1 also set at pc 0x83ec.
Breakpoint 1 at 0x83ec: file hello.c,line 7.
```

执行代码并单步跟踪:

```
(gdb) cont
Continuing.

Breakpoint 1,main () at hello.c:7
7         strcpy(str,"hello,world");
(gdb) step

Program received signal SIGSEGV,Segmentation fault.
0x4009a8f8 in ?? ()
```

可以看到在程序的第 7 行执行时出现了一个段错误,段错误通常是由内存的非法访问引起的。在此程序中,指针 str 未初始化为有效的存储空间,因而出现了段错误,这是初学者编写 C 程序较容易犯的错误之一。从调试过程可以看出,通过联合使用 gdb/Gdbserver 可以快速定位嵌入式程序中的错误,提高了编程效率。

7.2　嵌入式 Web 控制接口与应用

随着基于 Web 的 B/S 模式嵌入式远程监控技术日益成熟,许多嵌入式设备,例如,家用网关、路由器、无线 AP 以及基础嵌入式系统的远程管理系统和远程监控系统等,均为用户提供了基于 Web 的控制接口,用户可以从浏览器上通过 Internet 查询嵌入式设备的系统状态或设置系统中的参数。基于 Web 的控制接口具有界面友好、易于维护和扩展性好等优点。只要通过网络接口,用户就可以远程登录设备,并对其进行远程监控。为实现 Web 控制,使用户可以从远端通过浏览器访问和控制嵌入式设备,则受控的嵌入式设备需提供 Web 服务,通过 HTTP 协议与用户交互、处理请求和控制信息。

Web 服务器与浏览器之间通信所用的 HTTP 协议位于 TCP/IP 协议分层的第五层——应用层,它基于面向链接的 TCP 协议,实现客户与服务器之间的请求/响应模式,每个 TCP 链接只处理一个 HTTP 请求。HTTP 协议包括的内容很丰富,而嵌入式 Web 应用一般比较简单,所以可以对协议进行适当的裁剪,不仅可以简化 HTTP 处理的过程,提高效率,也可以缩小 Web 服务器占用的空间。

7.2.1　嵌入式 Web 服务器的移植

由于嵌入式设备资源有限,且嵌入式 Web 服务器通常只需一些简单的功能,因而有必要对 Web 服务器的功能进行裁剪,使其占用较少的存储空间和内存空间、消耗较少的处理器资源。Boa 就是这样一个开放源码 Web 服务器,它是一个支持单任务的嵌入式 Web 服务器,本身所占空间很小,具有较高的性能,适用于嵌入式系统。同时,它支持 CGI 技术,用于实现动态 Web 内容。

下面介绍 Boa Web 服务器的移植和使用,其源码可以从 http://www.boa.org/上下载,这里采用 0.94.13 介绍其移植和使用。

Boa 的移植很简单,将其源码解压后,只须按 7.1.2 小节的方法进行交叉编译即可。

```
[root $ xmu root]# tar xzf boa - 0.94.13.tar.gz
[root $ xmu root]# cd boa - 0.94.13/src
[root $ xmu src] ./configure        ←运行 configure 生成 Makefile
[root $ xmu src] make CC = arm - linux - gcc
```

编译时可能会出现错误:

```
util.c:99:1: pasting "t" and "->" does not give a valid preprocessing token
make: * * * [util.o] 错误 1
```

这是 compat.h 中的一个宏定义 TIMEZONE_OFFSET 引起的,将其修改为:

```
//#define TIMEZONE_OFFSET(foo) foo# #->tm_gmtoff
#define TIMEZONE_OFFSET(foo) foo->tm_gmtoff
```

Boa 软件启动时会进行用户和用户组的检测,这在嵌入式系统中是不必要的,所以可以将相关的代码去掉(boa.c 的 122 行附近):

```
init_signals();
//drop_privs();
create_common_env();
build_needs_escape();
```

编译完成后可以看到,在源代码目录下生成了一个名为 boa 的可执行文件。将其放入前面构建好的根文件系统中,并在 etc/下面建立一个 boa 的目录,存放 boa 的配置文件 boa.conf。下面简要介绍 boa 的配置文件中较重要的配置。

Port 80	＃Web 服务器的端口号
DocumentRoot /var/www	＃HTML 文档的主目录
DirectoryIndex index.html	＃HTML 目录索引的文件名
MimeTypes /etc/mime.types	＃指明 mime.types 文件位置
DefaultType text/plain	＃文件扩展名没有或未知的话,使用的缺省 MIME 类型
ErrorLog /var/log/boa/error_log	＃错误日志文件的位置
CGIPath /bin:/usr/bin:/usr/local/bin	＃提供 CGI 程序的 PATH 环境变量值
ScriptAlias /cgi-bin/ /var/www/cgi-bin/	＃指明 CGI 脚本的虚拟路径对应的实际路径

boa 的配置文件中指定的 mime.types 文件主要用于标识 Web 服务器可识别的文件类型。其中,mime 是 Multipurpose Internet Mail Extensions 的缩写,它最早用于 email 中标识 email 附件的类型,例如,常见的 text/html,image/jpg 等。其表达方式较灵活,因而被广泛使用。mime.types 文件的内容一般是固定的,因而可以直接从 PC 机上复制到嵌入式 Linux 根文件系统的/etc 目录下。

根据 boa.conf 文件的内容,还需要在根文件系统下创建 HTML 文档的主目录/var/www、错误日志文件存放的目录/var/log/boa 和 cgi 脚本的目录/var/www/cgi-bin。

7.2.2　嵌入式系统 Web 控制接口的设计

在嵌入式系统中,Web 控制接口通常使用 CGI 实现。CGI 就是公共网关接口(Common Gateway Interface),是一个 Web 服务器主机对外服务的标准接口。一般来说,CGI 接口的功能就是利用 HTTP 协议,在用户与服务器主机应用程序之间传递信息,其原理是:由用户提交给 Web 服务器一个请求,Web 服务器触发一个可执行程序(即 CGI 程序),则该程序根据用户请求的内容做出相应处理,最后,将运行结果以 Web 服务器可识别的方式输出,Web 服务器再发送到用户,实现与用户的交互。

CGI 程序可以用各种语言编写,例如 C,Shell,Perl,Visual Basic 及 TCL 等。一个 CGI 程序与客户端简单的交互过程如图 7-4 所示。当客户端向 Web 服务器发出请求时,Web 服务器调用相应的 CGI 程序,进行动态内容的处理。通常,Web 服务器直接将 CGI 程序的输出传送给客户端,因此,CGI 程序须产生 HTML 文档格式的输出。根据 HTTP 协议,一个 HTTP 消息由 HTTP 消息头域和消息体(即 HTTP 页面)组成,且消息头与消息体间须有一个空行(回车换行)分隔,而消息头域的每行须以回车换行结束。由于 Boa 在处理 CGI 程序时不会结束 HTTP 头域,因此,CGI 程序在输出 HTML 页面内容之前需先结束 HTTP 的头域。因此,

图 7-4　CGI 程序与客户端的交互流程

CGI 程序包括三部分：

- HTTP 消息头域；
- 分隔消息头与消息体的空行；
- HTTP 消息体。

下面以用 shell 脚本编写一个显示系统时钟的 cgi 程序为例，介绍如何利用 Web 界面查询嵌入式系统的状态。

```
#! /bin/sh
# 消息头
echo - e "Content - type: text/html; charset = ISO - 8859 - 1\r"
# 分隔消息头与消息体的空行
echo - e "\r"
# HTTP 消息体
echo "<html><head><title>Boa CGI example—System time</title></head><body>"
echo "<H2>Current System Time</H2>"
now = `date`
echo "$ now"
echo "</body></html>"
```

将该 cgi 程序 time. cgi 放到根文件系统的/var/www/cgi - bin(boa 配置文件里设置的 cgi 脚本存放路径)目录下，并附上可执行属性。

```
# cp time.cgi $ NFS_PATH/var/www/cgi - bin/    ←NFS_PATH 为 NFS 文件系统在 PC 机上的路径
# chomd + x $ NFS_PATH/var/www/cgi - bin/time.cgi
```

在浏览器中访问此脚本，就可以看到它将开发板的当前时间显示出来了，如图 7 - 5 所示。

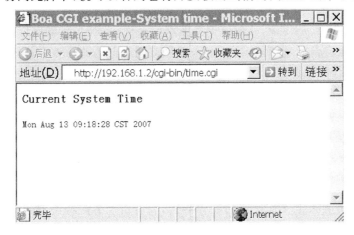

图 7 - 5　CGI 脚本实例

7.3　串口编程与 GSM 短信收发

串行通信接口是一种计算机常用的接口，连接线少，通信简单，因此，得到广泛的应用。串行通信接口标准有很多，其中，应用最广泛的是美国 EIA（电子工业协会）与贝尔公司等一起开发的 1969 年公布的 RS-232C 标准。该标准最初是为远程通信连接数据终端设备 DTE（如 PC 机）与数据通信设备 DCE（如调制解调器）而制定的，适合于传输速率小于 20 kbps 的数据通信。RS-232C 标准编程方便，价格便宜，在嵌入式系统中应用广泛。本节以 RS-232C 为主进行讨论，分别介绍其电气与机械特性、在嵌入式系统中常用的串口通信连接方式、编程原理以及利用串口收发 GSM 短信的应用。

7.3.1　RS-232C 串行接口标准

RS-232C 标准（协议）的全称是 EIA-RS-232C 标准，其中，EIA（Electronic Industry Association）代表美国电子工业协会，RS（Recommended Standard）代表推荐标准，232 是标识号，C 代表 RS-232 的修改版本号（1969 年），在这之前，还有 RS-232B，RS-232A 等标准。该标准对串行通信接口的有关问题，例如，连接的电缆、接口的机械特性、电气特性、功能特性和通信规程等都作了明确规定。

1. 电气特性

RS-232C 标准规定，数据线上的逻辑 1 的电压范围是 $-15 \sim -3$ V，逻辑 0 的电压范围是 $+3 \sim +15$ V；通信控制线上的信号有效或称接通的电压范围是 $+3 \sim +15$ V，信号无效或称断开的电压范围是 $-15 \sim -3$ V，其他值视为非法。换而言之，当传输电压的绝对值大于 3 V 时，电路可以有效地检查出来；而介于 $-3 \sim +3$ V 之间的电压及绝对值大于 15 V 的电压都无意义，因此，实际工作时应保证电压在 $\pm(3 \sim 15)$ V 之间。

RS-232 用正负电压表示逻辑状态，这与 TTL 以高低电平表示逻辑状态的规定不同。因此，为与计算机接口或终端 TTL 器件连接，须在 RS-232 接口与 TTL 电路之间进行电平和逻辑关系的变换。这种变换可用分立元件或集成电路芯片实现。目前，常用集成电路转换器件，例如 MAX232 芯片。

2. 机械特性与信号分配

RS-232C 标准并未定义连接器的物理特性，因而出现了多种类型的连接器，例如，25 针连接器（DB-25）、15 针连接器（DB-15）和 9 针连接器（DB-9）等。其中，以 DB-25、尤其是 DB-9 最为常见。无论哪种类型的连接器接口，都定义了孔形连接器（用来连接数据终端设备

DTE)及针形连接器(用来连接数据通信设备 DCE)。换而言之,也就是数据终端设备提供了针形连接器接口,数据通信设备提供了孔形连接器接口。

数据终端设备 DTE 的 DB-9 接口的针脚和信号分配如表 7-1 所列。

其中,TxD,DTR 和 RTS 信号由数据终端设备 DTE 产生,RxD,DSR,CTS,DCD 和 RI 信号由数据通信设备 DCE 产生。其作用分别为:

表 7-1　DB-9 接口的信号和针脚分配

DB-9 针脚	信　号
1	数据载波检测(DCD)
2	接收数据(RxD)
3	发送数据(TxD)
4	数据终端准备好(DTR)
5	公共地
6	数据准备好(DSR)
7	请求发送(RTS)
8	允许发送(CTS)
9	振铃指示(RI)

199

- 第 1 针为 DCD 载波检测信号针。数据终端设备 DTE 可以通过此针检测数据通信设备 DCE 与远程设备连接的建立和终止情况:数据通信设备 DCE 提高 DCD 信号电平,则说明数据终端设备 DTE 连接已建立;降低 DCD 电平,则说明 DTE 与远程设备的连接已终止。

- 第 2 针为 TxD 数据发送针。数据终端设备 DTE 通过此针向数据通信设备 DCE 发送数据。

- 第 3 针为 RxD 数据接收针。数据终端设备 DTE 通过此针从数据通信设备 DCE 接收数据。

- 第 4 针为 DTR 数据终端准备好信号针。DTR 信号用来表示数据终端设备 DTE 已准备好。有些数据终端设备 DTE 将它与自身的电源连接,一旦电源接通,则 DTR 信号有效。

- 第 5 针为 GND 信号地。它是其他信号的公共参考点,通常与设备机壳相连。

- 第 6 针为 DSR 数据准备好信号针。DSR 信号用来表示数据通信设备 DCE 已完成了操作准备,处于可以使用的状态,而不是处于测试状态或断开状态。

- 第 7 针为 RTS 请求发送信号针。RTS 信号用来表示数据终端设备 DTE 请求向数据通信设备 DCE 发送数据。

- 第 8 针为 CTS 允许发送信号针。CTS 信号用来表示数据通信设备 DCE 已准备好接收数据终端设备 DTE 发来的数据,是对数据终端设备 DTE 请求发送信号 RTS 的响应信号。RTS/CTS 这对请求应答联络信号用于通信过程中发送方式和接收方式之间的切换。

- 第 9 针为 RI 是振铃指示信号针。当数据通信设备 DCE 收到振铃呼叫时,则该信号有效,通知数据终端设备 DTE 已被呼叫。

7.3.2　RS - 232 串行接口通信连接方式

计算机使用 RS - 232 串口进行远距离通信时，需要加调制解调器，构成 DTE-DCE-DCE-DTE 的通信线路。近距离通信(<15 m)时，不采用调制解调器(也称为零 MODEM 方式)，两个数据终端设备 DTE(例如两台计算机)可以直接互连。简单的互连方式只需三根线便可进行基本的数据传输，如图 7 - 6 所示，其两个串口 TxD 和 RxD 交叉连接，信号地直接连接。

许多嵌入式处理器提供的串口是 PC 机上使用的、全功能的 RS - 232 串口的简化，只有三根线，因而，这种最简单的连接方式在嵌入式系统中较常见；但若连接的设备需要检测 DSR 或 DCD 信号以及 RTS/CTS 信号，这种最简易的连接方式就无法使用。为解决上述问题，可以使用带回路的直连串口电缆，连接方式如图 7 - 7 所示：两个串口的 TxD 和 RxD 交叉连接，同一个串口的 RTS 和 CTS 短接，利用自身的 RTS 信号产生 CTS 信号；同一个串口的 DTR、DSR 和 DCD 短接，利用自身的 DTR 信号产生 DSR 和 DCD 信号。

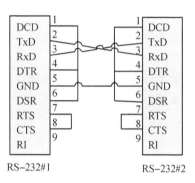

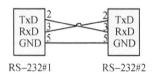

图 7 - 6　三线制 RS - 232 串口直连方式

图 7 - 7　带回路的直连串口连接方式

7.3.3　RS - 232 串行接口编程

在嵌入式 Linux 中，串口是一个字符设备，访问具体的串行端口的编程与读/写文件的操作类似，只需打开相应的设备文件即可操作。串口编程特殊在于串口通信时相关参数与属性的设置。嵌入式 Linux 的串口编程时应注意，若在根文件系统中没有串口设备文件，应使用 mknod 命令创建，这里假设串口设备是/dev/ttyS0，介绍一下串口的编程过程。

```
#mknod /dev/ttyS0 c 4 64
```

1. 打开串口

打开串口设备文件的操作与普通文件的操作类似,都采用标准的 I/O 操作函数 open()。

```
fd = open("/dev/ttyS0",O_RDWR|O_NDELAY|O_NOCTTY); / * 以读/写方式打开串口 * /
```

open()函数有两个参数,第一个参数是要打开的文件名(此处为串口设备文件/dev/ttyS0);第二个参数设置打开的方式,O_RDWR 表示打开的文件可读/写,O_NDELAY 表示以非阻塞方式打开,O_NOCTTY 表示若打开的文件为终端设备,则不会将该终端作为进程控制终端。

2. 设置串口属性

串口通信时的属性设置是串口编程的关键问题,许多串口通信时的错误都与串口的设置相关,所以编程时应特别注意这些设置,最常见的设置包括波特率、奇偶校验和停止位以及流控制等。

在 Linux 中,串口被作为终端 I/O,它的参数设置需使用 struct termios 结构体,这个结构体在 termios.h 文件中定义,且应在程序中包含这个头文件。

```
typedef unsigned char    cc_t;
typedef unsigned int     speed_t;
typedef unsigned int     tcflag_t;
struct termios
{    tcflag_t  c_iflag;         / * 输入模式标志 * /
     tcflag_t  c_oflag;         / * 输出模式标志 * /
     tcflag_t  c_cflag;         / * 控制模式标志 * /
     tcflag_t  c_lflag;         / * 本地模式标志 * /
     tcflag_t  c_line;          / * 行规程类型,一般应用程序不使用 * /
     cc_t  c_cc[NCC];           / * 控制字符 * /
     speed_t c_ispeed;          / * 输入数据波特率 * /
     speed_t c_ospeed;          / * 输出数据波特率 * /
};
```

串口的设置主要是设置这个结构体的各成员值,然后利用该结构体将参数传给硬件驱动程序。在 Linux 中,串口以串行终端的方式进行处理,因而,可以使用 tcgetattr()/tcsetattr() 函数获取/设置串口的参数。

```
int tcgetattr( int fd,struct termios * termios_p);
int tcsetattr( int fd,int optional_actions,struct termios * termios_p);
```

这两个函数都有一个指向 termios 结构体的指针作为其参数,用于返回当前终端的属性或设置该终端的属性。参数 fd 就是用 open()函数打开的终端文件句柄,而串口就是用 open

（）打开的串口设备文件句柄。tcsetattr()函数的 optional_action 参数用于指定新设定的参数起作用的时间,其设定值可以为:

- TCSANOW　　改变立即生效。
- TCSADRAIN　在所有的输出都被传输后改变生效,适用于更改影响输出参数的情况。
- TCSAFLUSH　在所有输出都被传输后改变生效,丢弃所有未读入的输入(清空输入缓存)。

(1) 设置波特率

使用 cfsetospeed()/cfsetispeed()函数设置波特率,它们分别用于在 termios 结构体中设置输出和输入的波特率。设置波特率可以使用波特率常数,其定义为字母“B＋速率”,如 B19200 就是波特率为 19 200 bps,B115200 就是波特率为 115 200 bps。

```
int cfsetispeed(struct termios * termios_p,speed_t speed);     //speed 为波特率常数
int cfsetospeed(struct termios * termios_p,speed_t speed);
例:
cfsetispeed(ttys0_opt,B115200);                    //通常输入/输出的波特率都设成一样
cfsetospeed(ttys0_opt,B115200);
```

(2) 设置控制模式标志

控制模式标志 c_cflag 主要用于设置串口对 DCD 信号状态检测、硬件流控制、字符位宽、停止位和奇偶校验等,常用标志位如表 7-2 所列。

表 7-2　串口控制模式常用标志

标志位	说　明
CLOCAL	忽略 DCD 信号,若不使用 MODEM,或没有串口没有 CD 脚就设置此标志
CREAD	启用接收装置,可以接收字符
CRTSCTS	启用硬件流控制,对于许多三线制的串口不应使用,需设置 ～CRTSCTS
CSIZE	字符位数掩码,常用 CS8
CSTOPB	使用两个停止位,若用一位应设置～CSTOPB
PARENB	启用奇偶校验

例如,下面的代码将串口设置为忽略 DCD 信号,启用接收装置,关闭硬件流控制,传输数据时使用 8 位数据位和一位停止位(8N1),不使用奇偶校验。

```
struct termios ttys0
ttys0_opt.c_cflag | = CLOCAL | CREAD;        //将 CLOCAL 与 CREAD 位设置为 1
ttys0_opt.c_cflag & = ～CRTSCTS;             //将硬件流控制位 CRTSCTS 清 0,其他位不变
```

```
ttys0_opt.c_cflag &= ~CSIZE;            //清除数据位掩码
ttys0_opt.c_cflag |= CS8;               //设置 8 位数据位标志 CS8
ttys0_opt.c_cflag &= ~(PARENB | CSTOPB); //使用 1 位停止位,停用奇偶校验
```

(3) 设置本地模式标志

本地模式标志 c_lflag 主要用于设置终端与用户的交互方式,常见的设置标志有 ICAN-ON,ECHO 和 ECHOE 等。其中,ICANON 标志位用于实现规范输入,即 read()读到行结束符后返回,常用于终端的处理;若串口用于发送/接收数据,则应清除此标志,使用非规范模式(raw mode)。非规范模式中,输入数据不组成行,不处规范模式中的特殊字符。在规范模式中,当设置 ECHO 标志位时,用户向终端输入的字符将被回传给用户;当设置 ECHOE 标志位时,用户输入退格键时,则回传"退格-空格-退格"序列给用户,使得退格键覆盖的字符从显示中消失,这样更符合用户的习惯(若未设置此标志,输入退格键时,则光标回退一个字符,但原有的字符未从显示中消失)。

(4) 设置输入模式标志

输入模式标志 c_iflag 主要用于控制串口的输入特性,常用的设置有 IXOFF 和 IXON,分别用于软件流控制。其中,IXOFF 用于防止输入缓冲区溢出;IXON 则是在输入数据中识别软件流控制标志。由于许多嵌入式系统无法使用硬件流控制,因此,只能使用软件流控制数据传输的速度,但是,它可能降低串口数据传输效率。启用软件流控制的代码如下:

```
ttys0_opt.c_iflag |= IXOFF| IXON;
```

(5) 设置输出模式标志

输出模式标志 c_oflag 主要用于对串口在规范模式时输出的特殊字符处理,而对非规范模式无效。

(6) 设置控制字符

在非规范模式中,控制字符数组 c_cc[]中的变量 c_cc[VMIN]和 c_cc[VTIME]用于设置 read()返回前读到的最少字节数和读超时时间,其值分为四种情况:

(a) c_cc[VMIN] > 0, c_cc[VTIME] > 0

读到一个字节后,启动定时器,其超期时间为 c_cc[VTIME],read()返回的条件为至少读到 c_cc[VMIN]个字符或定时器超期。

(b) c_cc[VMIN] > 0, c_cc[VTIME] == 0

只要读到的字节数大于等于 c_cc[VMIN],则 read()返回;否则,将无限期阻塞等待。

(c) c_cc[VMIN] == 0, c_cc[VTIME] > 0

只要读到数据,则 read()返回;若定时器超期(定时时间 c_cc[VTIME])却未读到数据,则 read()返回 0。

(d) c_cc[VMIN] == 0, c_cc[VTIME] == 0

若有数据,则 read()读取指定数量的数据后返回;若没有数据,则 read()返回 0。
在 termios 结构体中填写完这些参数后,接下来就可以使用 tcsetattr()函数设置串口的属性。

```
tcgetattr(fd,&old_opt); //将原有的设置保存到 old_opt,以便程序结束后恢复
tcsetattr(fd,TCSANOW,&ttys0_opt);
```

3. 清空发送/接收缓冲区

为保证读/写操作不被串口缓冲区中原有的数据干扰,可以在读/写数据前用 tcflush()函数清空串口发送/接收缓冲区。tcflush()函数的参数可为:

- TCIFLUSH　　　清空输入队列。
- TCOFLUSH　　　清空输出队列。
- TCIOFLUSH　　　同时清空输入和输出队列。

4. 从串口读写数据

串口的数据读/写与普通文件的读/写一样,都是使用 read()/write()函数实现。

```
n = write(fd,buf,len);  //将 buf 中 len 个字节的数据从串口输出,返回输出的字节数
n = read(fd,buf,len);   //从串口读入 len 个字节的数据并放入 buf,返回读取的字节数
```

5. 关闭串口

关闭串口的操作很简单,将打开的串口设备文件句柄关闭即可。

```
close(fd);
```

7.3.4　SMS 短信与 AT 命令

短消息服务(SMS)是一种使用移动网络收发文本信息的电信增值服务。短信作为一种信息通道,以高效率、低成本、快速简便的优点,广泛应用于各种嵌入式系统(例如嵌入式信息发布平台、远程监控系统、数据采集设备和报警装置等)。嵌入式系统通常通过串口,与 GSM 手机模块进行短信的收发,而 GSM 手机模块的控制则采用 AT 命令集实现。

AT 命令是由贺氏(Hayes)公司发明、被所有调制解调器制造商所使用的一个调制解调器命令语言,其每条命令以字母"AT"开头,后面为字母和数字。90 年代初,AT 命令仅用于调制解调器的操作,后来,一些主要的移动电话生产厂商,诺基亚、爱立信、摩托罗拉和惠普公司共同为 GSM 手机研制了一整套 AT 命令,其中,包含对 SMS 短信的控制。AT 命令在此基础上演化,并被加入 GSM 07.05 标准,以及之后的 GSM 07.07 标准。

AT 命令使用 ASCII 编码,且命令以"AT"开始并以回车符结束,与短信息(SMS)相关的 AT 命令如表 7-3 所列。

表 7 - 3　与 SMS 相关 AT 命令

AT 指令	功　能
AT＋CMGD	删除 SIM 卡内存的短消息
AT＋CMGF	选择短消息信息格式:0 - PDU;1 -文本
AT＋CMGL	列出 SIM 卡中的短消息 PDU/text;　0/"REC UNREAD"-未读;1/"REC READ"-已读;2/"STO UNSENT"-待发;3/"STO SENT"-已发;4/"ALL"-全部的
AT＋CMGR	读短消息
AT＋CMGS	发送短消息
AT＋CMGW	向 SIM 内存中写入待发的短消息
AT＋CMSS	从 SIN|M 内存中发送短消息
AT＋CNMI	显示新收到的短消息
AT＋CPMS	选择短消息内存
AT＋CSCA	短消息信息中心地址
AT＋CSCB	选择蜂窝广播消息
AT＋CSMP	设置短消息文本模式参数
AT＋CSMS	选择短消息服务

7.3.5　SMS 短信与 PDU

SMS 短信的发送有文本(text)模式和 PDU 模式两种,其中,文本模式只能发送普通的 ASCII 字符,该模式收发短信较简单,实现也十分容易,但最大的缺点是不能收发中文短信;若要支持中文短信,则须使用 PDU 模式。PDU 模式将所有的信息按照一定格式,编码为十六进制数的 PDU 序列串(由于 AT 命令使用文本编码,发送时,这个十六进制的 PDU 序列将被转换成对应的字符串用 AT 命令发送)。若使用 PDU 模式收发短信,首先用 AT 命令"AT＋CMGF＝0"将短消息的模式设置为 PDU 模式。使用 AT 命令"AT＋CMGS"从串口发送一个 PDU 格式的短信,程序与 GSM 手机模块数据交互的流程如表 7 - 4 所列。

表 7 - 4　用 AT 命令发送短信的交互过程

序　号	动　作	数据(字符串)
1	写串口	"AT＋CMCS＝<PDU length>\r"
2	读串口	"> "
3	写串口	PDU 字符串
4	读串口	"+CMGS:<MR>\n\r\nok\r\n"

其中,<PDU length>指 PDU 字符串的长度,<MR>是信息参考号,下面是一个收发过程的实例:

① 从串口向手机模块写入字符串:"AT+CMCS=19\r"。

② 读串口得到返馈字符串:"\r\n> "。

③ 发送 PDU 字符串:"0011000D91683109214365F70008AA046D4B8BD5"。

④ 读串口收到应答字符串:"\r\n+CMGS:46\r\n\r\nOK\r\n"。

在 PDU 模式下,发送和接收短信的 PDU 串格式略有不同,下面分别进行描述。

1. 发送短信

发送短信的 PDU 串格式如表 7 - 5 所列。

表 7 - 5 发送短信的 PDU 串格式

字 段		长 度	描 述	实 例
SMSC Length		1	短消息信息中心(SMSC)的地址长度。若为 0,则表示使用存储在移动电话中的 SMSC 号码	00
First - Octet		1	PDU 的第一个字节,存放基本参数	11
TP - MR		1	设为 00,表示让电话根据 SIM 卡的状态数据设置信息参考(Message Reference)数值	00
TP - DA	Address-Length	1	地址长度。即电话号码的长度	0D
	DType-of-Address	1	地址类型	91
	Address-Value	≤10	短信接收方电话号码。每两位数字对换,长度为奇数的号码要在末尾加 F 补齐	683109214365F7
TP - PID		1	TP-PID 协议标识。对于标准情况设为 00	00
TP - DSC			数据编码方式	08
TP - VP			短信息有效期	AA
TP - UDL			用户数据长度	04
TP - UD			用户数据,短信的实际内容	6D4B8BD5(测试)

① SMSC length 字段存放短消息信息中心地址,通常,短消息信息中心地址已经在 SIM 卡中设置好,可以直接使用而不必指明,因此,这个字段通常设置为 00。要注意的是,使用"AT+CMGS"发送短信时指明的 PDU 长度不包括这个字段,而从字段 First Octet 开始计算。

② First-Octet 字段是 PDU 真正的第一个字节,用于存放短信的一些基本参数,如表 7 - 6 所列。

表 7 - 6　发送短信 PDU 串的第一个字节

位	字 段	描 述
0 1	TP-MTI	短信类型,对于发送取值 01
2	TP-RD	拒绝复本(Reject Duplicate): 0——通知短消息信息中心接受一个发送类型的重复短信,即使该消息是先前已提交过的,并还存在于短消息信息中心中未发送出去。短信重复是指消息参考(TP-MR)与接收方地址(与发送方地址相同) 1——通知 SMSC 拒绝一个重复的 SMS
3 4	TP-VPF	有效期格式(Validity Period Format): 00——没有有效期数据 VP 字段(长度为 0) 01——保留 10——VP 段以整型形式提供(相对的) 11——VP 段以 8 位组的一半(semi-octet)形式提供(绝对的)
5	TP-SRR	请求状态报告(Status Report Request): 0——不需要报告 1——需要报告
6	TP-UDHI	用户数据头标识(User Data Header Indicator): 0——用户数据(UD)不包含头信息 1——用户数据(UD)包含用户头信息
7	TP-RP	应答路径(Reply Path):0——未设置;1——设置

③ TP-MR 字段表示信息参考(Message Reference),通常设为 00,表示使电话根据 SIM 卡的状态数据设置信息参考数值。

④ TP-DA 字段存放接收方地址,由 2~12 个字节组成。第一个字节为地址长度,即电话号码的长度;第二字节为地址类型,常用的 GSM 手机号码为国际格式的电话号码,设置为 91,若给小灵通之类的设备发送短信,则使用国内格式的电话号码,设置为 A1;字段剩余字节用于存放接收方的地址,即电话号码,但须将电话号码的每两位数字对换,长度为奇数的号码要在末尾加 F 补齐。例如,电话号码 13901234567 的编码就是 3109214365F7。

⑤ TP-PID 字段表示协议标识,通常的标准情况下,设置为 00 即可。

⑥ TP-DSC 字段表示数据编码方式,第 2 和第 3 比特位表示 PDU 数据的编码方式(00 为 7 比特编码,01 为 8 比特编码,10 为 USC2 格式的 16 位 Unicode 编码),其余比特位通常设置为 00。

7 比特编码用于发送普通的 ASCII 字符,8 比特编码用于发送数据消息,UCS2 编码用于发送 16 位的 Unicode 字符。三种编码方式下,可以发送的最大字符数分别是 160,140,70。中文短信则将文字采用 Unicode 编码以 UCS2 编码方式发送。

其中,7 比特编码用于发送普通的 ASCII 字符,纯英文短信使用该编码,一条短信最多能容纳 160 个字符。由于标准 ASCII 编码的值为 1~127,即每个字节的最高一位总是为 0,这就造成了一种浪费。7 比特编码正是利用了这个多余位进行数据压缩,将每个 ASCII 字符最高位的 0 去掉,然后将后一个字符右移若干位放到前一字符空缺的高位,构成新的编码。例如,要发送信息"HowAreYou",则 ASCII 编码为(已去掉最高为的 0):

H	o	w	A	r	E	Y	o	U
1001000	1101111	1110111	1000001	1110010	1100101	1011001	1101111	1110101

编码时,第一个字符"H"只有 7 位,第二个字符"o"右移一位,并将移出的最低位补到前一字节的最高位;字符"w"右移两位,移出的两位补到符"o"剩余编码字符的最高两位;字符"A"右移三位,移出的三位补到字符"w"剩余编码的最高三位,依此类推,总是用后面一个字符的最低几位补到前面字符剩余编码的高位,使之重新达到 8 位,最后得到的新的编码为:

11001000	11110111	00111101	00101000	00101111	01100111	11011111	01110101

显然,这样编码以后长度缩短了,本来要 9 个字节存放的内容,现在只要 8 个字节。若遇到最后一个字符剩余位数不足 8 时,则用全零串将其补齐。

USC2 编码简单来说就是统一用两个字节来编码中文或者英文字符的 16 位 Unicode 编码方式。这种编码方式分为中文编码和英文编码两种不同的情况。对于英文编码只要在原来的 ASCII 码前加 8 个 0,将其扩充为 16 位编码即可,例如,H 的 ASCII 码"01001000"变为 Unicode 就是"00000000 01001000"。中文的 GB2312 编码与 Unicode 编码之间的转换通常采用查表的方式获得。这个转换在 Linux 中可以使用 iconv() 函数实现。

⑦ TP - VP 字段存放短信息的有效期,格式与 First Octet 字段的 VPF 域有关。只有在 VPF 域为 10 或 11 时才有这个字段。当 VPF 为 10 时,使用相对有效期(从发送的信息被短消息信息中心接收到开始计算),格式如表 7 - 7 所列。

表 7 - 7　相对有效期时间格式

VP(HEX)	相应的有效期
00~8F	(VP+1)×5 min (有效期从 5 min 到 12 h)
90~A7	12 h+(VF−0x8F)×30 min
A8~C4	(VP−0xA6)×1 d
C5~FF	(VP−0xC0)×7 d

当 VPF 为 11 时，TP-VP 字段存放的是绝对时间，给定有效期终止的绝对时间，它占用 7 个字节。与手机号码一样，每个字节的两个数字也要相互对调，分别表示年、月、日、时、分、秒和时区。例如，编码 70802090543323 表示 07 年 08 月 09 时 54 分 33 秒。

⑧ TP-UDL 字段是用户数据长度。如果 TP-DSC 设置为 7 比特编码，则该字段表示的是原有数据未编码前的字符串长度。

⑨ TP-UD 字段用于存放用户数据。

2. 接收短信

接收短信的 PDU 格式如表 7-8 所列。

表 7-8　接收短信的 PDU 格式

字　段		长　度	描　述	实　例
SMSC Address	SMSC Length	1	短消息信息中心（SMSC）的地址长度	08
	Type-of-SMSC	1	地址类型	91
	SMSC-value	≤10	短消息信息中心号码	683108502905F0
First Octet			PDU 的第一个字节，存放基本参数	04
TP-OA	Address-Length	1	地址长度，即发短信方电话号码的长度	0D
	Type-of-Address	1	地址类型	91
	Address-Value	≤10	发送短消息的电话号码，每两位数字对换，长度为奇数的号码要在末尾加 F 补齐	683109214365F7
TP-PID		1	TP-PID 协议标识，标准情况设为 00	00
TP-DSC			数据编码方式	08
TP-SCTS			短信发送的时间	70802021200323
TP-UDL			用户数据长度	04
TP-UD			用户数据，收到的短信的实际内容	6D4B8BD5（测试）

其中，短消息信息中心地址（SMSC Address）和发送方地址 TP-OA 的格式与发送短信的 TP-DA 字段一样，都由地址长度、地址类型和电话号码三部分组成，具体详见前面的介绍。

接收短信 PDU 格式中的 First Octet 字段与发送短信的 PDU 格式相应字段略有差别，如表 7-9 所列；字段 TP-SCTS 存放短信的发送时间采用绝对时间格式。

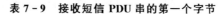

表 7 - 9　接收短信 PDU 串的第一个字节

比特位	字　段	描　述
0	TP- MTI	短信类型,接收类型的 PDU 的值为 00
1		
2	TP-MMS	有更多的信息需要发送(More Messages to Send): 0——在短消息信息中心还有信息等待接收 1——在短消息信息中心中没有信息等待接收
3	—	未使用
4		
5	TP-SRI	状态报告指示(Status Report Indication),此值仅被短消息服务中心(SMSC)设置: 0——状态报告不会返回给短消息发送者 1——状态报告返回给短消息发送者
6	TP-UDHI	用户数据头标识(User Data Header Indicator): 0——用户数据(UD)不包含头信息 1——用户数据(UD)包含用户头信息
7	TP-RP	应答路径(Reply Path):0——未设置;1——设置

7.3.6　GSM 短信收发实例

在嵌入式 Linux 中,实现短信收发就是通过串口发送 AT 命令给手机模块,并读取返回数据的过程。

1. 发送短信

发送短信的步骤为:
① 打开串口。
② 初始化串口参数。
③ 发送 AT＋CMGF 命令,通知手机模块采用 PDU 模式。
④ 构造 PDU 字符串,并利用 AT＋CMGS 命令发送。
⑤ 发送结束,关闭串口。

```
int main()
{
    int portfd,n;
```

```
    char cmd[255],msg[255],pdu[255];
    char ctrlZ = 26;
    //以读写方式打开串口
    portfd = open("/dev/ttyS0",O_RDWR);
    init_device(portfd);//初始化串口
    sprintf(cmd,"AT + CMGF = 0\r");
    sleep(1);//等待命令处理完成,也可通过读串口数据判断是否处理完成
    write(portfd,cmd,strlen(cmd));              //发送 AT + CMGF 命令,通知手机模块采用 PDU 模式
    sleep(1);
    len = build_pdu("8613901234567","测试",pdu); //构造 PDU,返回 PDU 串的长度
    //采用 AT + CMGS 命令发送短信
    sprintf(cmd,"AT + CMGS = % d\r",len);
    write(portfd,cmd,strlen(cmd));
    sleep(1);
    write (portfd,pdu,strlen(pdu));
    write (portfd,ctrlZ);                        //发送以 Ctrl + z 为结束符
    sleep(1);
    //关闭串口
    close(portfd);
}
```

其中,init_device()函数用于初始化串口参数,build_pdu()函数用于构造 PDU 字符串。

串口参数初始化主要就是设置串口的波特率、传输字符的位宽、奇偶效验及流控制等,程序为:

```
int init_device(int portfd)
{
    struct termios tty;

    tcgetattr(portfd,&tty);

//串口参数:115200bps,8N1,使用非规范方式,采用软件流控制
    cfsetospeed(&tty,B115200);
    cfsetispeed(&tty,B115200);
    tty.c_cflag & = ~CSIZE;
    tty.c_cflag | = CS8;
    tty.c_lflag & = ~(ICANON | ECHO | ECHOE);
    tty.c_cflag | = CREAD;
    tty.c_cflag & = ~(PARENB | CSTOPB);
    tty.c_iflag | = IXON;
    tty.c_iflag | = IXOFF;
```

```
    tty.c_iflag | = IXANY;
    tty.c_cflag & = ~CRTSCTS;
    tty.c_cc[VMIN] = 0;
    tty.c_cc[VTIME] = 10;

    tcsetattr(portfd,TCSANOW,&tty);
    return 0;
}
```

PDU 字符串的构造过程,就是按照发送短信的 PDU 格式将发送方的电话号及要发送的信息等打包成一个字符串。

```
//phone 为手机号码前增加国家代码86,例如8613901234567
int build_pdu(const char * phone,const  unsigned char * msg,unsigned char * pdu)
{
        unsigned char pdu_phone[128],temp_phone[128],buf[255],pdu_msg[255];
        int i,n;
        //填写 SMSC Length,First-Octet 和 TP-MR 字段
        sprintf(pdu,"001100");
        //填写接收者手机号
        sprintf(temp_phone,"%sF",phone);
        for(i = 0;i<strlen(temp_phone);i + = 2){
            pdu_phone[i] = temp_phone[i + 1];
            pdu_phone[i + 1] = temp_phone[i];
        }
        strcat(pdu,"0D91");
        strcat(pdu,pdu_phone);
        //填写 TP-PID,TP-DSC,TP-VP 字段
        strcat(pdu,"0008AA");
        n = code_convert("GB2312","UNICODE",msg,buf)- 2;
        printf("n = %d,msg = %s\n",n,msg);
        sprintf(pdu_msg,"%.2X",n);
        strcat(pdu,pdu_msg);
        for (i = 0;i<n;i + = 2) {
            sprintf(pdu_msg + i * 2,"%.2X",buf[i + 3]);
            sprintf(pdu_msg + i * 2 + 2,"%.2X",buf[i + 2]);
        }
        strcat(pdu,pdu_msg);
        //pdu 长度从 First-Octet 字段开始计算
        return strlen(pdu)/2 - 1;
}
```

构造 PDU 字符串时,使用了 code_convert() 函数,利用 iconv() 完成不同字符编码的转换。

```
int code_convert(const char * srccode,const char * dstcode,const unsigned char * inbuf,un-
signed char * outbuf)
{
        int n = 0;
        unsigned int inbytesleft = strlen(inbuf);
        unsigned int outbytesleft = 255;
        iconv_t cd_d = iconv_open(dstcode,srccode);
        iconv(cd_d,&inbuf,&inbytesleft,&outbuf,&outbytesleft);
        iconv_close(cd_d);
        return 255 - outbytesleft;
}
```

2. 接收短信

接收短信的步骤为:

① 打开串口。

② 初始化串口参数。

③ 发送 AT+CMGF 命令,通知手机模块采用 PDU 模式。

④ 利用 AT+CMGR 命令读取短信,并处理读取的短信。

⑤ 读取结束,关闭串口。

```
int main()
{
    int portfd,n;
    unsigned char cmd[255],msg[255];
    unsigned char * pdu,pdu_end;
    //以读写方式打开串口
    portfd = open("/dev/ttyS0",O_RDWR);
    init_device(portfd);//初始化串口
    sprintf(cmd,"AT + CMGF = 0\r");
    sleep(1);//等待命令处理完成,也可通过读串口数据判断是否处理完成
    write(portfd,cmd,strlen(cmd));//发送 AT + CMGF 命令,通知手机模块采用 PDU 模式
    sleep(1);
    tcflush(TCIOFLUSH);                //清空串口读写缓存
    //采用 AT + CMGR 命令读取短信
    sprintf(cmd,"AT + CMGR = 1\r");
```

```
        write(portfd,cmd,strlen(cmd));
        while(n>0)
            n = read(portfd,msg + n,255);
        //判断是否读取成功
        if((ptr = strstr(msg,"+CMGR:")) ! = NULL) {
            pdu = strstr(msg,"\r\n") + 2;
            pdu_end = strstr(pdu,"\r\n");
            * pdu_end = 0;
            decode_pdu(pdu);//对 pdu 进行解码
        }
        //关闭串口
        close(portfd);
    }
```

7.4　USB 接口与应用

USB(Universal Serial Bus)是一种通用串行总线接口,是英特尔、DEC、微软和 IBM 等公司联合提出的一种新的串行总线标准,主要用于 PC 机与外围设备的互联。它具有成本低、使用简单、支持即插即用、热插拔、易于扩展和较快的数据传输速度等优点,近年来,在 PC 机及嵌入式系统上得到了广泛的应用。

采用 USB 接口的设备种类很多,常见的有 USB 音频设备(如 USB 声卡)、人机接口设备(如鼠标键盘)、静止图像捕捉设备(如扫描仪)、USB 打印设备(如打印机)、USB 存储设备(如U 盘、移动硬盘数码像机)、USB 通信设备(如调制解调器和无线网卡)USB 视频设备(如摄像头)和无线控制器(如 USB 蓝牙设备)等。

USB 设备与主机间的通信按 USB 接口规范进行,目前,常用的 USB 接口规范主要有 USB 1.1 和 USB 2.0。其中,USB 1.1 是目前嵌入式系统中较为普遍使用的 USB 规范,其全速方式的传输速率为 12 Mbps,低速方式的传输速率为 1.5 Mbps。USB 2.0 规范由 USB 1.1 规范演变而来,并与其兼容,传输速率最高可达 480 Mbps。USB 2.0 标准中,根据传输率的不同,USB 设备可分为低速(1.5 Mbps)、全速(12 Mbps)和高速(480 Mbps)三种。低速速率主要用于人机接口设备,例如键盘、鼠标及游戏杆等;全速速率在 USB 2.0 之前曾经是最高速率,所有的 USB 集线器都需要支持全速速率;高速速率在 USB 2.0 标准中提出,但并非所有的 USB 2.0 设备都是高速的。高速设备插入全速 hub 时,应该与全速兼容。而高速 hub 具有事务翻译(Transaction Translator)功能,能隔离低速、全速与高速设备之间数据流,但不会影响供电和串联深度。

7.4.1　机械和电气标准

USB 的连接器分为 A 和 B 两种,分别用于主机和设备;它们各自有对应的小型化连接器 Mini-A 和 Mini-B,另外,还有一种 Mini-AB 的插口。

标准 USB 连接器触点定义如表 7-10 所列。USB 信号使用标记为 D+和 D-的双绞线传输,各自使用半双工差分信号并协同工作,以抵消长导线的电磁干扰。USB 数据编码采用翻转不归零方式(Non-Return to Zero,Inverted,NRZI),电平保持时,传送逻辑 1,电平翻转时,传送逻辑 0。

mini USB 的第 4 针为 ID,在 mini-A 上连接到第 5 针,在 mini-B 可以悬空也可以连接到第 5 针。其他接口功能与标准 USB 相同,如表 7-11 所列。

表 7-10　标准 USB 连接器触点定义

触点	功能(主机)	功能(设备)
1	V_{BUS}(4.75～5.25 V)	V_{BUS}(4.4～5.25 V)
2	D-	D-
3	D+	D+
4	接地	接地

表 7-11　mini USB 连接器触点定义

触点	功能
1	V_{BUS}(4.4～5.25 V)
2	D-
3	D+
4	ID
5	接地

USB 接头标准由 USB 协会制定,具有以下特点:

① 接头设计相当耐用。许多以往使用的接头较脆弱,即使受力不大,有时针脚或零件也会折弯甚至断裂;而 USB 接头的金属导电部分周围有塑料保护,而且整个连接部分被金属的保护套围住,因此,USB 接头不论插拔,都不易受损。

② USB 接头有防呆设计,因而不可能把 USB 接口插错。

③ 接头能较经济地批量生产。

④ 在 USB 互联构成的网络中,接头被强制使用定向拓扑,不兼容的 USB 设备之间,接口也不兼容,而且也不能使用转换插头,防止出现环形网络。

⑤ 接口的设计保证了适度的插拔力,使 USB 电缆和小型 USB 设备能被插口卡住(不需要使用夹子、螺丝或者锁扣等其他装置),且便于在困难环境和让残障人使用。

⑥ 由于接头的构造,在将 USB 插头插入 USB 底座时,插头外面的金属保护套会先接触到 USB 座内对应的金属部分,之后,插头内部的四个触点才会接触到 USB 底座。金属保护套与系统地相连,以免因静电造成电子元件损坏。

USB 集线器的接头提供了一组 5 V 的电源,可作为所连接 USB 设备的电源。一个 USB 的根集线器最多只能提供 500 mA 的电流,若有多个连接设备,则所有设备共享这 500 mA 的电流。若一个集线器连接到上一级集线器,由 USB 总线提供电源,则它可以为连接在该集线器上的所有设备提供电源,但是不允许再串接另一个需要总线供电的集线器。若连接到集线器上的设备需要的电压超过 5 V,或是需要的电流超过 500 mA,则该设备需要使用外加电源。

7.4.2　USB 总线拓扑结构

USB 总线采用树形的拓扑结构,如图 7-8 所示,它在系统层次上分为三个部分,即 USB 主机(USB Host)、USB 设备(USB Device)和 USB 集线器(USB HUB)。在这个树形拓扑结构中,USB 主机处于根结点的位置,USB 集线器则用于系统节点的扩展,USB 设备作为终端节点直接或者通过 USB 集线器与 USB 主机进行点对点的通信。一个 USB 主机控制器下最多可以有五级集线器,包括集线器在内,最多可以连接 127 个设备。USB 总线通信时,所有的数据传输都由 USB 主机发起。每个设备通过地址过滤出自己要接收的数据包,并根据数据包请求的类型与 USB 主机进行数据传输。

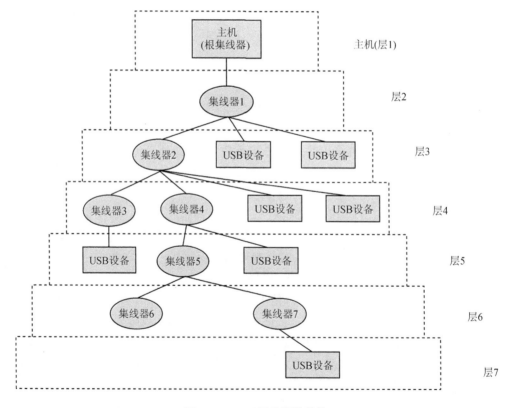

图 7-8　USB 总线拓扑结构

USB 主机与设备间数据包的传输类型共有四种,分别为:

(1) 控制(control)传输

控制传输是双向可靠的传输,通常,数据量比较小,常用于设备命令和状态反馈的处理,例如用于总线控制的 0 号管道。

(2) 等时(Isochronous)传输

等时传输用于主机与设备间的、需保证带宽和时间要求的数据传输或要求恒定数据传输速率的应用,这种类型的传输可以保证严格的时间要求并具有较强的容错性,它的典型应用包括语音和视频的传送。

(3) 中断(Interrupt)传输

中断传输主要用于定时查询设备中是否有中断数据,它的典型应用就是键盘、鼠标以及游戏杆等这类小规模数据的、低速的、不可预测数据的传输。

(4) 批量(Bulk)传输

批量传输主要用于大批量数据的传输和接收,这种类型的传输没有带宽和间隔时间的限制,只需保证数据被可靠地传输即可(不保证延迟时间、连续性、带宽和速度),它的典型应用包括 USB 存储设备、打印机和扫描仪等。

7.4.3　USB 存储设备在嵌入式系统中的应用

USB 使用 USB 块存储设备(USB mass storage device class)标准实现存储设备的连接,它最初被用于传统的磁盘和光盘驱动,现在已经扩展到支持大量不同的存储设备。由于 USB 总线支持热插拔,即它能够在不关闭计算机的情况下动态的安装和删除 USB 设备,这使 USB 存储设备成为当前应用非常广泛的一种设备。目前,常用的 USB 移动存储设备有 USB 移动硬盘和 U 盘两种。特别是,U 盘拥有体积小、重量轻、容量大、易于携带、存储速度快和价格便宜等诸多优点,得到了广泛的应用。在许多嵌入式系统中,USB 移动存储设备也常作为一种信息交换和数据存储的方案得到了广泛的应用。

由于 Linux 内核已经对 USB 存储设备提供了很好的支持,因此,要在嵌入式 Linux 中使用 USB 存储设备,则只要在 Linux 内核中增加如下配置:

(1) SCSI 磁盘选项(SCSI disk)

SCSI 接口原是专门为小型机研制的一种存储单元接口技术,具有速度快、兼容性好及扩充能力强等优点。在 linux 中,USB 存储设备被模拟成 SCSI 存储设备。因此,使 Linux 支持 U 盘这类 USB 存储设备,需要选取 Device Drivers→SCSI device support 和 SCSI disk support 两个选项,如图 7-9 所示。

(2) USB 块存储选项(USB Mass Storage)

USB Mass Storage support 选项位于 Device Drivers→USB support 菜单内。Linux 的

USB Mass Storage 设备驱动功能就是将 USB 存储设备模拟成一个 SCSI 磁盘设备，以利用现有的 SCSI 磁盘设备的驱动实现对 USB 存储设备的支持，如图 7 - 10 所示。

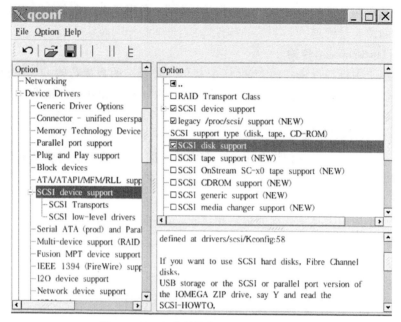

图 7 - 9　USB 存储设备所需的 SCSI 选项

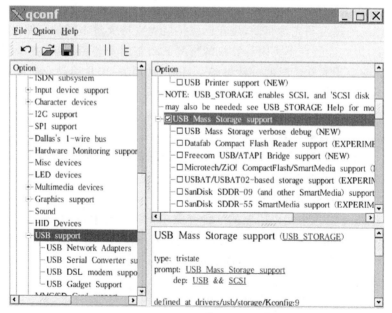

图 7 - 10　USB 存储设备内核选项

(3) 文件系统相关选项

通常,U 盘使用 FAT 文件系统,因此,要选择 MSDOS fs support 文件系统的支持。若要支持长文件名,则还需增加 VFAT(Windws - 95) fs support 的支持,如图 7 - 11 所示。

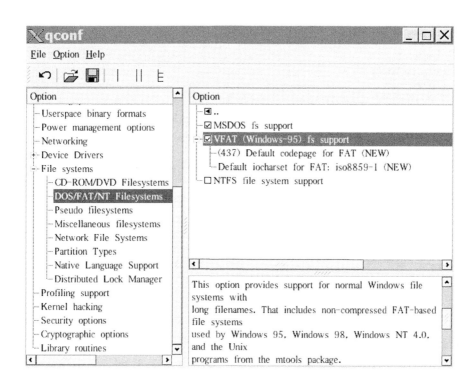

图 7 - 11　文件系统相关选项

由于微软在 FAT 文件系统中对长文件名采用 Unicode 编码,若要正确显示文件名,需正确设置所使用的编码。通常,对中文的支持可以采用 UTF - 8 或 GB2312 编码,如图 7 - 12 所示。

若内核配置了对 USB 存储设备的支持,则它的使用很简单。在 U 盘插入 USB 接口后,只要将它安装到指定的目录即可。

```
# mknod /dev/sda1  b 8 1    ←在 dev 目录下创建 mount U 盘所需的块设备节点
#mkdir /usb                 ←U 盘设备将 mount 到此目录
#mount - t vfat - o iocharset = utf-8 /dev/sda1 /usb  ←以 utf8 编码 mount U 盘到 /usb 目录
```

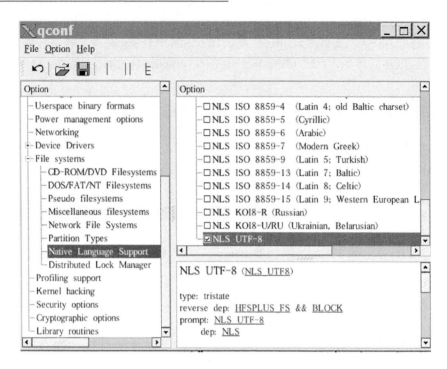

图 7 - 12　本地语言支持

7.4.4　USB 摄像头的使用与编程

　　USB 摄像头连接简单、使用灵活、价格低廉且具有良好的性能，因此，得到了广泛的应用。USB 摄像头在嵌入式系统中主要应用于图像采集设备、视频监控系统以及可视电话等方面。

　　Linux 内核包含了多种 USB 摄像头驱动，最常用的有基于 OV511 及其兼容芯片（包括 OV511/OV511＋以及 OV6620/OV7610/20/20AE）。不过，基于 OV511 芯片的摄像头并不多。目前，在低端市场占有率较高的摄像头芯片是中芯微公司生产的 ZC030x 系列摄像头芯片，它可以使用 http://mxhaard.free.fr/提供的 SPCA5XX 驱动程序驱动（该驱动是一个支持多种摄像头的通用驱动程序）。

1. 摄像头驱动安装

(1) OV511 兼容摄像头

　　由于内核自带了 OV511 芯片摄像头的驱动，因此，只须修改内核配置并编译即可。在 2.6.16 版之前的内核，OV511 的支持可在配置菜单中选择。

```
Device Drivers --->
```

```
Multimedia devices ---->
        < * > Video For Linux
    USB support ---->
            < * > USB OV511 Camera support (NEW)
```

而 2.6.16 版之后的内核,USB 摄像头的菜单移到了 Video For Linux 的子菜单中。

```
Device Drivers ---->
    Multimedia devices ---->
        < * > Video For Linux
            Video Capture Adapters  ---->
                V4L USB devices ---->
                    < * > USB OV511 Camera support (NEW)
```

(2) SPCA5XX 驱动支持的摄像头

SPCA5XX 驱动的安装比较容易,从 http://mxhaard. free. fr/download. html 上下载驱动程序,交叉编译(使用目标平台为 ARM 处理器)后,就可以得到内核模块文件 spca5xx. ko (这里用的是 spca5xx - 20060501. tar. gz)。

```
# tar xzf spca5xx - 20060501. tar. gz
# cd spca5xx - 20060501
# make CC = arm - linux - gcc KERNELDIR = $ KERNEL_SRC  ← $ KERNEL_SRC 是指向内核源码目录的
环境变量
```

2. 基于 Video4Linux 的视频采集

Linux 系统中的视频子系统 Video4Linux 为视频应用程序提供了一套统一的 API,视频应用程序通过调用即可操作各种不同的视频捕获设备,包括现电视卡、视频捕捉卡和 USB 摄像头等。对于摄像头的视频采集,需要使用 Video4Linux 提供的设备接口/dev/video,若文件系统中没有这个设备文件,则先建立该设备节点文件。

```
# mknod /dev/video c 81 0
```

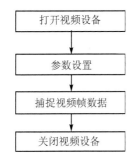

图 7 - 13　Video4Linux 的视频采集过程

基于 Video4Linux 的视频采集就是对/dev/video 设备的操作,其过程如图 7 - 13 所示。

其中,打开和关闭视频设备操作比较简单,即使用标准的 I/O 操作——open()和 close()函数,较为复杂的是它的 ioctl()操作。下面对视频采集相关的几条重要 ioctl()控制指令以及用到的相关数据结构做些说明。

① 功能查询指令(VIDIOCGCAP)用于查询视频设备。这个操作可返回设备的一些基本信息,并将结果存

放在结构体 video_capability 中。

```
struct video_capability
{
        char name[32];        /* 设备名称 */
        int type;             /* 设备功能标志 */
        int channels;         /* 设备支持的视频通道数 */
        int audios;           /* 设备支持的音频通道数 */
        int maxwidth;         /* 捕捉图像的最大宽度(单位:像素) */
        int maxheight;        /* 捕捉图像的最大高度(单位:像素) */
        int minwidth;         /* 捕捉图像的最小宽度(单位:像素 */
        int minheight;        /* 捕捉图像的最小高度(单位:像素) */
};
```

② 帧缓冲(FrameBuffer)处理指令用于将采集到的图像数据直接放到 FrameBuffer 显示缓冲区显示出来(该方法不是每个图像采集设备都支持)。指令 VIDIOCSFBUF/VIDIOCGF-BUF 用于设置/获取 FrameBuffer 的信息,需使用 struct vidio_buffer 数据结构实现。

```
struct video_buffer
{
        void    * base;            /* FrameBuffer 的物理基地址 */
        int     height,width;      /* FrameBuffer 图像的高度和宽度 */
        int     depth;             /* FrameBuffer 图像位深度 */
        int     bytesperline;      /* FrameBuffer 每行所占用内存字节数 */
};
```

③ 图像参数处理(VIDIOCGPICT/VIDIOCSPICT)指令用于获取/设置采集图像的各项参数,并保存在结构体 video_picture 中。

```
struct video_picture
{
        __u16    brightness;      /* 图像亮度 */
        __u16    hue;             /* 图像色调(只对彩色图像有效) */
        __u16    colour;          /* 图像颜色数(只对彩色图像有效) */
        __u16    contrast;        /* 图像对比度 */
        __u16    whiteness;       /* 图像白度(只对黑白图像有效) */
        __u16    depth;           /* 图像色深 */
        __u16    palette;         /* 调色板格式 */
};
```

④ 可以使用用内存映射(mmap)方式取得采集图像数据。mmap()函数用于将某个文件的内容(此处为设备文件/dev/video 的图像数据空间)映射到进程的虚拟地址空间,则对该内

存区域的存取即是直接对该文件内容的读写。这样,通过使用 mmap()进行内存映射,使得多个进程间可以实现内存共享。文件被映射到进程的虚拟地址空间后,进程可以像访问普通内存一样对文件进行访问,不必再调用 read(),write()等操作。mmap()函数的原型为:

```
void * mmap(void * start,size_t length,int prot ,int flags,int fd,off_t offset);
```

　　其中,参数 start 指向欲映射的内存起始地址,通常设为 NULL,表示让系统自动选定地址,映射成功后则返回该地址;参数 length 表示映射到内存中的文件长度;参数 prot 表示映射区域的保护方式,它可以是以下几种方式或其组合:

- PROT_EXEC　　　　映射区域可被执行;
- PROT_READ　　　　映射区域可被读取;
- PROT_WRITE　　　 映射区域可被写入;
- PROT_NONE　　　　映射区域不能存取。

参数 flags 会影响映射区域的各种特性,它可以为:

- MAP_FIXED　　　　 如果参数 start 所指的地址无法成功建立映射,则放弃映射,且不对地址做修正。通常不鼓励用此标志位。
- MAP_SHARED　　　 与其他进程共享该映射,对映射区域的写入操作等同于对文件的写操作。
- MAP_PRIVATE　　　对映射区域的写入操作会产生一个映射文件的复制,即私有的"写入时复制"(copy on write),对此区域的任何修改不会影响原来的文件内容。
- MAP_ANONYMOUS　建立匿名映射。此时,会忽略参数 fd,不涉及文件,而且映射区域无法和其他进程共享。
- MAP_LOCKED　　　 将映射区域锁定,该区域不会被置换(swap)出内存。这个标志位在老的 2.4 内核中不可用。

调用 mmap()时,必须指定标志 MAP_SHARED 或 MAP_PRIVATE。参数 fd 为 open()函数返回的文件描述符,表示进行映射操作的文件;参数 offset 为文件映射的偏移量,通常设置为 0,表示从文件起始处开始映射,offset 必须是内存分页大小的整数倍。若映射成功,则函数的返回值为映射区域的内存起始地址,否则,返回 MAP_FAILED(-1)。

　　用内存映射方式可以提高数据处理的效率,且较容易实现多线程的程序设计,其中,一个进程读取图像数据,另一个处理图像数据(例如保存为文件或压缩等操作)。两个进程间的数据共享通过共享内存来实现。进行内存映射之前,需使用 VIDIOCGMBUF 指令取得设备支持的内存映射属性,而这些属性存放于结构体 video_mbuf。

```
struct video_mbuf
{
```

```
    int     size;                    /* 可映射的内存大小 */
    int     frames;                  /* 图像帧数 */
    int     offsets[VIDEO_MAX_FRAME];   /* 每帧图像的偏移量 */
};
```

接下来,就可以使用 VIDIOCMCAPTURE 和 VIDIOCSYNC 指令对图像进行数据采集。VIDIOCMCAPTURE 指令向视频采集设备发送采集图像数据命令,VIDIOCSYNC 则等待数据采集结束。这两条指令总是成对出现,控制设备完成一帧图像采集,且须使用 video_mmap 结构体向设备传递相关信息。

```
struct video_mmap
{
    unsigned      int frame;         /* 帧号(0~n) */
    int           height,width;      /* 图像的高度和宽度 */
    unsigned      int format;        /* 图像格式 */
};
```

下面是一个采用内存映射方式从摄像头采集一帧图像数据的示例代码。

```
int fvideo;
struct video_capability vcap;
struct video_picture vp;
struct video_mbuf mb;
unsigned char * mmbuf;
struct video_mmap mm;

fvideo = open("/dev/video",O_RDWR);        //打开设备

ioctl(fvideo,VIDIOCGCAP,&vcap);            //获得设备参数

ioctl(fvideo,VIDIOCGPICT,&vp);             //获取图像采集参数

//根据实际需要修改图像采集参数设置
vp.brightness = 42767;
vp.contrast = 22767;
vp.hue = 32767;
vp.colour = 44767;
vp.palette = VIDEO_PALETTE_RGB24;          //24 位色
vp.depth = 24;
ioctl(fvideo,VIDIOCSPICT,&vp);
```

```
//进行内存映射
ioctl(fvideo,VIDIOCGMBUF,&mb);
mmbuf = (unsigned char *)mmap(0,mb.size,PROT_READ|PROT_WRITE,MAP_SHARED,fvideo,0);

//采集一帧图像
mm.frame   = 0;
mm.height = vcp.maxheight;
mm.width   = vcp.maxwidth;
mm.format = vp.palette;
ioctl(fvideo,VIDIOCMCAPTURE,&mm);       //开始采集
ioctl(fvideo,VIDIOCSYNC,&mm.frame);     //等待采集结束

write_bmp(mmbuf++mb.offsets[0],mm);     //将采集到的图像写入 bmp 文件(这是个自己编写的函数)

munmap(mmbuf,mb.size);                   //取消内存映射
close(fvideo);                           //关闭图像采集设备
```

7.5　I^2C 总线接口与应用

I^2C 总线是一种由飞利浦公司推出的两线制串行数据总线,可进行双向半双工通信,其数据传输速率在标准模式下可达 100 kbps,在快速模式下可达 400 kbps,在高速模式下可达 3.4 Mbps。I^2C 总线接口简单,占用的空间少,可以减少芯片的封装尺寸和引脚的数量,降低了成本,因而得到了广泛应用。带有 I^2C 接口的常见器件有 EEPROM、实时时钟芯片、LCD 驱动芯片、AD/DA 芯片、音视频集成电路以及各种微处理器等。

7.5.1　I^2C 总线原理与基本操作

I^2C 总线是一种两线制的串行总线,包含一根串行数据线 SDA 和一根串行时钟线 SCL。I^2C 总线上的设备利用这两根线在连接到总线的设备间发送和接收数据,其中每个设备都有一个唯一的标识地址,数据传输时需标明接收设备的地址。根据数据传输的功能不同,I^2C 总线上的设备可分为主设备和从设备。主设备初始化总线的数据传输并产生允许传输的信号;任何被主设备寻址的设备都被认为是从设备,它只能根据主设备的指令发送或接收数据。I^2C 总线是一种多主控总线,允许一条总线上存在多个主设备。当一个设备成为主控设备时,则 I^2C 总线由该设备控制,只有在这个主设备释放 I^2C 总线后,其他设备才能成为主设备控制总线;若有多个主设备同时试图控制总线,则使用总线仲裁机制决定控制总线的主设备。

I^2C 总线的数据传输是一个比较复杂的串行比特位传输,它以字节为单位,逐位串行传输,每传输一位使用一个时钟脉冲进行同步。

I^2C 总线空闲时,数据线 SDA 和时钟线 SCL 都必须保持高电平。若开始信息传输,则主设备应向总线发送一个开始信号,即主设备控制数据线 SDA 产生一个由高至低的电平跳变(时钟线 SCL 保持高电平不变);数据传输结束时,主设备应发送结束信号,即控制数据线 SDA 产生一个由低至高的电平跳变(时钟线 SCL 保持高电平不变),这也就意味着在信息传输过程中,时钟线 SCL 保持高电平时,数据线上必须保持稳定的逻辑电平状态(逻辑 1 或逻辑 0)不能发生跳变;只有时钟线为低电平时,才允许数据线的逻辑电平状态跳变,如图 7 - 14 所示。

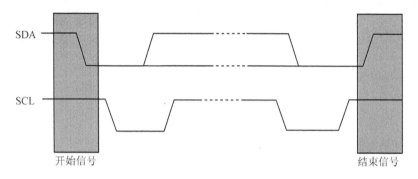

图 7 - 14　I^2C 总线信息传输开始与结束

I^2C 总线启动数据传输后,接收方每收到一个 8 比特的字节,则须发送一个确认信号(ACK)。其中,确认信号在时钟线 SCL 的第 9 个时钟周期产生(一个字节传输占用前 8 个时钟周期),同时,数据传输方在该时钟周期释放数据线 SDA(SDA 为高电平),而接收方须将数据线 SDA 降低,以确认收到完整的 8 位数据。若接收方在完成其他功能(如产生内部中断,进行接收数据的处理)前不能接收下一个字节的数据,则它可以保持时钟线 SCL 为低,使发送方进入等待状态,当接收方准备好接收数据的其他字节并释放时钟 SCL 后,则数据传输继续进行。

根据 I^2C 规范,I^2C 总线上的数据传输格式如图 7 - 15 所示。I^2C 总线启动、发出开始信号后传输的第一个字节为控制字节,其第 1~7 位为从设备的地址,控制字节的第 0 位为读/写

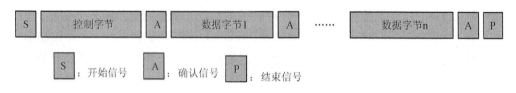

图 7 - 15　I^2C 总线数据传输格式

控制位,该位为 0 时表示写操作,该位为 1 时表示读操作,如图 7 - 16 所示。控制字节后面传输的是数据字节,其传输方向不能改变,只能是主设备传送数据给从设备(写操作)或从设备传输数据给主设备(读操作)。

D7	D6	D5	D4	D3	D2	D1	R/W
从设备地址							读/写

图 7 - 16　控制字节格式

下面以 I²C 接口的串行 EEPROM 读写为例,说明 I²C 总线的读写操作。

1. 写操作

在写操作中,主设备首先发送开始信号,启动 I²C 总线的数据传输过程。接着,主设备向总线发送控制字节,控制字节的前 7 位为 EEPROM 的地址,第 0 位置 0(写操作)。在收到从设备(EEPROM)应答的确认信号后,主设备再发送一个字节的数据地址,通知 EEPROM 数据的写入地址。通常,EEPROM 有字节写和页面写两种操作,若为字节写,则此数据地址为存储器中的单元地址;若为页面写,此处的地址为页面地址。在收到 EEPROM 确认接收到数据地址字节后,主设备开始向 EEPROM 发送写入的数据。若为字节写,则数据只有一个字节,主设备将在收到 EEPROM 的确认信号后发送数据传输结束信号;若为页面写,则主设备逐字节发送一个页面的数据,EEPROM 需在收到一个字节数据后发送确认信号,主设备收到 EEPROM 发送的最后一个字节确认信号后发送结束信号,完成数据传输。

2. 读操作

与写操作一样,读操作也是由主设备首先发送开始信号,接着,传输一个控制字节。由于读操作中主设备只能接收数据而不能发送数据。因此,若要指定读取的 EEPROM 数据地址,则需借助写操作完成。在读操作之前,先发送一个不带数据的写命令,用于指定读取的数据地址。若未用写操作指定读取的数据地址,则读操作从当前地址开始读起。读操作的数据传送方向是由从设备到主设备,因而,确认信号由主设备产生,但是在读取到最后一个字节时,主设备不发送确认信号,直接发送停止信号,释放 I²C 总线结束读操作。

7.5.2　Linux 下 I²C 总线的操作

Linux 系统对 I²C 总线提供了很好的支持,在 I²C 驱动框架总体上,可以分为 i2c-core 模块、I²C 总线驱动和 I²C 设备驱动三部分。其中,i2c-core 模块是驱动的核心部分,它通过定义一些核心数据结构和相关接口函数,为总线驱动程序和设备驱动程序提供一个抽象的接口,以降低 I²C 总线驱动与设备驱动的代码相关性。通常,微处理器的 I²C 接口都是主设备,它的驱动由 I²C 总线驱动实现,在 Linux 中,它分为 I²C 算法驱动(Algorithm driver)和 I²C 总线适配器驱动(adapter driver)两部分。I²C 设备驱动实际上用于实现与主设备通信的从设备的驱动。

　　在 Linux 的源码中,提供了许多处理器的 I²C 总线驱动支持。内核的 I²C 总线驱动提供了对三星的 s3c2410 处理器、Atmel 公司的 at91 系列处理器以及英特尔公司 PXA 系列处理器等处理器的支持。因此,在嵌入式 linux 中访问这些处理器 I²C 总线上的设备,只需要实现对从设备的操作即可。通常,I²C 从设备的操作需要编写一个 I²C 设备内核驱动,但是,Linux 也提供了一个 I²C 字符设备操作接口,使得通过编写用户空间的应用程序,来访问 I²C 总线上的从设备成为可能。使用这个接口除了在内核配置中选择相应处理器的 I²C 总线驱动外,还需要选取 I²C device interface 选项,如图 7 - 17 所示。

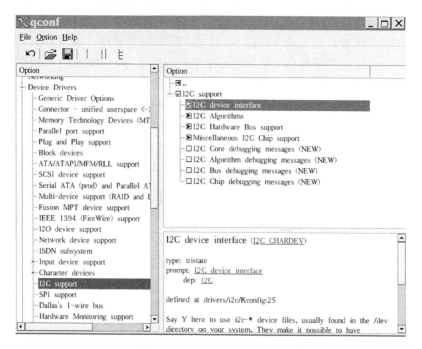

图 7 - 17　I²C 总线字符设备接口的内核配置

　　I²C 字符设备的主设备号为 89,假设程序访问从设备号为 0 的 I²C 字符设备/dev/i2c - 0,则读写一个 I²C 从设备的过程如下:

1. 打开设备文件

打开设备文件的操作很简单,只要使用标准的 I/O 操作——open()即可。

```
if ((file = open("/dev/i2c - 0",O_RDWR)) < 0) {
    /* 出错处理 */
    exit(1);
}
```

2. 设置 I²C 从设备访问地址

这个操作实际上用于设置 I²C 总线发送信息中控制字节的地址部分,它使用 ioctl( )操作设置所访问的从设备地址以及控制字节的读/写位。设置从设备地址的 ioctl( )命令为 I²C_SLAVE,调用形式为:

```
ioctl(file,I²C_SLAVE,long addr)
```

其中,file 就是前面用 open 打开的 I²C 设备文件句柄,addr 的低 7 位用于存放 I²C 从设备的访问地址。

3. 读写从设备

利用 I²C 字符设备驱动访问 I²C 总线进行读写操作时,使用 read( )/write 函数。进行 read 操作时,I²C 总线驱动将会根据 ioctl( )的 I²C_SLAVE 命令设置的从设备地址填写 I²C 信息的控制字节,并将控制字节的第 0 位置 1(读操作),然后启动 I²C 总线进行信息传输,下面是一个读操作的例子。

```
if (read(file,buf,1) ! = 1) {
    / * 错误处理 * /
} else {
    / * buf[0] 为读出的数据 * /
}
```

写操作时,填写控制字节中的从设备地址的方法与读操作类似,不同的是,控制字节的读写位需置 0。写操作需要发送数据给从设备,这些数据将逐个字节放到 I²C 总线上,并发送给从设备。若从设备是 EEPROM 之类需要指定数据存放的地址,则需将该地址放在发送的数据之前,传送给从设备,下面是向 EEPROM 写入一个字节的例子。

```
buf[0] = EEPROM_ADDR_H;
buf[1] = EEPROM_ADD_L;
buf[2] = 0x65;
if ( write(file,buf,3) ! = 3) {
    / * 传输出错 * /
}
```

4. 关闭设备文件

关闭设备的操作很简单,只要使用标准的 I/O 操作——close( )即可。

```
close(file);
```

7.5.3　利用 Linux 的 I²C 字符设备文件接口读写 X1227 时钟芯片

1. X1227 硬件操作原理

X1227 是一种集时钟、日历、报警以及看门狗功能于一身的可编程芯片,它的状态寄存器 SR 的地址为 0x003F,其中各位的定义如表7－12所列。

表 7－12　X1227 状态寄存器

地 址	7	6	5	4	3	2	1	0
003F	BAT	AL1	AL0	0	0	RWEL	WEL	RTCF

其中,BAT 位是后备电源标志位(只读位),BAT 位为 1 时,表明正在使用后备电源;电源恢复供电后,BAT 位由硬件清 0。AL1,AL0 位是定时器标志位;X1227 有两个定时器,若其中某一定时器到期时间与实时时钟的当前时间相同,则其相应的位(AL1 或 AL0)置1;该位将在用户读取状态寄存器 SR 的值后被清 0。RWEL 是时钟/控制寄存器写入控制位,要对时钟/控制寄存器进行写操作时,须先将此位置 1。WEL 是时钟/控制寄存器及非易失性静态 EEPROM 的写入控制位,若对时钟/控制寄存器或非易失静态 EEPROM 进行写操作时,须先使该位置 1。因此,将时间写入 X1227 的时钟寄存器时,必须先对状态寄存器写入 0x02(WEL 位置 1),再写入 0x06(RWEL 位置 1)才能对时钟寄存器进行写操作。RTCF 位是掉电标志位,当电源掉电时(包括电源和后备电源掉电),则该位被置 1;恢复正常供电后,对状态寄存器第一次有效的写操作将使该位清 0。

X1227 的时钟寄存器的地址范围是 0030H～0037H,如表 7－13 所列,地址由低到高分别对应时间的秒、分、时、日、月、年 2(低两位)、星期及年 1(高两位)。在读写及设置时钟时,注意 X1227 的星期采用十进制计数(0～6),而其他的年、月、日、时、分、秒,则采用 BCD 码进行计数。其中,"小时"中的 MIL 位是 24/12 小时制式选择位;而 H21 位是 AM/PM 标志位。

表 7－13　X1227 时钟寄存器

地 址	寄存器名	位								范 围	默认值
		7	6	5	4	3	2	1	0		
0037	Y2K	0	0	Y2K21	Y2K20	Y2K13	0	0	Y2K10	19/20	20h
0036	DW	0	0	0	0	0	DY2	DY1	DY0	0～6	00h
0035	YR	Y23	Y22	Y21	Y20	Y13	Y12	Y11	Y10	0～99	00h
0034	MO	0	0	0	G20	G13	G12	G11	G10	1～12	00h
0033	DT	0	0	D21	D20	D13	D12	D11	D10	1～31	00h
0032	HR	MIL	0	H21	H20	H13	H12	H11	H10	0～23	00h
0031	MN	0	M22	M21	M20	M13	M12	M11	M10	0～59	00h
0030	SC	0	S22	S21	S20	S13	S12	S11	S10	0～59	00h

2．读写程序

　　下面给出一个利用 Linux 的 I²C 字符文件设备接口操作 I²C 总线，读写时钟芯片 X1227 中时间寄存器的示例程序。

```
# include <stdio.h>
# include <sys/ioctl.h>
# include <linux/i2c-dev.h>
# include <linux/i2c.h>

void main()
{
    int fb = 0;
    unsigned char buf[10];
    unsigned char hbuf[10];
    unsigned char lbuf[10];
    int temp[10];
    int ret;
    int i;

    fb = open(DEV_RTC,O_RDWR); //打开设备

    ioctl(fb,I²C_SLAVE,0x6f); //设置 X1227 设备地址 1101111,放在 ioctl()最后一个参数的低 7 位

    buf[0] = 0x00;
    buf[1] = 0x3f;      //0x003f 为状态寄存器的地址,寄存器地址作为数据的一部分一起发送
    buf[2] = 0x2;
    ret = write(fb,&buf[0],3); //将状态寄存器中 WEL 置为 1
    buf[2] = 0x6;
    ret = write(fb,&buf[0],3); //将状态寄存器中 RWEL 置为 1

    buf[0] = 0x00;
    buf[1] = 0x30;              //时钟寄存器从 0x0030 开始

    buf[2] = 0x15;          //秒
    buf[3] = 0x20;          //分
    buf[4] = 0x10;          //时
    buf[5] = 0x07;          //日
    buf[6] = 0x06;          //月
    buf[7] = 0x07;          //年 2
```

```
    buf[8] = 0x04;                    //星期
    buf[9] = 0x20;                    //年 1

    ret = write(fb,&buf[0],8);        //将以上数据通过 I²C 总线逐字节传送给 X1227
    usleep(10 000);                   //写时钟寄存器的操作需要 10 ms

    sleep(5);                         //等待 5 s 再读出时间

    buf[0] = 0x00;
    buf[1] = 0x30;                    //时钟寄存器从 0x0030 开始
    write(fb,&buf[0],2);              //写入读取数据的地址
    ret = read(fb,&buf[0],8);         //读取时间
    print_time(buf);                  //处理时间数据并打印

    close(fb);                        //关闭设备
}
```

7.6　音频接口编程

7.6.1　ALSA 简介

目前,Linux 中常用的声卡驱动程序有开放声音系统(OSS,Open Sound System)和高级 LINUX 音频架构(ALSA,Advanced Linux Sound Architecture)两种。

Linux 中的音频接口最早源于 UNIX 平台上使用的 OSS 音频接口,它由一套完整的内核驱动程序模块组成,可为绝大多数声卡提供统一的编程接口。UNIX 系统上使用的 OSS 音频接口是商业软件,可以驱动很多声卡,并在多个 UNIX 发行版中使用。目前,Linux 中的 OSS 频接口程序是其商业版的简化,在 Linux 内核源码中免费发布。OSS 已经非常成熟,目前已经成为在 Linux 下进行音频编程的事实标准。

ALSA 是 Linux 内核中的新一代音频接口标准。从 Linux 2.5 版的内核开始,ALSA 的驱动程序集开始进入 Linux 内核源码树,在 Linux 2.6 内核中,ALSA 已成为音频驱动的标准接口。ALSA 的主要特点有:

● 支持多种处理器,例如,ARM 系列、PPC 系列、MIPS 系列和 X86 系列处理器;
● 支持多种声卡设备,包括从普通的声卡到专业的音频设备,提供了 PCM 设备、MIDI 设备、音序器设备和混音器设备等设备接口;
● 采用模块化的内核驱动程序,简化了驱动程序的设计;

- ALSA 的驱动是线程安全的,可支持 SMP 和多线程程序设计;
- 分离了内核代码和用户空间的代码。只有必要的代码才放到内核中,其他代码在 alsa - lib中实现,从而为用户提供了一个高层次的编程接口。与 OSS 提供的基于 ioctl 的原始编程接口相比,ALSA 函数库使用起来更加方便,简化了应用程序的开发;
- ALSA 提供了一个模拟的 OSS 接口,使其可以兼容旧的 OSS 应用程序。

7.6.2　ALSA 内核配置与软件安装

要使用 ALSA,首先需在内核选项中选取 ALSA 相关的配置,如图 7 - 18 所示。

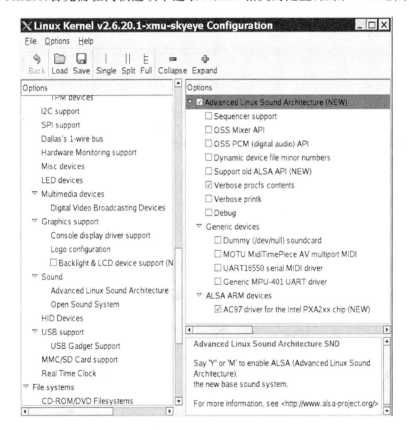

图 7 - 18　USB 总线拓扑结构

除了内核驱动,使用 ALSA 还需安装 alsa-lib 库(所有 ALSA 的驱动与应用程序都可在 ALSA 的网站 http://www.alsa-project.org 上下载),它提供了 ALSA 音频接口的 API。这 里以 alsa-lib-1.0.14rc1 为例,说明它在 ARM 平台的编译安装过程。

```
# ./configure - host = arm - linux    ←运行配置程序,生成在 arm - linux 中运行的配置文件
# make
# make install prefix = /root/embedded - dev/nfsroot    ←安装到 NFS 文件系统所在目录
```

7.6.3　ALSA API 接口简介

ALSA 的 API 接口主要有以下几种:

(1) 控制接口

控制(Control)接口提供了一种灵活的方式,用于管理注册的声卡和对存在的声卡进行查询。

(2) PCM 接口

PCM 接口用于管理数字音频的捕捉和回放,是数字音频使用中较常用的接口。

(3) MIDI 接口

MIDI (Musical Instrument Digital Interface)是一种电子乐器标准,MIDI 接口用于访问声卡上的 MIDI 总线,这个接口只在有 MIDI 事件发生才工作,而程序员所做的工作是管理 MIDI 协议和定时器。

(4) 定时接口

为支持声音的同步事件提供访问声卡上的定时器。

(5) 音序器接口

音序器(Sequencer)接口是一个比 MIDI 接口高级的 MIDI 编程和声音同步高层接口,它可以处理很多的 MIDI 协议和定时器。

(6) 混音器接口

混音器(Mixer)接口用来控制音频设备的输入/输出音量。

7.6.4　ALSA 录音回放

1. 音频回放

下面以一个音频回放程序的实例说明回放程序的编写,该程序从输入文件中读出 10 s 的数据,并将该数据写入到默认的 PCM 设备。

```
/*使用新版本的 ALSA API(alsa-lib 库 0.9.0 之后的 API) */
# define ALSA_PCM_NEW_PARAMS_API
# include <alsa/asoundlib.h>
int main()
{
```

```
long loops;                              /* 采样周期数    */
int rc;
int size;                                /* 缓冲区大小    */
snd_pcm_t * handle;                      /* PCM 设备句柄 */
snd_pcm_hw_params_t * params;            /* PCM 设备参数 */
unsigned int val;                        /* 采样率 */
int dir = 0;                             /* 数据读取的方向 */
snd_pcm_uframes_t frames;                /* 数据帧 */
char * buffer;                           /* 缓冲区 */


/* 以放音的形式打开 PCM 设备 */
rc = snd_pcm_open(&handle,"default",SND_PCM_STREAM_PLAYBACK,0);
/* 分配硬件参数指针 */
snd_pcm_hw_params_alloca(params);
/* 将默认的硬件参数写入 params */
snd_pcm_hw_params_any(handle,params);
/* 设置存取的方式为交互模式 */
snd_pcm_hw_params_set_access(handle,params,SND_PCM_ACCESS_RW_INTERLEAVED);
/* 设置参数的格式为小尾(little - endian)16 比特的有符号数 */
snd_pcm_hw_params_set_format(handle,params,SND_PCM_FORMAT_S16_LE);
/* 双通道立体声 */
snd_pcm_hw_params_set_channels(handle,params,2);
/* 采用 44 100 bps 采样率   */
val = 44 100;
snd_pcm_hw_params_set_rate_near(handle,params,&val,&dir);
/* 32 个数据帧为一个采样周期 */
frames = 32;
snd_pcm_hw_params_set_period_size_near(handle,params,&frames,&dir);
/* 将硬件参数加载进驱动 */
rc = snd_pcm_hw_params(handle,params);
/* 缓冲区大小至少应能存放一个采样周期的数据 */
snd_pcm_hw_params_get_period_size(params,&frames,&dir);
size = frames * 4;      /* 2 bytes/sample,2 channels */
buffer = (char *)malloc(size);
/* 获取一个采样周期的时长 */
snd_pcm_hw_params_get_period_time(params,&val,&dir);
/* 将 10 s 转换为采样周期数 */
loops = 10 000 000/val;
/* 循环输出音频数据 */
```

```
while(loops>0);{
    loops--;
    rc = read(0,buffer,size);                /*读取缓冲区数据 */
    if (rc = = 0){
        fprintf(stderr,"end of file on input \n");
        break;
    }else if (rc ! = size){
        fprintf(stderr,"short read: read % d bytes \n",rc);
    }
    rc = snd_pcm_writei(handle,buffer,frames);  /*将数据写入 PCM 设备 */
}
snd_pcm_drain(handle);
snd_pcm_close(handle);                        /*关闭硬件设备 */
free(buffer);                                 /*释放占用的缓冲区 */
return 0;
}
```

2. 录制音频

下面以一个音频录制程序的实例说明音频录制程序的编写,该程序从默认的 PCM 设备中读取 10 s 的音频数据,并将该数据写入标准输出设备,用户可以在运行程序时通过输出重定向,将数据写入文件。

```
/*使用新版本的 ALSA API(alsa-lib 库 0.9.0 之后的 API) */
# define ALSA_PCM_NEW_PARAMS_API
# include <alsa/asoundlib.h>
int main()
{
    long loops;                        /*采样周期数 */
    int rc;
    int size;                          /*缓冲区大小 */
    snd_pcm_t * handle;                /* PCM 设备句柄 */
    snd_pcm_hw_params_t * params;      /* PCM 设备参数 */
    unsigned int val;                  /*采样率 */
    int dir = 0;                       /*数据读取的方向 */
    snd_pcm_uframes_t frames;          /*数据帧 */
    char * buffer;                     /*缓冲区 */

    /*以录音的形式打开 PCM 设备 */
    rc = snd_pcm_open(&handle,"default",SND_PCM_STREAM_ CAPTURE,0);
```

```
/* 分配硬件参数指针 */
snd_pcm_hw_params_alloca(params);
/* 将默认的硬件参数写入 params */
snd_pcm_hw_params_any(handle,params);
/* 设置存取的方式为交互模式 */
snd_pcm_hw_params_set_access(handle,params,SND_PCM_ACCESS_RW_INTERLEAVED);
/* 设置参数的格式为小尾(little-endian)16 比特的有符号数 */
snd_pcm_hw_params_set_format(handle,params,SND_PCM_FORMAT_S16_LE);
/* 双通道立体声 */
snd_pcm_hw_params_set_channels(handle,params,2);
/* 采用 44 100 bps 采样率 */
val = 44 100;
snd_pcm_hw_params_set_rate_near(handle,params,&val,&dir);
/* 32 个数据帧为一个采样周期 */
frames = 32;
snd_pcm_hw_params_set_period_size_near(handle,params,&frames,&dir);
/* 将硬件参数加载进驱动 */
rc = snd_pcm_hw_params(handle,params);
/* 缓冲区大小至少应能存放一个采样周期的数据 */
snd_pcm_hw_params_get_period_size(params,&frames,&dir);
size = frames * 4;      /* 2 bytes/sample,2 channels */
buffer = (char *)malloc(size);
/* 获取一个采样周期的时长 */
snd_pcm_hw_params_get_period_time(params,&val,&dir);
/* 将 10 s 转换为采样周期数 */
loops = 10 000 000/val;
/* 循环输出音频数据 */
    while(loops>0);{
    loops --;
    rc = snd_pcm_readi(handle,buffer,frames);   /* 从 PCM 设备读取音频数据帧 */
    if (rc = = - EPIPE){
        /* EPIPE means overrun */
        fprintf(stderr,"overrun occurred\n");
        snd_pcm_prepare(handle);
    }
    rc = write(1,buffer,size);                  /* 将音频数据写到标准输出设备
}
snd_pcm_drain(handle);
snd_pcm_close(handle);                          /* 关闭硬件设备 */
```

```
        free(buffer);                    /* 释放占用的缓冲区 */
        return 0;
}
```

本章小结

通过本章的学习,应该掌握嵌入式 Linux 应用程序的开发与调试。嵌入式 Linux 常用接口的介绍是本章的一个重点,也是嵌入式 Linux 开发与应用中的重点之一。嵌入式系统的接口众多,掌握一些常用接口的硬件基本原理以及接口的编程与使用是学习与掌握嵌入式开发的关键。

习题与思考题

1. 自己编写一些小程序,并通过 NFS 和 Cross-gdb 在开发板上运行调试这些程序。
2. 编写一个 cgi 程序,利用 Web 接口显示嵌入式开发板 IP 地址及主机名等配置信息。
3. 利用串口编程技术在开发板上通过手机模块实现短信的收发,要求支持小灵通短信。
4. 编写一个 USB 摄像头图像捕获程序,并保存为 jpg 文件。
5. 综合运用本章所学知识,实现一个嵌入式监控报警系统。该系统实时采集监控场所的声音,若发现采集的声音音量产生较大变化时,则通过 USB 摄像头捕获图像数据并保存为 jpg 图像文件,同时通过手机短信发送报警信息。手机短信的接收号码需使用 Web 界面设置。

第 **8** 章

嵌入式图形用户界面

本章要点

嵌入式图形用户界面(GUI)在嵌入式系统中占据着非常重要的位置,一个好的系统通常都需要有友好的人机交互界面。早期嵌入式系统的图形用户界面十分简单,随着面向信息家电、手持设备及无线设备等方面的嵌入式需求越来越多,对嵌入式图形用户界面的要求也越来越高。能否提供一个友好方便、可靠稳定的图形用户界面也成为评价嵌入式系统性能的重要指标之一。

本章介绍图形用户界面的设计方法以及常用的嵌入式 GUI 的移植开发,主要包括如下方面:

- Frame Buffer 的原理;
- Qt/Embedded 和 Qtopia 的特点与移植;
- OPIE 的移植。

8.1　常见的嵌入式图形用户界面

Linux 系统支持的嵌入式图形用户界面种类比较多,它们都有各自的特点,并在各自的领域得到广泛应用。常见的嵌入式图形用户界面支持系统主要有以下几个。

(1) Qt/Embedded

Qt/Embedded 是著名的 Qt 库开发商 TrollTech 公司发布的、面向嵌入式系统的图形库,是一个较为高级和完善的图形支持库。它有着高效的图形渲染效果,还包括 TrueType 字体系统及 alpha blending 半透明处理等;而且由于 Qt/Embedded 是 Qt 库的嵌入式版本,因而有许多基于 Qt 的 X Window 程序可以方便地移植到 Qt/Embedded 版本上。Qt/Embedded 发布以来,就有大量的嵌入式 Linux 开发商转到了 Qt/Embedded 系统上。例如,著名的嵌入式图形用户界面支持系统 Qtopia 和 OPIE 都是基于 Qt/Embedded 开发的。但由于 Qt/Embedded 是由商业公司开发的,使用双授权方式,做开源项目的开发时可以免费使用 GPL 协议;而对于商业应用则不是免费的,需使用商业授权。另外,Qt/Embedded 采用 C++编写,需占用较多系统资源,而且,Qt/Embedded 也比较大,需占用较多的存储空间。

（2）Tiny-X

Tiny-X 是一个为嵌入式系统开发的、紧缩型的 X Window 服务器。它由 SuSE 赞助,由 XFree86 的核心成员 Keith Packard 开发,可以在小内存或几乎无内存的情况下良好运行。由于它由 X window 的简化发展而来,因而,许多 X windows 程序都可以基本不用修改而直接运行。采用 Tiny-X 的系统,可以使用 GTK+进行图形编程。

（3）MicroWindows

MicroWindows 是一个小巧的嵌入式图形用户界面支持系统,它是一个开放源码的项目,目前,由美国 Century Software 公司主持开发。该项目的开发一度非常活跃,国内也有人参与其中,并编写了 GB2312 等字符集的支持。MicroWindows 是一个基于典型客户端/服务器体系结构的 GUI 系统,分为三层:最底层是面向图形输出和键盘、鼠标或触摸屏的驱动程序;中间层提供底层硬件的抽象接口,并进行窗口管理;最高层分别提供兼容于 X Window 和 Windows CE（Win32 子集）的 API。

（4）OpenGUI

OpenGUI 是一个只支持 X86 的嵌入式图形用户界面支持系统,它存在于 Linux 系统上已经很长时间了。最初叫 FastGL,只支持 256 色的线性显存模式,现在也支持其他显示模式,并且支持多种操作系统平台,比如 MS-DOS,QNX 和 Linux 等。它基于汇编实现其内核,并利用 MMX 指令进行了优化,因而,运行速度非常快。

（5）MiniGUI

MiniGUI 是北京飞漫软件技术有限公司开发的一款优秀图形系统,由一个中国人主持的开源项目发展而来,目前,已成为一个跨操作系统的、完善的嵌入式图形用户界面支持系统。由于是中国人主持开发的项目,因此对中文的支持较其他的嵌入式图形系统更为完善。目前,MiniGUI 主要应用于诸如工业仪表、医疗仪器、军工及通信等行业的嵌入式应用。与 Qt/Embedded 一样,MiniGUI 也是采用双授权模式,使用时遵守 GPL 许可证条款,则可以免费使用;而对于其他情况,则需使用商业授权。

8.2　帧缓冲图形设备驱动接口

8.2.1　帧缓冲

帧缓冲（FrameBuffer）是在 Linux 2.2.x 内核之后出现的一种图形设备驱动接口,它将显存抽象成一种字符设备,允许上层应用程序在图形模式下直接对显示缓冲区进行读写操作。开发者不必关心物理显存的位置和换页机制等由帧缓冲设备驱动处理的具体细节,因为,帧缓冲的操作与其他字符设备的操作没有什么区别。

对于开发者而言,帧缓冲只是一块显示缓冲区,向这个显示缓冲区中写入特定格式的数据就意味着更新屏幕的输出。帧缓冲与屏幕上点存在映射关系,屏幕上的每个点都与缓冲区某个特定地址相关联。例如,对于初始化为 16 位色的帧缓冲,其中的两个字节代表屏幕上一个点,从上到下,从左至右,屏幕位置与帧缓冲区的内存地址存在着线性映射关系。

帧缓冲设备对应的设备文件为/dev/fb*,如果系统有多个显示设备,Linux 可以支持多个帧缓冲设备,最多 32 个,分别为/dev/fb0 到/dev/fb31,而/dev/fb 则为当前默认的帧缓冲设备,通常指向/dev/fb0。帧缓冲设备为标准字符设备,主设备号为 29,次设备号为 0～31,分别对应/dev/fb0 到/dev/fb31。

使用帧缓冲设备,需在内核中添加对它的支持,选择 Device Drivers→Graphics support→Support for frame buffer devices 菜单项以及相关嵌入式处理的帧缓冲驱动,例如,对于 PXA 系列的处理器需选择 PXA LCD framebuffer support,对于 S3C2410 处理器,则须选择 S3C2410 LCD framebuffer support,如图 8-1 所示。

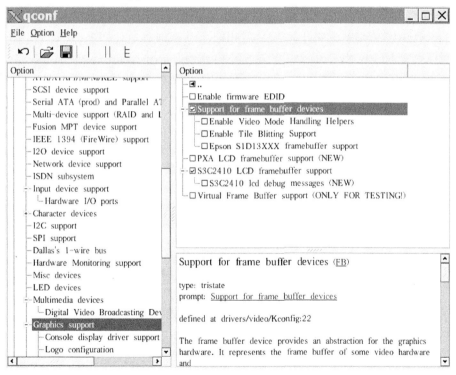

图 8-1　帧缓冲驱动相关内核配置选项

8.2.2　帧缓冲编程原理

由于帧缓冲为标准的字符设备,它的操作完全采用标准 I/O 操作实现。通过帧缓冲设备/dev/fb,应用程序可以直接操作屏幕的显示区域,向帧缓冲设备写入数据就相当于改变屏幕显示信息;若希望保存屏幕上的显示信息,则只须从帧缓冲设备中读取数据并保存。

在应用程序中,通常可以使用内存映射(mmap)将帧缓冲设备中的屏幕缓冲区映射到进程中的一段虚拟地址空间,接着,程序开发者就可以通过读写该虚拟地址来访问屏幕缓冲区,实现在屏幕上绘图或保存屏幕上的绘图信息等操作。

在应用程序中,操作帧缓冲设备进行屏幕绘图操作的基本步骤如下所述。

1. 打开帧缓冲设备

用 open()函数打开帧缓冲设备,通常可以使用读/写模式 O_RDWR 打开该设备。

```
int fd;
fd = open("/dev/fb0",O_RDWR);  //以读/写模式打开帧缓冲设备/dev/fb0
```

2. 查询设备信息

使用 ioctl()函数查询帧缓冲设备信息,常用的 ioctl 查询命令有 FBIOGET_VSCREENINFO 和 FBIOPUT_VSCREENINFO,需要用到数据结构分别为 struct fb_fix_screeninfo 和 struct fb_var_screeninfo。其中,struct fb_fix_screeninfo 用于记录帧缓冲设备和指定显示模式的不可修改信息,包括屏幕缓冲区的物理地址和长度等信息。

```
struct fb_fix_screeninfo {
        char id[16];                  /* identification string eg "TT Builtin" */
        unsigned long smem_start;     /* Start of frame buffer mem */
                                      /* (physical address) */
        __u32 smem_len;               /* Length of frame buffer mem */
        __u32 type;                   /* see FB_TYPE_ *        */
        __u32 type_aux;               /* Interleave for interleaved Planes */
        __u32 visual;                 /* see FB_VISUAL_ *            */
        __u16 xpanstep;               /* zero if no hardware panning  */
        __u16 ypanstep;               /* zero if no hardware panning  */
        __u16 ywrapstep;              /* zero if no hardware ywrap    */
        __u32 line_length;            /* length of a line in bytes   */
        unsigned long mmio_start;     /* Start of Memory Mapped I/O   */
                                      /* (physical address) */
        __u32 mmio_len;               /* Length of Memory Mapped I/O  */
```

```
        __u32 accel;                    /* Type of acceleration available */
        __u16 reserved[3];              /* Reserved for future compatibility */
};
```

　　struct fb_var_screeninfo 用于记录帧缓冲设备和指定显示模式的可修改信息；包括显示屏幕的分辨率（即屏幕一行所占的像素数 xres 和屏幕一列所占的像素数 yres）、每个像素的比特数 bits_per_pixel 和一些时序变量等。

```
struct fb_var_screeninfo {
        __u32 xres;                     /* visible resolution            */
        __u32 yres;
        __u32 xres_virtual;             /* virtual resolution            */
        __u32 yres_virtual;
        __u32 xoffset;                  /* offset from virtual to visible */
        __u32 yoffset;                  /* resolution                    */
        __u32 bits_per_pixel;           /* guess what                    */
        __u32 grayscale;                /* != 0 Graylevels instead of colors */
        struct fb_bitfield red;         /* bitfield in fb mem if true color, */
        struct fb_bitfield green;       /* else only length is significant */
        struct fb_bitfield blue;
        struct fb_bitfield transp;      /* transparency                  */
        __u32 nonstd;                   /* != 0 Non standard pixel format */
        __u32 activate;                 /* see FB_ACTIVATE_              */
        __u32 height;                   /* height of picture in mm       */
        __u32 width;                    /* width of picture in mm        */
        __u32 accel_flags;              /* acceleration flags (hints)    */
        /* Timing: All values in pixclocks, except pixclock (of course) */
        __u32 pixclock;                 /* pixel clock in ps (pico seconds) */
        __u32 left_margin;              /* time from sync to picture     */
        __u32 right_margin;             /* time from picture to sync     */
        __u32 upper_margin;             /* time from sync to picture     */
        __u32 lower_margin;
        __u32 hsync_len;                /* length of horizontal sync     */
        __u32 vsync_len;                /* length of vertical sync       */
        __u32 sync;                     /* see FB_SYNC_                  */
        __u32 vmode;                    /* see FB_VMODE_                 */
        __u32 reserved[6];              /* Reserved for future compatibility */
};
```

　　这两个查询操作的示例代码如下：

```
struct fb_fix_screeninfo finfo;
struct fb_var_screeninfo vinfo;
```

嵌入式 Linux 系统设计

```
......
ioctl(fd,FBIOGET_FSCREENINFO,&finfo);
ioctl(fd,FBIOGET_VSCREENINFO,&vinfo);
```

3. 内存映射

使用 mmap()函数将帧缓冲设备的显示缓冲区映射到进程的虚拟地址空间。映射时,需使用 ioctl 得到帧缓冲设备信息 finfo。

```
unsigned char * fb_mem;
int screensize;
......
screensize = vinfo.xres * vinfo.yres * vinfo.bits_per_pixel / 8;
fb_mem = mmap(NULL,finfo.smem_len,PROT_WRITE,MAP_SHARED,fd,0);
```

该操作就是把帧缓冲设备映射到进程的虚拟内存空间,长度为 finfo ->smem_len。这样,向这个空间写入数据就可以在屏幕上显示出相应的图像。映射内存的长度等于全屏像素总数与存储每个像素占用字节数的乘积(vinfo. xres×vinfo. yres×vinfo. bits_per_pixel /8),例如,320×240,16 位色的映射内存大小即为 320×240×2。

4. 读写屏幕数据

内存映射完成后,接下来,就可以向其写入数据、修改屏幕数据,其中,写的方法与操作内存空间一样,可以逐个像素进行。下面的代码就是定位屏幕上坐标为(x,y)的点在内存映射区的地址(色深为 16 位):

```
unsigned char * dest;
dest = fb_mem + finfo. line_length * y + (x * 2); //每个点占用两个字节,故 x 需乘以 2
```

5. 关闭设备

使用 close()函数关闭帧缓冲设备的操作。

```
close(fd)
```

8.2.3 利用帧缓冲显示图像

下面以在嵌入式系统的 LCD 上显示 BMP 图片文件为例,说明如何操作帧缓冲设备,这里假设 LCD 采用 16 位色,RGB 三种颜色以 5∶6∶5 的方式排列。

要在 LCD 上显示 BMP 格式的图片,则须从 BMP 文件里面提取每个像素的 RGB 数据并送入帧缓冲区的对应位置,下面首先介绍 BMP 文件的格式。

BMP 位图文件由四个部分组成:位图文件头、位图信息头、颜色表和图像数据阵列如表 8-1所列。

表 8-1　BMP 文件格式

文件头	信息头	颜色表	图像数据阵列
0～0x0D 14 字节	0x0E～0x35 40 字节	16 色:16×4 字节 256 色:256×4 字节 24 或 32 位真彩:无	16 色:每像素 4 比特 256 色:每像素 8 比特 24 位色:每像素 24 比特 32 位色:每像素 32 比特

其中,BMP 文件的文件头有 14 个字节,包含了 BMP 文件的标志、文件的大小以及位图数据在文件中的偏移量等信息,如表 8-2 所列。

表 8-2　BMP 文件头各字段及其内容

地　址	域的名称	占用字节数	内　容
0000～0001	File Identifier	2	用来识别位图类型,Windows:BM
0002～0005	File Size	4	用字节表示的整个文件的大小
0006～0009	Reserved	4	保留,必须设置为 0
000A～000D	Bitmap Data Offset	4	位图数据开始的偏移量

BMP 文件的第二部分信息头有 40 个字节,记录了有关 BMP 位图的宽、高及压缩方法等信息,如表 8-3 所列。

表 8-3　BMP 文件头各字段及其内容

地　址	域的名称	占用字节数	内　容
000E～0011	Bitmap Header Size	4	信息头大小,Windows:28H
0012～0015	Width	4	图像宽度,以像素为单位
0016～0019	Height	4	图像高度,以像素为单位
001A～001B	Planes	2	图像的位面数:恒为 1
001C～001D	Bits Per Pixel	2	每个像素的位数
001E～0021	Compression	4	数据压缩方式
0022～0025	Bitmap Data Size	4	图像数据区的大小
0026～0029	HResolution	4	水平分辨率
002A～002D	VResolution	4	垂直分辨率
002E～0031	Colors	4	位图使用的颜色数
0032～0035	Important	4	指定重要的颜色数

对于 16 色或 256 色的 BMP 图片文件,须使用颜色表为图像数据阵列提供颜色索引,其中,每个索引颜色数据占用 4 字节,前 3 个字节分别存放 B,G,R 颜色的数值,这两种图片文件在图形数据区域存放的是各个像素点的索引值。而 24 位和 32 位的图片文件不使用颜色表,RGB 数据直接存放在图像数据区里,其中,每个像素点的数据都以 B,G,R 的顺序排列。

在 BMP 图片文件中,图像数据阵列中的数据是从图像的最后一行开始向上存放的,因此在显示图像时,操作的顺序为从左到右,从下到上。

下面的示例代码的作用是打开帧缓冲设备,进行内存映射,接着调用 bmpshow()函数读取、分析 BMP 文件头,并根据 BMP 文件头的相关信息将 BMP 图像数据显示到屏幕上。

```
int main(int argc,char * argv[])
{
    int fbfd = 0;
    long int screensize = 0;
    int x = 0,y = 0;
    long int location = 0;
    //打开/dev/fb0 设备文件
    fbfd = open("/dev/fb0",O_RDWR);
    //获取帧缓冲设备信息
    ioctl(fbfd,FBIOGET_FSCREENINFO,&finfo)
    ioctl(fbfd,FBIOGET_VSCREENINFO,&vinfo)

    //计算帧缓冲数据区大小
    screensize = vinfo.xres * vinfo.yres * vinfo.bits_per_pixel / 8;
    //进行内存映射
    fbp = (char * )mmap(0,screensize,PROT_READ | PROT_WRITE,MAP_SHARED,fbfd,0);
    //清屏
    memset(fbp,0,screensize);
    bmpshow("test.bmp",fbp);            //将图像数据送到显存

    munmap(fbp,screensize);
    close(fbfd);
    return 0;
}

void bmpshow(char * filename,int fbp)   //将 24 位 bmp 图片输出到 fbp 指向的内存地址
{
    int fp;
    unsigned int width,height;
    unsigned int blue,green,red;
```

```
struct colors
{
    char blue;
    char green;
    char red;
} col24;
fp = fopen(filename,"rb");
//定位到文件的第 18 字节处以确定图片的宽与高
fseek(fp,18L,0);
fread(&width,sizeof(width),1,fp);          //读出 4 字节为图片宽(X)
fread(&height,sizeof(height),1,fp);        //读出 4 字节为图片高(Y)
for ( y = length - 1; y >= 0; y- )
    for ( x = 0; x < width; x ++ ) {
        //取屏幕上点(x,y)在帧缓冲的地址
        location = (x + vinfo.xoffset) * (vinfo.bits_per_pixel/8) +
            (y + vinfo.yoffset) * finfo.line_length;
        // 从文件读取数据处理后放入帧缓冲
        if(fread(&col24,3,1,fp)! = 1){
            printf("file read error\n");
            break;
        }
        blue = (unsigned int)(col24.blue&0xf8);
        green = (unsigned int)(col24.green&0xfc);
        red = (unsigned int)(col24.red&0xf8);
        *((unsigned short int *)(fbp + location)) = blue<<3|green>>3|red<<8;
    }
fclose(fpf);                               //关闭图像文件
}
```

8.3　Qt/Embedded 和 Qtopia 移植

8.3.1　Qt/Embedded 与 Qtopia 简介

Qt 最初是一个跨平台(Win32,Mac,Unix)的 C++GUI 库。2000 年,TrollTech 公司发布了 Qt 的嵌入式版本,目前,Qt 分为四个版本:Win32 版,适用于 Windows 平台;X11 版,适用于基于 X window 的各种 Linux 和 Unix 平台;Mac 版,适用于苹果的 MacOSX;嵌入式版本

Qt/Embedded,适合于具有帧缓冲(FrameBuffer)的 Linux 平台。Qt/Embedded 是一个嵌入式系统的图形用户接口和 C++工具开发包,可以直接对帧缓冲进行操作,与基于 X11 的 Qt 版本相比速度有了较大的提高。此外,Qt/Embedded 对硬件依赖性小,不需修改即可在绝大多数标准的嵌入式 Linux 设备上运行,而且可轻松进行定制,以利用特定的硬件加速特性。

Qtopia 最初是 sourceforge. net 上的一个开源项目,全称是 Qt Palmtop Environment。它是一个建立在 Qt/Embedded 图形库之上的、可定制的应用开发环境和用户界面,包括了 PDA 和手机等掌上系统常见的功能如电话簿及日程表等。现在,Qtopia 已经成为了 Trolltech 公司的又一个主打产品,为基于嵌入式 Linux 操作系统的 PDA 和手机提供了一个完整的图形用户界面支持系统。

最初,Qt/Embedded 与 Qtopia 是两套独立的程序,Qt/Embedded 是基础类库,而 Qtopia 则是构建于 Qt/Embedded 之上的一系列应用程序。但从版本 4 开始,Trolltech 公司将 Qt/Embedded 与 Qtopia 融合到一起,推出了新的 Qtopia4。在该版中,原来的 Qt/Embedded 被称为 Qtopia Core。Qtopia Core 作为 Qtopia 的核心,既可以与 Qtopia 配合,也可以独立使用;原来的 Qtopia 则被分成几层,核心的应用框架和插件系统被称为 Qtopia Platform,上层的应用程序则按照不同的目标用户分为不同的包,如 Qtopai PDA 及 Qtopia Phone 等。

其中,Qtopia PDA 版本包括:

① 核心平台。Qtopia PDA 具备平台级的特色,可提供一个健全且具有许多后台特征的计算环境,从而为终端用户提供完整的软件开发体验。通过简化,可增加特定的功能,如输入法,可调的屏幕尺寸和布局,插件管理器,程序安装以及无线支持,为用户提供了轻松的环境。

② PDA 用户界面。Qtopia PDA 采用了一个基于图标的标签导航布局方案,并可完全定制。它利用移动处理技术进行了专门设计,用户界面操作简单,功能丰富。

③ 程序。Qtopia PDA 包含一套功能强大的 PDA 程序集,包括 PIM(包括联系人、事件、任务、地址簿和计划事项)、电子邮件、游戏、多媒体框架以及其他设置。

④ 同步框架。用户可以把它们的 PDA 与 Qtopia Desktop,Trolltech 公司的跨平台桌面 PIM 集或微软的 Outlook 同步。Qtopia PDA 还可以同步联系人、日志、计划事项、多媒体文件和文档等。

⑤ 开发环境。为了正确地定制 PDA,制造商需要强大的开发工具。Trolltech 公司提供了一整套工具集来定制和扩展 Qtopia PDA。Qtopia 强大的开发环境使得在桌面系统上开发和针对目标设备的交叉编译工作变得十分轻松。

8.3.2　Qtopia 移植

下面以 qtopia-free-2.2.0 为例,介绍如何移植安装 Qtopia,它主要有以下步骤:

● 准备工作;

- 触摸屏支持；
- 交叉编译 Qtopia；
- 运行测试。

1. 准备工作

① 下载源码包。qtopia-free-2.2.0 是 qtopia PDA 的开源版本，可以从 Trolltech 公司的网站免费下载(这个下载包里面包含有 Qt/E)。

② 编译相关依赖库文件。编译 Qtopia 的时候需要用到 jpeg,libuuid,libpng,zlib 库和头文件。若没有这些库文件，则须手动编译，而其编译安装较简单，限于篇幅，在此略过。

③ 生成 uic 工具。进行交叉编译之前，需先编译生成在 PC 机上运行的 uic(用户接口编译器)工具，它用于将 ui 文件转换成.h 和.cpp 文件，Qtopia 源码包中内带了此工具，因而，生成 uic 只需在 PC 机上编译 Qtopia 源码即可。

```
#cd /root
#mkdir qtopia_x86
#cd qtopia_x86
#tar xzf ../qtopia-free-src-2.2.0.tar.gz
#cd qtopia-free-src-2.2.0
#./configure
#make
#cp qt2/bin/* /root/qtopia-free-src-2.2.0/qt2/bin/
```

编译完成之后，将/root/qtopia_x86/qtopia-free-src-2.2.0/qt2/bin/一些工具复制到准备进行交叉编译的 Qtopia 源码对应目录，供交叉编译 Qtopia 时调用。

④ 设置编译相关的环境变量。Qtopia 编译时需设置以下环境变量：

```
export QTDIR=/root/qtopia-free-2.2.0/qt2
export QPEDIR=/root/qtopia-free-2.2.0/qtopia
export LD_LIBRARY_PATH=$QTDIR/lib:$QPEDIR/lib:$LD_LIBRARY_PATH
export TMAKEDIR=/root/qtopia-free-2.2.0/tmake
export TMAKEPATH=$TMAKEDIR/lib/qws/linux-arm-g++    ←tmake 配置文件目录
```

2. 触摸屏支持

与 PC 机使用鼠标、键盘操作图形用户界面不同，嵌入式图形界面中最常用的输入设备就是触摸屏，它是用户操作控制图形用户界面的唯一接口。Qtopia 通过 Qt/Embedded 实现对触摸屏的支持，相关代码在 qtopia-free-2.2.0/qt2/src/kernel/qwsmouse_qws.cpp 中，它内建了几种嵌入式设备触摸屏的支持，若需使用这些，则可用如表 8-4 所列的宏定义，在 Qtopia 中增加对触摸屏的支持。

表 8 - 4　Qt/Embedded 支持的触摸屏宏定义

编译时使用的宏定义	默认触摸屏设备	类　名
QWS_CUSTOMTOUCHPANEL	/dev/ts	QCustomTPanelHandlerPrivate
QT_QWS_K2	/dev/ts	QTPanelHandlerPrivate
QT_QWS_IPAQ	/dev/h3600_ts	QTPanelHandlerPrivate
QT_QWS_SL5XXX	/dev/ts	QTPanelHandlerPrivate
QT_QWS_TSLIB	/dev/ts	QTSLibHandlerPrivate
QT_QWS_YOPY	/dev/ts	QYopyTPanelHandlerPrivate

　　其中,若通过 TSLIB 来支持触摸屏,则可以使用 QT_QWS_TSLIB 宏;若想修改 Qt/E 代码以支持自己的触摸屏,则可以使用宏 QWS_CUSTOMTOUCHPANEL,在 QCustomTPanelHandlerPrivate 类的代码中实现自定义的触摸屏支持。其中,QcustomTPanelHandlerPrivate 是 QWSMouseHandler 的子类。

```
class QCustomTPanelHandlerPrivate : public QWSMouseHandler {
    Q_OBJECT
public:
    QCustomTPanelHandlerPrivate(MouseProtocol,QString dev);
    ~QCustomTPanelHandlerPrivate();

private:
    int mouseFD;
private slots:
    void readMouseData();

};
```

　　修改 QcustomTPanelHandlerPrivate 的代码,使 Qtopia 支持自有的触摸屏设备的主要工作就是根据 Qtopia 中所用的触摸屏数据格式,修改类中读触摸屏设备的代码,使其能正确处理触摸屏消息。类构造函数的主要工作是打开触摸屏设备,此处应根据实际情况修改触摸屏设备文件的名字。

```
QCustomTPanelHandlerPrivate::QCustomTPanelHandlerPrivate( MouseProtocol,QString mouseDev)
{
# ifdef QWS_CUSTOMTOUCHPANEL
    mouseFD = -1;
    if ( mouseDev.isEmpty() )
```

```
        mouseDev = "/dev/ts"; //需根据实际情况修改触摸屏设备文件的名字
    if ((mouseFD = open( mouseDev.local8Bit().data(),O_RDONLY)) < 0) {
        qWarning( "Cannot open %s (%s)",mouseDev.latin1(),strerror(errno));
        return;
    } else {
        sleep(1);
    }


    QSocketNotifier * mouseNotifier;
    mouseNotifier = new QSocketNotifier( mouseFD,QSocketNotifier::Read,
                                         this );
    connect(mouseNotifier,SIGNAL(activated(int)),this,SLOT(readMouseData()));
#else
    Q_UNUSED(mouseDev);
#endif
}
```

　　触摸屏数据处理函数 readMouseData()需根据实际情况修改,它的主要工作就是读出触摸屏的触笔状态并发送鼠标状态改变消息 mouseChanged。

```
struct CustomTPdata {                    //触笔数据结构定义,根据设备的特点修改

  unsigned char status;
  unsigned short xpos;
  unsigned short ypos;

};


void QCustomTPanelHandlerPrivate::readMouseData()
{
#ifdef QWS_CUSTOMTOUCHPANEL
    if(! qt_screen)
        return;
    CustomTPdata data;

    unsigned char data2[5];

    int ret;
    //下面的代码应根据实际情况修改
    ret = read(mouseFD,data2,5);        //读数据
```

```
        if(ret = = 5) {                                //对读出的数据进行处理
            data.status = data2[0];
            data.xpos = (data2[1] << 8) | data2[2];
            data.ypos = (data2[3] << 8) | data2[4];
            QPoint q;
            q.setX(data.xpos);                         //设置点(x,y)的 x 坐标值
            q.setY(data.ypos);                         //设置点(x,y)的 y 坐标值
            mousePos = q;
            if(data.status & 0x40) {
                emit mouseChanged(mousePos,Qt::LeftButton); //根据触笔状态发送鼠标状态改变消息
            } else {
                emit mouseChanged(mousePos,0);
            }
        }
        if(ret<0) {
            qDebug("Error % s",strerror(errno));
        }
    # endif
}
```

采用这种方式增加触摸屏的支持,其定位精度和稳定性都不会很好,因为 Qtopia 并未对读取的触摸屏数据进行去抖动以及线性化等优化,而直接使用读到的数据。若需要达到比较理想的效果,则可以使用 TSLIB 实现触摸屏的支持。TSLIB 是由 Russell King 创建,是一个维护触摸屏事件及其操作的一个中间件。TSLIB 对触摸屏的数据进行了许多优化处理,包括数据过滤、去抖动、线性转换(触摸屏坐标系到屏幕坐标系的转换)和触摸屏校正等功能。由于它的良好性能,目前,已成为嵌入式设备上通用的触摸屏用户层接口用于许多嵌入式设备中,如诺基亚的 N770 就是一个例子。

通过 TSLIB,可以非常容易地使 Qtopia 支持触摸屏。下面介绍 TSLIB 的交叉编译过程,TSLIB 源码可以从 http://tslib.berlios.de 上下载。

TSLIB 提供了一个 autogen.sh 文件,在源码目录下执行 autogen.sh 生成 configure 脚本。

```
#./autogen.sh
```

为防止出现 undefined reference to 'rpl_malloc' 错误,可以在配置的缓存文件中存入以下选项:

```
#  echo "ac_cv_func_malloc_0_nonnull = yes" > arm - linux.cache
```

然后,运行 configure 脚本生成 Makefile。

```
# export CC = arm - linux - gcc
# export CXX = arm - linux - g + +
# ./configure -- host = arm - linux -- enable - input -- prefix = $ PWD/build -- cache - file =
arm - linux.cache
```

配置中打开了对 Input-Event 的支持,并把安装路径设在当前目录的 build 目录下。接下来,就可以运行 make 进行交叉编译并安装。

```
# make&make install
```

TSLIB 编译完后,可以在开发板上测试 TSLIB 附带的应用程序以确定其工作正常。TSLIB 的配置存放在/etc/ts. conf 文件中,可以在目标板的/etc/目录下创建此文件,文件内容如下:

```
module_raw input
module pthres
module variance delta = 30
module dejitter delta = 100
module linear
```

其中,第一行设置通知 TSLIB 使用 input 模块,通过 Linux 的 input event 接口读取触摸屏数据;其他参数分别控制触摸点的连续下压、变化宽度、轨迹变化和线性校准。

在开发板上运行校准程序和测试程序还需要设置如下一些环境变量:

```
export TSLIB_ROOT = /tslib - 1.0/build
export TSLIB_TSDEVICE = /dev/input/event0         # 触摸屏设备节点为 event0
export TSLIB_CALIBFILE = /etc/pointercal          # 校准文件 pointercal 的存放位置
export TSLIB_CONFFILE = /etc/ts.conf              # 指定 tslib 配置文件的路径
export TSLIB_PLUGINDIR = $ TSLIB_ROOT/lib/ts      # 指定模块文件的位置
export TSLIB_CONSOLEDEVICE = none                 # 控制台设为 none
export TSLIB_FBDEVICE = /dev/fb0                  # 指定帧缓冲设备节点为 fb0
export LD_LIBRARY_PATH = $ LD_LIBRARY_PATH: $ TSLIB_ROOT/lib
```

接下来,就可以运行校正程序 ts _calibrate;该程序使用"＋"在屏幕上标识校正点。根据校正点位置,依次按触摸屏幕显示在四个角与屏幕正中的五个校正点完成校正。通过读取的触摸屏数据,校正程序 ts _calibrate 根据校准算法计算出校准数据,并写入校准文件 /etc/pointercal。

3.　交叉编译 Qtopia

进行交叉编译之前,首先要对 Qtopia 和 Qt/Embedded 进行配置,根据硬件平台特性生成平台相关的 Makefile 文件,并裁剪定制生成的 Qtopia。

(1) Makefile 配置

在 qtopia-free-2.2.0 中，Qt/Embedded 采用 TMake 管理 Makefile，而 Qtopia 采用 QMake 管理 Makefile(TMake 和 QMake 都是 Trolltech 公司开发的，用于为不同的平台的开发项目创建 Makefile 的工具)。

对于 ARM 处理器，Qt/Embedded 的 Makefile 配置可以使用软件包原有的定义，不需改动；而 Qtopia 改动也不大。Qtopia 的 Makefile 配置通过 QMake 的配置文件 qmake.conf(该文件所在目录为 $QPEDIR/mkspecs/qws/linux-arm-g++)实现，在这个文件中需指定所用的平台和编译器等相关信息，而这些信息在软件包中原有的配置文件已经定义好了，不需改动；若需使用 jpeg，png 和 zlib 等外部依赖库时，为避免在编译链接时找不到这些外部依赖库，则可以在 qmake.conf 文件中指定编译链接这些库。

```
# QMAKE_LIBS_QT = -lqte
# 修改为
QMAKE_LIBS_QT = -lqte -lpng -lts -lz -luuid -ljpeg
```

(2) Qt/Embedded 特性定制

Qt/Embedded 的特性定制文件放在"qt2/src/tools/"目录下，其文件名为 qconfig-<custom-name>.h。当运行 configure 脚本时，可用参数- qconfig 指定 custom-name，从而选用配置文件 qconfig-custom-name.h。Qt/Embedded 的配置文件包含了一系列宏定义，具体可分为图像、动画、字体、国际化、MIME、声音、Qt/Embedded 及网络等 13 类。通过在配置文件中定义这些宏，可以裁剪 Qt/Embedded 的生成库。例如，若运行 Qtopia 的嵌入式系统没有音频设备，则可以在配置文件中加入：

```
# define QT_NO_SOUND
```

这样，编译 Qtopia 时，系统在生成 Qt/Embedded 库时就不会编译链接声音相关的功能。由此可见，使用 Qt/Embedded 的配置文件，裁掉不需要的功能，可以使得生成的 Qt/Embedded 库文件变得尽可能的小，这对嵌入式系统这类资源受限的系统是很重要的。

在 Qtopia 的源码包中，提供了编译 Qtopia 所需的 Qt/Embedded 的配置文件 qconfig-qpe.h，编译之前可以将该文件复制到 Qt/Embedded 的配置文件目录。

```
# cp $QPEDIR/src/qt/qconfig-qpe.h  $QTDIR/src/tools
```

(3) 设备相关代码定制

Qtopia 使用 custom-<xplatform-spec>.h 和相应的 cpp 文件进行与硬件系统相关的代码定制。配置 qtopia-free-2.2.0 时，configure 脚本使用- xplatform 选项选择相应的 custom-<xplatform-spec>.h 文件。在该头文件里可以定义一些宏使 Qtopia 适应目标硬件设备，常见的一些宏定义如表 8-5 所列。

表 8 - 5　Qtopia 设备相关宏定义

宏	说　明
QPE_NEED_CALIBRATION	若系统有触摸屏,则该宏定义使能触摸屏校正功能
QPE_ARCHITECTURE	定义机器标识,内容包括制造商和机器型号,如"SHARP/SL5500"
QPE_USE_MALLOC_FOR_NEW	使用 malloc()函数来取代默认的内存分配函数(malloc()函数在某些情况下的执行速度较快)
QPE_DEFAULT_TODAY_MODE	定义值为字符串"Daily"或"Never"。Qtopia 根据这里的定义来决定是否每天都运行 today 程序还是永不执行

编译时,custom -<xplatform - spec>.h 相对应的 custom -<xplatform - spec>.cpp 文件里的函数会根据头文件的宏定义而有选择性地编译和链入。本书的实验过程中仅将 custom - linux - ipaq - g++.h/cpp 文件复制为 custom - linux - arm - g++.h/cpp(需将 cpp 文件中触摸屏设备文件名/dev/ts 修改为/dev/input/event0)。

```
# cd $ QPEDIR/qtopia/src/libraries/qtopia
#cp custom - linux - ipaq - g++.h custom - linux - arm - g++.h
#cp custom - linux - ipaq - g++.cpp custom - linux - arm - g++.cpp
```

需要注意的是,custom -<platform - spec>.cpp 文件里有 3 个函数是必须要实现的,如表 8 - 6 所列。

表 8 - 6　custom -<platform - spec>.cpp 需实现的函数

函　数	说　明
int qpe_sysBrightnessSteps()	Qtopia 通过这个函数来查询 LCD 的亮度等级。本例中,它的返回值为 255
void qpe_setBrightness(int)	这个函数包含与硬件平台相关代码,以根据给定的亮度等级数设定 LCD 的亮度
void PowerStatusManager::getStatus()	这个函数实现电源状态的查询。其中用到的 PowerStatus 类以及抽象出的电源状态都在 $ QPEDIR/src/libraries/qtopia/power.h 中定义

(4) 运行 configure 配置脚本

Qtopia 使用 configure 脚本选择软件包的相关配置(包括前述的相关配置工作)。

```
./configure - qte "- embedded - xplatform linux - arm - g++ - qconfig qpe - no - qvfb - depths 16
- system - jpeg
```

```
- system - libpng - system - zlib - tslib - gif - thread - no - xft - release - I $ NFS/include - L
$ NFS/lib - lpng - lts - lz - luuid
- ljpeg" - qpe' - xplatform linux - arm - g ++ - edition pda - displaysize 640x480 - I $ NFS//in-
clude - L $ NFS//lib
- prefix = $ NFS/qtopia'
```

这个配置命令分 - qte 和 - qpe 两大部分。其中, - qte 部分就是对 Qt/Embedded 进行配置, 它的配置参数与单独的 Qt/Embedded 编译配置参数相同, 此处用到的参数与解释如表 8 - 7 所列。

表 8 - 7　Qt/Embedded 配置参数

参　数	说　明
- embedded	Qt 库编译为 Qt/Embedded 版本
- xplatform linux - arm - g ++	使用 custom - linux - arm - g ++ . h 定制 Qt/Embedded 库与硬件平台相关的代码
- qconfig qpe	选择 $ QTDIR/src/tools/qconfig - qpe. h 作为配置文件
- no - qvfb	不使用虚拟帧缓冲
- depths 16	色深为 16 位
- system - jpeg - system - libpng - system - zlib	使用系统的库
- tslib	使用 tslib 实现对触摸屏支持
- gif	支持 GIF 读取
- thread	支持多线程
- no - xft	不支持 Anti-Aliased 字体
- release	按发布版本编译, 减少库文件大小
- I $ NFS/include - L $ NFS/lib	所需头文件和库文件的路径($ NFS 为自定义环境变量, 用于保存 NFS 文件系统路径名。本书将编译时所需的动态链接库及 include 文件全部放在 NFS 文件系统所在目录)
- lpng - lts - lz - luuid - ljpeg	将以上库链入 libqte 库

- qpe 部分就是配置 Qtopia, 与 Qt/Embedded 的配置一样, 这些参数也与独立的 Qtopia 软件包的配置参数相同, 此处所用的参数与解释如表 8 - 8 所列。

表 8 - 8　Qtopia 配置参数

参　数	说　明
- xplatform linux - arm - g＋＋	使用 custom-linux-arm-g＋＋.h 定制 Qtopia 与硬件平台相关的代码
- edition pda	编译成 pda 版本
- displaysize 640×480	屏幕显示像素尺寸为 640×480
- I $ NFS/include - L $ NFS/lib	所需头文件和库文件的路径
- prefix= $ NFS/qtopia	安装路径

（5）编译安装

完成配置后,若配置没有问题,则进行编译安装,其工作较简单,只需运行 make 和 make install 函数即可。

```
# make
# make install
```

4. Qtopia 运行测试

若采用 NFS 文件系统,前述的编译安装过程已将 Qtopia 安装到 NFS 文件系统的 qtopia 目录下。

运行 Qtopia 之前需要先设置一些环境变量才能运行。

```
# export QTDIR = /qtopia
# export QPEDIR = /qtopia
# export QWS_MOUSE_PROTO = TPanel:/dev/input/event0
# export LD_LIBRARY_PATH = /qtopia/lib
# ./qpe
```

8.4　OPIE 移植

OPIE 是 Open Palmtop Integrated Environment 的缩写,译为开放掌上电脑集成环境。OPIE 是在 Qtopia 的基础上扩展改进开发出来的,是一种采用 GPL 协议的开源软件项目（http://opie.handhelds.org）。它主要应用于采用 Linux 操作系统的嵌入式设备,例如,PDA 和手机等,它支持的设备包括夏普公司 SL 5x00 和 SL 6000PDA、摩托罗拉的 EZX A780 和 E680 手机和惠普公司的 IPAQ 等。

OPIE 包含的主要的组件与功能有:

- 完善的 PIM 应用框架,它提供了易用的 API 接口,提供的软件功能包括地址簿、计划、今日、邮件、画图、记事本、写字板和全文搜索等;
- 今日程序通过插件可提供约会、计划、邮件、生日、天气和股票价格等功能;
- 支持多媒体功能,包含支持流媒体影音的 Opieplayer2 以及图像浏览器;
- 与 Plamdoc 兼容的电子书阅读器 Opie-reader;
- Linux shell 程序;
- 基于网络的安装和设置管理;
- 基于 xpdf 的 PDF 阅读器;
- IRC 客户端,konqueror 浏览器及邮件阅览器;
- 支持多种输入插件;
- 支持网络时间更新功能;
- 通过插件可实现网络设置(包括 wlan,ethernet,ppp,irda);
- 可调整的背景光设置以及校准;
- 可与 KDE PIM 和微软的 Outlook 同步;
- 支持语音记事;
- CF/SD 卡备份和存储功能;
- 能通过蓝牙和红外接口与 Palms,PocketPC 和手机等设备交换数据;
- 界面可完全本地化;
- 支持主题和风格设置。

下面以 OPIE 1.2.2 版为例,简要介绍 OPIE 在 ARM 处理器上的移植方法。

8.4.1 准备工作

OPIE 需要 Qt/Embedded 库的支持,OPIE1.2.2 版依赖于 Qt/E 2.3.10,移植之前先从网上下载这两个软件源码包。此外,OPIE 需要 png,zlib,jpeg,freetype,libpcap 及 flex 等的支持,这些软件动态链接库的编译较为简单,此处略过。若需使用 TSLIB 实现触摸屏的支持,则还需下载 TSLIB 源码包。

TSLIB 触摸屏支持库的编译安装已在上节说明,此处略过。Qt/Embedded 的安装与上节的操作类似,只是,编译时环境变量需要设置一个 OPIEDIR。

```
# export QTDIR = $ NFS/opiehome/qt - 2.3.10
# export OPIEDIR = $ NFS/opiehome/opie - 1.2.2
```

OPIE 还为编译 Qt/Embedded 库提供了配置文件 qconfig-qpe.h,另外,OPIE 还为 Qt/Eembedded 提供了一个补丁程序 qte-2.3.10-all.patch,在编译之前需应用该补丁。

```
#cd $ QTDIR
#cp  $ OPIEDIR/qt/qconfig-qpe.h src/tools/
#patch-p1 < $ OPIEDIR/qt/qt-2.3.10.patch/qte-2.3.10-all.patch
```

Qt/E 库的配置与 8.3.2 的操作类似。

```
#cd $ QTDIR
#./configure-qconfig qpe-depths 16-xplatform linux-arm-g++-no-qvfb-system-jpeg
-system-libpng - gif
-system-zlib-thread-no-xft  -tslib - release-I $ NFS/include-L $ NFS/lib-lpng-lts
-lz - luuid
#make
```

编译好为 OPIE 准备的 Qt/Embedded 库之后，就可以开始配置编译 OPIE。

8.4.2　OPIE 的移植

将 OPIE 移植到一个新设备过程中，涉及的文件如表 8-9 所列。

表 8-9　OPIE 移植涉及的相关文件

文　件	作　用
config.in	配置菜单选项
library/custom-TARGET.h	用于定制一些设备相关的宏定义
mkspecs/qws/linux-TARGET-g++/qmake.conf	QMake 配置文件
libopie2/opiecore/device/odevice.cpp libopie2/opiecore/device/odevice.h libopie2/opiecore/device/odevice_TARGET.cpp libopie2/opiecore/device/odevice_TARGET.h libopie2/opiecore/device/device.pro	OPIE 设备相关处理代码
Vars.make	定义了编译所需的一些相关宏定义

(1) config.in 文件

config.in 文件主要用于生成 OPIE 配置菜单选项。在菜单"Build Parameters"下面加入一个描述新设备的选项，则在配置菜单中出现一个新的目标机"XMU dev board"。

```
menu "Build Parameters"
choice
  prompt "Target Machine"
......
  config TARGET_XMU
```

```
boolean "XMU dev board"
endchoice
```

添加 SPECFILE 选项,则指定目标机"XMU dev board"对应的 qmake. conf 文件存放位置为"mkspecs/qws/linux-xmu-g＋＋/"。

```
config SPECFILE
  string
  default "qws/linux - xmu - g + +" if TARGET_XMU && (! X11)
  default "linux - g + +" if TARGET_IPAQ && X11
```

其中,qmake. conf 与 8.3.2 小节中的 qmake. conf 类似,在该文件中需为新设备添加一个设备相关的宏定义 QT_QWS_XMU。

```
QMAKE_CXX              = $ (CCACHE) $ (DISTCC) $ (shell which arm - linux - g + + ) - DQT_
QWS_XMU
```

添加 CUSTOMFILE 选项,指定目标机"XMU dev board"对应的定制文件名为 custom - xmu. h(通常这个文件可以为空)。

```
config CUSTOMFILE
  string
  default "custom - xmu. h" if TARGET_XMU
```

(2) Var. make 文件

在 Var. make 文件中,需要在 OPIE 运行的设备平台中添加如下变量说明。

```
ifdef CONFIG_TARGET_XMU
  PLATFORM = XMU - linux
endif
```

(3) 设备处理相关代码

在 OPIE 的 libopie2/opiecore/device 目录下有一些与设备相关的处理代码,每个设备在 odevice_TARGET. h/cpp 中定义一个 OabstractMobileDevice 的子类,用于描述设备相关的信息。

```
class XMU  : public OAbstractMobileDevice
{
protected:
    virtual void init(const QString&);
    virtual void initButtons();
public:
    virtual bool setDisplayBrightness ( int b );
    virtual int displayBrightnessResolution() const;
};
```

其中,init()函数用于初始化设备的相关信息。initButtons()函数用于初始化键盘映射,
setDisplayBrightness()和 displayBrightnessResolution()函数用于设置/获取 LCD 背光亮度。

```
void XMU::init(const QString&)
{
    d->m_vendorstr = "XMU dev";
    d->m_vendor = Vendor_XMU;
    d->m_modelstr = "XMU_ARM";
    d->m_model = Model_XMU_ARM;
    d->m_rotation = Rot0;
    d->m_systemstr = "XMU";
    d->m_system = System_XMU;
    // Distribution detection code now in the base class
}
```

8.4.3 OPIE 的交叉编译与运行

OPIE 系统的功能非常强大,编译时,可以通过配置菜单根据用户需求选择所需的应用程
序组件和功能。配置时需注意有些选项有依赖关系,若在编译时出错,可重新配置,增加或删
除相关的选项。

```
# cd $ OPIEDIR
# make menuconfig
# make
```

编译成功后,就可以在开发板上通过 NFS 文件运行 OPIE,运行时,需先在开发板上设置
相关的环境变量,然后调用 qpe-qws 命令运行 OPIE。

```
# export QTDIR = /opiehome/qt - 2.3.10          ←指定开发板上的 Qte 路径
# export OPIEDIR = /opiehome/opie - 1.2.2        ←指定开发板上的 OPIE 路径
# export LD_LIBRARY_PATH = $ QTDIR/lib:$ OPIEDIR/lib:/lib ←设置动态链接库查找路径
# export PATH = $ QTDIR/bin:$ OPIEDIR/bin:$ PATH ←将 OPIE 相关的可执行程序路径添加到 PATH
# # qpe-qws &
```

OPIE 启动后,首先看到的是 OPIE 的欢迎界面,点击触摸屏后,则出现 OPIE 图形界面,
如图 8 - 2 所示。

由于实验采用的 LCD 分辨率为 640×480,从图 8 - 2 可见,显示背景与 OPIE 默认的背景
图片分辨率不匹配。此外,OPIE 还提供了许多背景图片供不同规格的 LCD 使用,可以通过
更换 $ OPIEDIR/pics/launcher/opie-background.jpg 图片,实现背景更换。

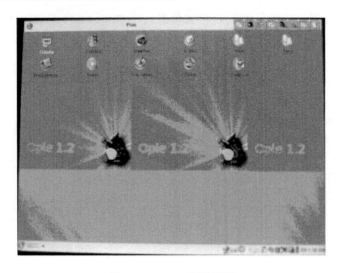

图 8 - 2　OPIE 图形界面

```
#cd $ OPIEDIR/pics/launcher/
#cp opie - background - 640×480.jpg opie - background.jpg
#cd $ OPIEDIR
#qpe - qws&
```

重新启动 OPIE 后可以看到背景已更换,如图 8-3 所示。

图 8 - 3　更换背景之后的 OPIE 图形界面

8.5　Qtopia 与 OPIE 应用程序设计

由于 Qtopia 与 OPIE 都是基于 Qt/Embedded 的软件,因而,基于 Qt/Embedded 编写的应用程序都可以在上面运行。本节将介绍如何为嵌入式设备编写基于 Qt/Embedded 的图形应用程序,以及如何将应用程序导入 Qtopia 和 OPIE。编写 Qt 的应用程序并不困难,特别是 KDevelop 和 QtDesigner 界面设计工具为快速开发这些应用程序提供了很大的帮助。Linux 下的集成开发环境(KDevelop)为基于 Qt 的应用程序开发提供了良好的支持,使用 KDevelop 使得开发 Qt/Embedded、Qtopia 和 OPIE 的应用程序变得简单。本节在 KDevelop 基础上,介绍基于 Qt/Embedded 的应用程序设计以及如何将应用程序加入 Qtopia 和 OPIE。

在应用程序开发中,除了 KDevelop 外,还需使用 Qt 应用程序的界面设计工具——QtDesigner。QtDesigner 是一个功能强大的图形界面设计工具,使用此工具可以采用可视化方法快速设计图形界面而不需编写代码,具有快速预览界面、自动布局管理、扩展定制控件和自动生成代码等特点。

需要注意的是,由于 Qt 2.x 和 Qt 3.x 的 QtDesigner 不兼容,而 Qtopia 和 OPIE 所用的 Qt/Emebedded 库都是 2.x 版的,所以,在程序开发中应该使用支持 Qt 2.x 的 QtDesigner;而目前大多数 Linux 发行版的 KDevelop 所带的 QtDesigner 都是支持 Qt 3.x 的,因而在进行程序的图形界面设计工作时,不能使用 KDevelop 直接打开 Qt 的用户界面文件,而要使用支持 Qt 2.x 的 QtDesigner 2 进行界面设计。

QtDesigner 的源码包含在 Qt/Embedded 软件包中,该工具在 8.3.2 小节编译生成的在 PC 机上运行的 uic 工具时会一起生成。

8.5.1　基于 Qt/Embedded 的应用程序设计

基于 Qt/Embedded 库的应用程序可以通过组合使用 KDevelop 和 QtDesigner 2,实现其快速开发。其中,QtDesigner 的界面如图 8-4 所示。

利用 QtDesigner 可以快速创建一个应用程序的界面,图 8-5 就是一个用 QtDesigner 设计的基于对话框的应用程序界面。将此程序界面设计保存为 mydialog.ui,再退出 QtDesigner。此 ui 设计转为 C++类代码后就可以在程序中使用。

Qt 程序通常使用 QMake 管理界面设计与代码生成,以实现跨平台支持。KDevelop 内建了基于 QMake 的项目支持,可以使用它来导入设计好的界面,再基于 QMake 实现代码生成与编译管理。在 KDevelop 的工程菜单中,选择新建工程,通过向导建立一个新的工程,生成一个 QMake 应用程序的框架 testqte(选择 C++程序下"QMake project"的"Hello World 程序"模板;要注意的是,"QMake project"下面的"应用程序模板"生成的程序需要 Qt 3.x 库的

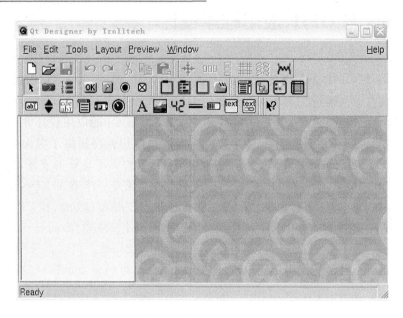

图 8 - 4　QtDesigner 界面

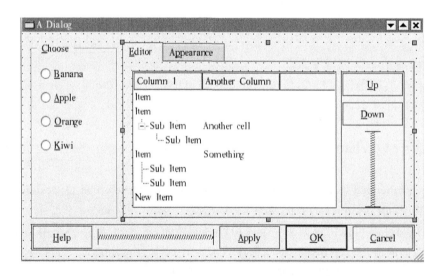

图 8 - 5　采用 QtDesigner 设计的应用程序界面

支持,在此不能使用),如图 8 - 6 所示。

　　接下来,使用 KDevelop 界面右侧的 QMake 管理器,将用户界面文件 mydialog. ui 加入工程,如图 8 - 7 所示。

图 8 - 6　利用向导创建 QMake 应用程序框架

　　一个 Qt/Embeded 应用程序应该包含一个 main() 函数,作为应用程序执行的入口点,它在 testqte.cpp 文件中,为了使应用程序在执行时显示前面设计好的应用程序界面,则将 main() 函数修改如下:

```
#include <qapplication.h>      //QApplication 类头文件
#include "mydialog.h"          //mydialog.ui 界面文件生成的头文件


int main( int argc,char * * argv )
{
    QApplication a( argc,argv );   //每个 Qt 应用程序都必须有一个 QApplication 对象,用于
                                   //管理各种资源
    MyDialog w;                    //ui 界面生成的用户界面类
    w.show();
```

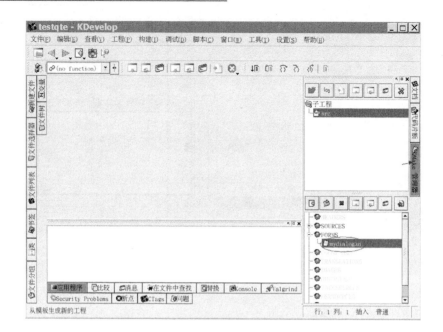

图 8 - 7 利用 KDevelop 的 QMake 管理器将用户界面文件加入工程

```
a.connect( &a,SIGNAL( lastWindowClosed() ),&a,SLOT( quit() ) );
    return a.exec();
}
```

在编译之前,还须为 KDevelop 设置一些 Make 环境变量,使 Kdevelop 将其编译为 ARM 平台的程序,如图 8 - 8 所示。

```
QTDIR = /root/qtopia - free - 2.2.0/qt2
LD_LIBRARY_PATH = $ QTDIR/lib
QMAKESPEC = $ QTDIR/mkspecs/qws/linux - arm - g + +
PATH = $ QTDIR/bin: $ PATH
```

接着,通过 KDevelop 菜单的选择构建工程即可完成程序的编译、生成应用程序。在开发板上运行应用程序就可以在 LCD 上看到刚才设计的图形界面。

```
# export QTDIR = /qtopia
# export QPEDIR = /qtopia
# export QWS_MOUSE_PROTO = TPanel:/dev/input/event0
# export LD_LIBRARY_PATH = /qtopia/lib
#/testqte/bin/testqte - qws&
```

图 8 - 8　在 KDevelop 工程选项中添加 Make 时的环境变量

8.5.2　在 Qtopia 与 OPIE 桌面添加应用程序

Qtopia 和 OPIE 都是基于 Qt/Embedded 开发的、嵌入式的桌面环境和应用程序集,因此,基于 Qt/Embedded 的应用程序可以方便地加入 Qtopia 或 OPIE 桌面环境中。由于 OPIE 源于 Qtopia,所以,将应用程序加入 Qtopia 和将应用程序加入 OPIE 桌面的方法类似。

在 Qtopia 或 OPIE 顶层目录下面有 bin、etc、pics 和 apps 等目录。其中,bin 目录用于存放应用程序;etc 目录用于存放 Qtopia 或 OPIE 相关的配置文件;pics 目录用于存放桌面的图标文件(这些图标文件采用 png 格式);app 目录用于存放桌面配置文件。app 目录下有 Applications、Games 和 Settings 等目录,分别用于存放应用程序、游戏和设置程序的桌面配置文件。

根据上述目录结构,若需将自己编写的应用程序添加到 Qtopia 或 OPIE 桌面,则需要将编译好的应用程序放入 bin 目录,图标文件放入 pics 目录,并编写一个桌面配置文件放入 apps/Applications 目录。桌面配置文件格式如下:

```
[Desktop Entry]                          ←指明下面的项是桌面配置项
Comment = example application            ←注释
Exec = myapp                             ←指定程序运行的文件名称
Icon = myapp_icon                        ←指定程序显示用图标文件为 myapp_icon.png。
Name = myapp                             ←显示在屏幕上的程序名称
Type = Application                       ←文件的类型
```

重新启动 Qtopia 或 OPIE 后就可以在桌面的 Application 页面看到新添加的应用程序 myapp。

8.6　Qt/Embedded 应用软件的国际化和中文化

Qt/Embedded 采用 I18N 架构实现对中文的支持,其中,I18N 即国际化,是英文单词 Internationalization 的首尾两个字母,加上中间字母个数(18 个)组合而成。这里的国际化是指把原来为英文设计的计算机系统或应用软件改写为同时支持多种语言和文化习俗的过程。

Qt/Embedded 的字符串类 Qstring 内部使用 UNICODE 编码,要使基于 Qt/Embedded 的软件能支持多种语言,只要确保字符串使用 QObject∷tr()定义或使用 QApplication∷translate()函数处理,就可以在不重新编译代码的情况下,实现不同语言界面间的切换。

基于 Qt/Embedded 库的软件可使用 Trolltech 公司提供的翻译工具(包括 linguist,lupdate 和 lrelease),完成程序英文界面信息的翻译工作。通常,在 Linux 发行版中内带这些工具,可以直接使用。这几个工具的功能如下:

① lupdate 是一个简单的命令行工具,它读入.pro 项目文件,再生成相应的、需要翻译的.ts文件。

② linguist 是专门用来实现 Qt 软件国际化的工具,用来读取.ts 文件并插入翻译结果。

③ lrelease 是另外一个简单的命令行工具,它读取.pro 项目文件,并根据.pro 项目文件将对应的.ts 文件编译生成应用程序要用到的二进制.qm 文件。

8.6.1　Qt/Embedded 应用程序的 I18N 支持与中文化

下面以一个简单的"Hello World"程序为例,说明基于 Qt/Embedded 库的程序如何加入 I18N 的支持,并为该应用程序中的英文信息增加中文翻译。

利用 Kdevelop 的"QMake project"的"Hello World 程序"模板生成一个 myhello 的工程,修改 myhello.cpp 代码如下:

```
# include <qpe/qpeapplication.h>
# include <qpushbutton.h>
# include <qtranslator.h>
int main( int argc,char * * argv ){
    QPEApplication a( argc,argv );                      //创建标准的 QPEApplication 类对象 a
    QTranslator translator(0);
    translator.load("myhello");                          //加载翻译文件 myhello.qm
    a.installTranslator(&translator);                    //在应用程序中使用加载的翻译文件
    QPushButton hello(QObject::tr("Hello world!"),0 );  //创建按钮,并使用 I18N 支持
    hello.resize( 100,30 );                              //设置按钮大小
    a.setMainWidget( &hello );                           //设置应用程序的主窗口部件为 mainWid-
get
    hello.show();                                        //显示
    return a.exec();                                     //退出
}
```

在 src 目录的 Qmake 的工程文件 src.pro 中,指定需翻译的文件信息"TRANSLATIONS = myhello.ts",注意,.ts 的文件名必须和应用程序同名。接着,运行 lupdate 生成 myhello.ts 文件,然后运行 linguist 进行翻译工作,如图 8-9 所示。

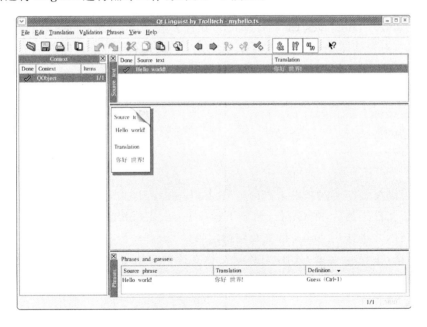

图 8-9　利用 linguist 工具进行翻译工作

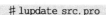

```
# lupdate src.pro
# linguist myhello.ts
```

完成翻译工作后,就可以使用 lrelease 编译生成二进制翻译文件 myhello.qm。若将此程序放到 Qtopia 或 OPIE 中,则只须将该翻译文件放在 Qtopia 或 OPIE 的 i18n/zh_CN/目录下即可。

```
# lrelease src.pro
```

8.6.2　Qtopia 和 OPIE 的中文化

Qtopia 和 OPIE 都提供了较完善的国际化支持,可以在编译和安装时,自动调用 lupdate 及 lrelease 等工具,并生成.ts 文件和.qm 文件。因此,用户只须用 linguist 工具完成翻译.ts 文件的工作即可。

OPIE 在 i18n 目录下已提供了.ts 翻译文件,可以直接使用 linguist 工具进行翻译。而 Qtopia 则须在配置 Qtopia 时加入对中文的支持,编译和安装时,它会自动调用 lupdate,lrelease 等工具,并生成.ts 文件和.qm 文件,用户只须使用 linguist 工具翻译.ts 文件即可。

配置 Qtopia 使其支持简体中文件,即根据 8.3.2 小节所述的 Qtopia 配置方法,在 qpe 的配置部分加上参数"- languages zh_CN"即可。配置完成之后,还需为 I18N 语言目录添加目录的说明信息。对于简体中文,就是在 $QPEDIR/i18n/zh_CN 目录下创建一个.directory 文件,内容如下:

```
[Translation]
File = QtopiaI18N
Context = Chinese
[Desktop Entry]
Name[] = Chinese
```

接着,就可以在 $QPEDIR 目录下运行 make lupdate 生成.ts 文件,并利用 linguist 工具翻译生成的.ts 文件。最后,在 Qtopia 目录下运行 make install 命令调用 lrelease 生成二进制的.qm 翻译文件,并将这些.qm 文件安装到指定目录。

要注意的是,在 Qtopia 或 OPIE 中必须安装支持中文的字体,才能在运行之后正确显示出中文的信息。

本章小结

　　图形用户界面是嵌入式系统组成非常重要的部分,其设计涉及嵌入式 GUI 的移植和用户图形应用程序的编写。本章说明了 Framebuffer 的原理与使用,接着比较了几种常见的嵌入式 GUI,并重点介绍了基于 Qt/Embedded 的嵌入式图形界面 Qtopia 和 OPIE 的移植与应用程序开发的方法。通过本章的学习,应了解各种常见嵌入式图形界面系统及其选择,并掌握基于 Qt/Embedded 的嵌入式图形应用程序的开发方法。

习题与思考题

1. 什么是 Frame Buffer? Frame Buffer 在嵌入式系统显示中有何作用?
2. 下载最新的 Qtopia 版本并尝试在开发板上进行移植工作。
3. 下载最新的 OPIE 版本并尝试在开发板上进行移植工作。
4. 编写一个 Qt/Embedded 的应用程序,并将其分别集成到 Qtopia 和 OPIE 界面中。
5. 试比较常见的嵌入式图形用户界面系统的优缺点。

第 **9** 章

嵌入式 Linux 网络应用开发

本章要点

- TCP/IP 和 Linux 网络简介；
- Linux Socket 编程接口介绍；
- 基于 IPv4 协议 Socket 编程；
- IPv6 简介及 Linux 下 IPv4 程序移植到 IPv6 的方法。

9.1 TCP/IP 和 Linux 网络简介

Linux 的网络功能非常强大，是 Linux 系统非常重要的组成部分。它的网络堆栈成熟，开发工具独一无二，能为嵌入式装置提供强大的网路支持。此外，在 Linux 下有大量的免费软件可供下载使用，这为设计嵌入式网络装置的软件工程师提供了广阔的选择余地。

TCP/IP 是一组网络通信协议，它使任何计算机用户可以通过调制解调器和其他的网络接入方式访问和共享 Internet 上的信息，是一个稳定、构造优良的、富有竞争性的协议。

TCP/IP 实际上是一个一起工作的通信协议族的简称，它们一起为网际数据通信提供通路。TCP/IP 和 OSI 网络模型的分层如图 9-1 所示。为讨论方便，可将 TCP/IP 协议族大体上分为三部分：

- 网际互联协议(IP)；
- 传输控制协议(TCP)和用户数据报协议(UDP)；
- 处于 TCP 和 UDP 之上的一组应用层协议。

下面分别简介这三部分。

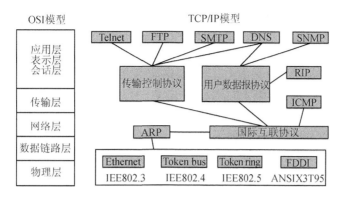

图 9 - 1 TCP/IP 和 OSI 网络模型的分层图

1. 网际互联协议

第一部分也称为网络层,包括网际互联协议(IP)、网际控制报文协议(ICMP)和地址识别协议(ARP)。

(1) 网际互联协议(IP)

该协议被用于互联分组交换通信网,以形成一个网际通信环境。它负责在源主机和目的地主机之间传输较高层协议的数据报文,它在源和目的地之间提供不可靠的、无链接的数据报传递服务。

(2) 网际控制报文协议(ICMP)

它实际上不是 IP 层部分,但它直接同 IP 层一起工作,报告网络上的某些出错情况,允许网际路由器传输差错信息或测试报文。

(3) 地址识别协议(ARP)

ARP 实际上不是网络层部分,它处于 IP 层和数据链路层之间,处理 IP 地址和以太网物理地址间的映射关系。

2. 传输层协议

第二部分是传输层协议,包括传输控制协议和用户数据报文协议。

(1) 传输控制协议(TCP)

TCP 协议使用网络层的 IP 协议向应用层提供可靠的面向链接的字节流服务,该协议所提供的功能如下:

● 请求和建立链接。采用 TCP 协议通信的客户端与服务端必须先建立链接才能通信。通信的服务端处于被动的监听状态,等待客户端发起链接请求。客户端向服务端发起链接请求后,双方进行三次握手建立 TCP 链接。

● 可靠的数据发送和接收服务。TCP 协议采用确认和超时重传机制保证通信的可靠性。

- 面向字节流的数据传输服务。TCP 协议提供的是一个面向字节流的数据通道,数据间没有界限。为保证字节流的顺序,TCP 协议为每个发送的数据段分配一个序列号。
- 关闭链接。在完成数据通信后,进行通信的双方应关闭已建立的传输通道。

(2) 用户数据报文协议(UDP)

UDP 协议建立在网际互联协议(IP)基础上,提供不可靠的非链接的数据报服务,它允许在源和目的地站点之间传送数据,而不必在传送数据之前建立链接。此外,该协议不使用 TCP 的端对端差错校验机制。使用 UDP 的开销比较低。它主要用于那些无须建立链接的应用程序,例如 DNS 域名服务及 SNMP 网络管理等。

3. 应用层协议

第三部分是应用层协议,这部分包括 Telnet、超文本传输协议(HTTP)文件传送协议(FTP)、简单的文件传送协议(TFTP)和域名服务(DNS)等协议。

9.2　Linux 套接字编程接口介绍

Linux 系统的套接字(Socket)是一个通用的网络编程接口,它支持多种协议,在 Linux 系统中,应用程序使用它来实现网络通信。

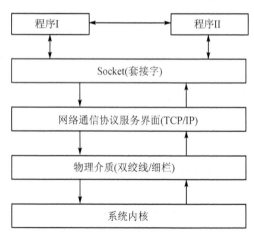

图 9-2　接口通信示意

Socket 提供了网络间不同主机中的进程通信端点。进程通信之前,双方首先必须各自创建一个端点,否则,没有办法建立联系并相互通信。Socket 接口示意图如图 9-2 所示。

下面介绍套接字的一些基本知识。

1. 套接字类型

LinuxTCP/IP 协议族的套接字有三种类型:流式套接字(SOCK_STREAM),数据报套接字(SOCK_DGRAM)及原始套接字(SOCK_RAW)。

流式的套接字可以提供可靠的、面向连接的通信流。如果通信中的一端通过流式套接字发送了顺序的数据"1","2"。那么数据到达通信的另一端时的顺序也是"1","2"。

数据报套接字定义了一种无链接的服务,数据通过相互独立的报文进行传输,是无序的,

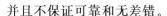

并且不保证可靠和无差错。

原始套接字主要用于一些协议的开发，可以进行比较底层的操作，它的功能强大，但是没有上面介绍的两种套接字使用方便，一般的程序也涉及不到原始套接字。

2. 套接字结构

（1）struct sockaddr

这个结构用来存储套接字地址。

```
struct sockaddr {
unsigned short sa_family;      /＊地址族，AF_xxx＊/
char sa_data[14];  /＊14 字节的协议地址，它包含了一些远程电脑的地址、端口和套接字的数目等＊/
};
```

为了处理 struct sockaddr，可使用一个相似的结构 struct sockaddr_in。

（2）struct sockaddr_in

这个结构提供了方便的手段来访问 socket address（struct sockaddr）结构中的每一个元素。

```
struct sockaddr_in {
short int sin_family;          /＊地址协议族 ＊/
unsigned short int sin_port;   /＊ 端口号 ＊/
struct in_addr sin_addr;       /＊地址 ＊/
unsigned char sin_zero[8];     /＊ 添 0 使该结构和 struct sockaddr 占用的空间一样大 ＊/
};
```

注意：sin_zero[8] 是为了使两个结构在内存中具有相同的尺寸，使用 sockaddr_in 的时候要把 sin_zero 全部设成零（使用 bzero() 或 memset() 函数）。由于两个结构占用的内存空间一样，可以使用强制类型转换将 struct sockaddr_in 类型的变量转换为 sturct sockaddr 的结构。这样是因为 socket() 函数需要一个 struct sockaddr 指针类型的参数，但对于 TCP/IP 的编程，struct sockaddr_in 类型更易于使用。要注意的是，在 struct sockaddr_in 中，sin_family 相当于在 struct sockaddr 中的 sa_family，须设成"AF_INET"。最后，一定要保证 sin_port 和 sin_addr 是网络字节序的。

（3）struct in_addr

这个结构用于存放四个字节的 IP 地址（按网络字节顺序排放）。

```
struct in_addr {
unsigned long s_addr;
};
```

9.3　基于 IPv4 协议 Socket 编程

9.3.1　基于 TCP 的 Socket 编程

TCP 提供一种面向链接的、可靠的字节流服务。面向链接意味着两个使用 TCP 的应用（通常是一个客户和一个服务器）在彼此交换数据之前，必须先建立一个 TCP 链接。在一个 TCP 链接中，仅有两方进行彼此通信。

TCP 通过下列方式来提供可靠性：

- 应用数据被分割成 TCP 认为最适合发送的数据块。
- 当 TCP 发出一个段后，它启动一个定时器，等待目的端确认收到这个报文段。如果不能及时收到一个确认，将重发这个报文段。
- 当 TCP 收到发自 TCP 链接另一端的数据，它将发送一个确认。
- TCP 将保持它首部和数据的检验和。这是一个端到端的检验和，目的是检测数据在传输过程中的任何变化。如果收到的报文段的检验和有差错，TCP 将丢弃这个报文段并且不向对方确认收到此报文段（希望发端超时并重发）。
- 如果必要，TCP 将对收到的数据进行重新排序，将收到的数据以正确的顺序交给应用层。
- TCP 的接收端必须丢弃重复的数据。
- TCP 还能提供流量控制。TCP 链接的每一方都有固定大小的缓冲空间。TCP 的接收端只允许另一端发送接收端缓冲区所能接纳的数据，这将防止较快主机致使较慢主机的缓冲区溢出。

TCP 服务器和客户端大概的工作流程如图 9 - 3 所示。

1．TCP 服务器工作流程

(1) 创建 TCP 套接口

TCP 服务器程序启动时首先调用 Socket()函数创建一个 TCP 套接口。Socket()函数函数原型如下：

```
# include <sys/socket.h>
# include <sys/types.h>
int socket(int family,int type,int protocol);
```
返回:非负描述字——成功,-1——出错

family 指定协议族，type 指定套接口类型，protocol 一般设置为 0。Socket()函数在成功时，则返回一个小的非负整数，它与文件描述字类似，常把它称为套接口描述字，简称套接字。

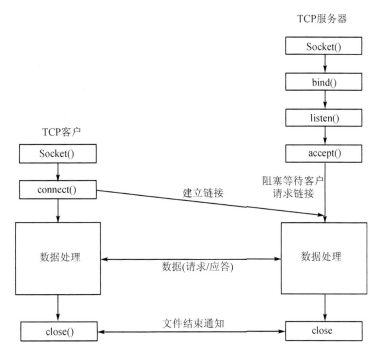

图 9 - 3　TCP 客户一服务器工作原理

若出错,则返回一1。

(2) 捆绑服务器众所周知的端口到套接口

捆绑端口是通过调用 bind()函数实现的。函数 bind()给套接口分配一个本地协议地址,对于 TCP/IP 协议,协议地址是 32 位 IPv4 地址与 16 位的 TCP 或 UDP 端口号的组合。bind ()函数原型如下:

```
# include <sys/socket.h>
# include <sys/types.h>
int bind(int socketfd,const struct sockaddr * myaddr,socklen_t addrlen);
                                 返回:0——成功,-1——出错
```

其中,第一个参数指定套接字,第二个参数是指向特定于协议的地址结构的指针。

(3) 把套接字变换成监听套接字

通过调用 listen()函数将此套接口变换成一个监听套接口,它使系统内核接受来自客户的链接。Socket()、bind()和 listen()是任何 TCP 服务器用于准备监听描述字通常的三个步骤。listen()函数如下:

```
# include <sys/socket.h>
int listen (int sockfd,int backlog);
```
返回:0——成功,-1——出错

当函数 Socket()创建一个套接口时,它被假定为一个主动套接口,也就是说,它是一个客户套接口,将调用 connect()向远端服务器发起链接请求。函数 listen()将未链接的套接口转换成被动套接口,指示内核接受指向此套接口的链接请求。

函数的第二个参数规定了内核为此套接口排队的最大链接个数。listen()函数成功则返回 0,出错则返回-1。

(4) 接受客户链接,发送应答

服务器进程在调用 accept()函数后处于睡眠状态,等待客户的链接。TCP 连接使用三次握手来建立,当握手完毕时,accept()函数返回,其返回值是一个称为已链接套接口描述字的新描述字,此描述字用于与新客户的通信。accept()为每个链接到服务器的客户返回一个新的已链接套接口描述字。accept()函数原型如下:

```
# include <sys/socket.h>
# include <sys/types.h>
int accept (int sockfd,struct sockaddr * cliaddr,socklen_t   * addrlen);
```
返回:非负描述字——ok,-1——出错

参数 cliaddr 和 addrlen 用来返回链接客户的协议地址信息。

(5) 终止连接

服务器通过调用 close()关闭与客户的链接。

```
# include <unistd.h>
int close(int sockfd)
```
返回:0——ok,-1——出错

TCP 套接口的 close()缺省功能是将套接口标上"已关闭"标记,并立即返回。关闭的套接口描述字不能再为进程所用。

2. 客户端工作流程

① 创建 TCP 套接口。客户端也是通过调用 Socket()函数来创建一个套接口。

② 指定服务器 IP 地址和端口。

③ 建立与服务器的链接。通过调用 connect()函数与服务器取得链接。connect()函数原型如下:

```
# include <sys/socket.h>
# include <sys/types.h>
int connect(int sockfd,const struct sockadd * servaddr,socklen_t addrlen);
```
返回:0——成功,-1——出错

sockfd 是由 Socket( )函数返回的套接字,第二和第三个参数分别是一个指向套接口地址结构的指针和该结构的大小。

④ 读入并输出服务器的应答。

⑤ 终止程序。

9.3.2　基于 TCP Socket 的应用实例——猜数字游戏

下面以一个简单的猜数字游戏为例,介绍编写一个完整的客户－服务器程序的方法,它的具体功能如下:

● 客户端程序从标准输入,读入一个数字并发送到服务器。
● 服务器从网络输入,读取该数并把它与事先随机生成的数字相比较,若相等,则提示用户猜对了;否则,提示错误并把正确数字发送给客户显示出来。

1. TCP 服务器实现

服务器 main( )函数代码如下:

```
# include          <sys/socket.h>
# include          <sys/types.h>
# include          <string.h>
# include          <netdb.h>
# include          <unistd.h>
# include          <stdlib.h>
int main(int argc,char * * argv)
{
    int                 listenfd,connfd;
    pid_t               childpid;
    socklen_t           clilen;
    struct sockaddr_in  cliaddr,servaddr;          //声明两个地址结构变量
    // 下面这行用于创建网际(AF_INET)字节流(SOCK_STREAM)套接口,基于 IPv4 协议
    listenfd = socket(AF_INET,SOCK_STREAM,0);
    bzero(&servaddr,sizeof(servaddr));             //把整个地址结构清零
    servaddr.sin_family    = AF_INET;              //置地址族为 AF_INET
    //指定 IP 地址为 INADDR_ANY,并通过 htonl 把它转换成合适的格式
    servaddr.sin_addr.s_addr = htonl(INADDR_ANY);
    //指定端口为 9877,并调用 htons 把二进制端口号转换成网络短整数
```

```
servaddr.sin_port            = htons(9877);
//把 IP 地址绑定到指定的端口 listenfd
bind(listenfd,(struct sockaddr * ) &servaddr,sizeof(servaddr));
listen(listenfd,1024);                       //把端口 listenfd 设置成监听端口
for ( ; ; ) {
    clilen = sizeof(cliaddr);
    connfd = accept(listenfd,(struct sockaddr * ) &cliaddr,&clilen);    //接受客户链接
    //为每个客户产生一个子进程来处理客户所需的服务
    if ( (childpid = fork()) == 0) {
            close(listenfd);                 //关闭监听端口
            tcp_serp(connfd);                //请求处理
            exit(0);                         //处理完毕,退出子进程
    }
    close(connfd);                           //关闭链接
}
return 0;
}
```

请求处理函数 tcp_serp()的代码如下：

```
# include        <unistd.h>
# include        <stdlib.h>
# include        <stdio.h>
# include        <errno.h>
# include        <string.h>
void tcp_serp(int sockfd)
{
    ssize_t          n;
    int              randomNUM,tmp,m;
    char             bufin[4096], * str,bufout[4096];    //设置缓冲区大小为 4 096
again:
    randomNUM = random() % 10;                //首先产生一个 0～9 的随机数让玩家猜测
    while ( (n = read(sockfd,bufin,4096)) > 0){    //从套接口中读取数据放到缓冲中
        tmp = atoi(bufin);                    //把接收到的字符串转换为整数
        if(tmp == randomNUM){
                str = "Good,You are right ! \n";
                strcat(bufout,str);
        }
        else{
                str = "Wrong! The right number is ";
```

```
                strcat(bufout,str);
                m = strlen(str);
                bufout[m] = randomNUM + '0';
                bufout[m + 1] = '\n';
                bufout[m + 2] = '\0';
        }
        write(sockfd,bufout,strlen(bufout));
        bzero(bufout,sizeof(bufout));              //bufout 清零
        randomNUM = random() % 10;                 //为下一次猜测准备一个 0~9 的随机数
    }
    if (n < 0 && errno == EINTR)
            goto again;
    else if (n < 0){
        printf("tcp_serp: read error\n");
        free(str);
        exit(1);
    }
}
```

2. TCP 客户端实现

客户端 main()函数代码和注释：

```
# include        <sys/socket.h>
# include        <sys/types.h>
# include        <netdb.h>
# include        <stdio.h>
# include        <stdlib.h>
# include        <strings.h>
int  main(int argc,char * * argv)
{
    int               sockfd;
    struct sockaddr_in    servaddr;                 //声明一个地址结构变量
    if (argc != 2){                                 //判断是否给出 IP 地址
        printf("usage: tcpcli <IPaddress>\n");
        exit(1);
    }
    //创建网际(AF_INET)字节流(SOCK_STREAM)套接口,基于 IPv4 协议
    sockfd = socket(AF_INET,SOCK_STREAM,0);
    bzero(&servaddr,sizeof(servaddr));              //把地址结构清零
    servaddr.sin_family = AF_INET;                  //置地址族为 AF_INET
    //指定端口为 SERV_PORT,并调用 htons 把二进制端口号转换成网络短整数
```

```
        servaddr.sin_port = htons(9877);
        inet_pton(AF_INET,argv[1],&servaddr.sin_addr);//把给出的 IP 地址变换成合适的格式
        connect(sockfd,(struct sockaddr *) &servaddr,sizeof(servaddr));//与服务器建立链接
        tcp_clip(stdin,sockfd);                       //客户处理
        exit(0);
    }
```

函数 tcp_clip()代码如下:

```
# include          <stdio.h>
# include          <string.h>
# include          <stdlib.h>
void  tcp_clip(FILE * fp,int sockfd)
{
    ssize_t          n;
    char      sendline[4 096], recvline[4096];
    //从 fp 所指向的文件中读取数据并保存到 sendline 缓冲
    while (fgets(sendline,4 096,fp) ! = NULL) {
        write(sockfd,sendline,strlen(sendline));   //把 sendline 的内容写到套接口 Sockfd
        if ( (n = read(sockfd,recvline,4096)) == 0){
                printf("tcp_clip: server terminated prematurely");
                exit(1);
        }
        write(1,recvline,n);                        //把所读的数据输出到标准输出
    }
}
```

9.3.3　基于 UDP 的 Socket 编程

　　UDP 和 TCP 是两个很不相同的传输层协议,TCP 是面向链接的,提供可靠的字节流服务;而 UDP 则提供无链接的、不可靠的数据报服务。下面介绍 UDP 的广播功能。广播仅应用于 UDP,它对需将报文同时传往多个接收者的应用来说十分重要。广播的用途之一就是假定服务器主机在本地子网上,但不知道它的单播 IP 地址,对它进行定位,这就是资源发现(resource discovery)。UDP 的另一用途是,当有多个客户和单个服务器通信时,它可减少局域网上的数据流量。广播的目的主机是包括发送主机本身在内的链接到同一网络上的所有主机。若广播的接收端已知道广播发送端的地址,则应答数据报应采用单播,以免产生广播风暴。

　　在双方通信时,客户不与服务器建立链接,它只需用函数 sendto()给服务器发送数据报。类似的,服务器不从客户接受链接,它只需调用函数 recvfrom(),等待来自某客户的数据的到达。然而 UDP 客户端程序也可以调用 connect()函数,但是当 connect()函数在一个数据报套

282

接口上被调用时,它并没有像字节流套接口那样真正的建立链接。取而代之的是,UDP 通过建立本地地址和端口跟远程主机地址和端口的映射,使得编程时可以在数据报套接口上用 send()和 recv()函数代替 recvfrom()和 sendto()函数。各发送或接收的函数原型如下所示:

```
# include <sys/types.h>
# include <sys/socket.h>
ssize_t recvfrom(int sockfd,void * buff,size_t nbytes,int flags,
                         struct sockaddr * from,socklen_t * addrlen);
ssize_t sendto(int sockfd,const void * buff,size_t nbytes,int flags,
                         const struct sockaddr * to,socklen_t * addrlen);
ssize_t recv(int sockfd,void * buf,size_t nbytes,int flags);
ssize_t send(int sockfd,const void * buf,size_t nbytes,int flags);
```

四者均返回:读/写字节数——成功,-1——出错

前三个参数 sockfd、buff 和 nbytes 等同于函数 read()和 write()的前三个参数:描述字、指向读/写缓冲区的指针和读/写字节数。flags 在这里设置为 0。sendto()的参数 to 是一个含有数据将发往的协议地址的套接口地址,它的大小由 addrlen 来指定。函数 recvfrom()用数据报发送者的协议地址装填 from 所指的套接口地址结构,存储在此套接口地址结构中的字节数也以 addrlen 所指的整数返回给调用者。

UDP 服务器和客户端的工作流程如图 9-4 所示。

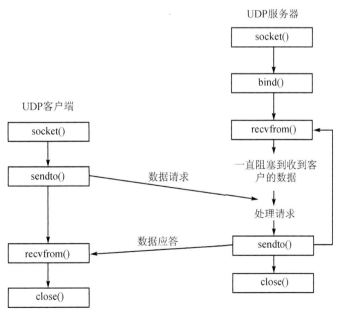

图 9-4　UDP 服务器和客户端的工作流程

9.3.4　基于 UDP Socket 的应用实例——服务查询

下面以一个简单的服务查询程序为例,介绍用基于 UDP 的 Socket 进行编程的方法。这个例子中用到了 UDP 的广播功能。客户端程序向子网广播地址发送一个字符串,然后该子网内所有运行服务器端程序的主机都响应,并向该客户端主机回写一个空字符串,使客户端程序可以把在同一子网内的所有运行服务器端程序的主机的 IP 地址显示出来,其工作过程如图9-5 所示(主机 0 也可以同时运行服务端程序)。

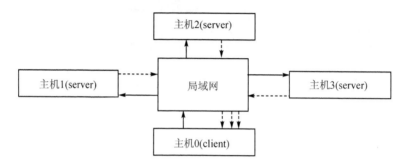

图 9 - 5　基于 UDP 广播功能的服务查询

下面具体来实现服务端和客户端程序。

1. UDP 服务器实现

服务器 main()函数代码如下:

```
# include          <sys/socket.h>
# include          <sys/types.h>
# include          <netdb.h>
# include          <string.h>
int   main(int argc,char * * argv)
{
    int               sockfd;
    struct sockaddr_in        servaddr,cliaddr;
    sockfd = socket(AF_INET,SOCK_DGRAM,0);
    bzero(&servaddr,sizeof(servaddr));
    servaddr.sin_family       = AF_INET;
    servaddr.sin_addr.s_addr = htonl(INADDR_ANY);
    servaddr.sin_port    = htons(9877);
    bind(sockfd,(struct sockaddr * ) &servaddr,sizeof(servaddr));  //以上代码跟 TCP 类似
    udp_serp(sockfd,(struct sockaddr * ) &cliaddr,sizeof(cliaddr)); //调用 udp_serp 进行服务器的处理
}
```

udp_serp( )函数代码如下：

```
# include       <sys/socket.h>
# include       <sys/types.h>
void  udp_serp(int sockfd,struct sockaddr * pcliaddr,socklen_t clilen)
{
    socklen_t         len;
    for ( ; ; ) {
            len = clilen;
            recvfrom(sockfd,NULL,0,0,pcliaddr,&len);   //取得客户端地址,保存在
                                                       //pcliaddr 中
            //往地址 pcliaddr 发送一个空信息,相当于把自己的地址信息发送出去
            sendto(sockfd,NULL,0,0,pcliaddr,len);
    }
}
```

2．UDP 客户端实现

客户端 main( )函数代码如下：

```
# include           <sys/socket.h>
# include           <sys/types.h>
# include           <netdb.h>
# include           <stdlib.h>
# include           <stdio.h>
# include           <string.h>
int  main(int argc,char * * argv)
{
        int                   sockfd;
        struct sockaddr_in        servaddr;
        if (argc != 2){
            printf("usage: udpcli <IPaddress>\n");
            exit(1);
        }
        bzero(&servaddr,sizeof(servaddr));
        servaddr.sin_family = AF_INET;
        servaddr.sin_port = htons(9877);
        inet_pton(AF_INET,argv[1],&servaddr.sin_addr);
        sockfd = socket(AF_INET,SOCK_DGRAM,0);
        udp_clip(stdin,sockfd,(struct sockaddr * ) &servaddr,sizeof(servaddr));
                                                //调用 Dg_cli 进行请求处理
        exit(0);
}
```

udp_clip()函数代码如下：

```
# include            <sys/socket. h>
# include            <sys/types. h>
# include            <sys/select. h>
# include            <netdb. h>
# include            <stdlib. h>
# include            <stdio. h>
# include            <string. h>
void udp_clip(FILE * fp,int sockfd,const struct sockaddr * pservaddr,socklen_t servlen)
{
    int               maxfdp1;
    int               MAXLINE = 4096;
    const int         on = 1;
    char              sendline[MAXLINE],str[128];
    socklen_t         len;
    fd_set            rset;
    struct sockaddr    * preply_addr;
    struct timeval     tv;                 //select 的超时参数,设定 5 s 超时
    tv.tv_sec = 5;
    tv.tv_usec = 0;
    preply_addr = malloc(servlen);          //分配内存空间
    FD_ZERO(&rset);
    // SO_BROADCAST 设置允许传输广播报文
    setsockopt(sockfd,SOL_SOCKET,SO_BROADCAST,&on,sizeof(on));
    if(fgets(sendline,MAXLINE,fp) == NULL)    //从文件 fp 中读取一行放入 sendline 中
          exit(0);
    else
          sendto(sockfd,sendline,strlen(sendline),0,pservaddr,servlen);
    FD_SET(sockfd,&rset);
    maxfdp1 = sockfd + 1;
    for( ; ; ){
          if( select(maxfdp1,&rset,NULL,NULL,&tv) == 0 ) {
                printf("recvfrom timeout\n");
                exit(0);
          }
          else {
                len = servlen;
                recvfrom(sockfd,NULL,0,0,preply_addr,&len);
                printf (" % s\n",inet_ntop(AF_INET,
                    &((struct sockaddr_in * )preply_addr) ->sin_addr,str,sizeof(str)));
```

```
            }
        }
    }
```

9.4　IPv6 网络应用程序开发

9.4.1　IPv6 简介

在开发 IPv4 协议时,32 位的 IP 地址似乎足以满足互联网的需要。但随着互联网的发展,32 位的地址资源已经不能满足需要了。正在开发之中的下一个版本的 IP 协议通常称为 IP 版本 6(IPv6),就是为了弥补这个不足而设计的。

IPv6 中的变化体现在以下 5 个重要方面:

- 扩展地址;
- 优化包头格式;
- 对扩展和选项支持的改进;
- 流标记;
- 身份验证和保密。

IPv6 的扩展地址意味着 IP 可以继续增长而无须考虑资源的匮乏,该地址结构对于提高路由效率有所帮助;对于包头的简化减少了路由器的处理过程,从而提高了选路的效率;对头扩展和选项的支持的改进,意味着可以在几乎不影响普通数据包和特殊包选路的前提下满足更多的特殊需求;流标记办法为更加高效地处理数据包流提供了一种机制,这种机制对于实时应用尤其有用;身份验证和保密方面的改进,使得 IPv6 更加适用于那些要求对敏感信息和资源特别对待的商业应用。

1. 扩展地址

IPv6 除了把地址空间扩展到了 128 位外,还对主机可能获得的不同类型的 IP 地址做了一些调整。IPv6 中取消了广播地址,而使用组播地址代替。IPv4 中,用于指定一个网络接口的单播地址和用于指定由一个或多个主机侦听的组播地址的方法基本不变。

2. 优化包头格式

IPv6 包头包括总长为 40 字节的 8 个字段(其中有两个是源地址和目的地址),它与 IPv4 包头的不同在于,IPv4 中包含至少 12 个不同字段,且长度在没有选项时为 20 字节,但在包含选项时可达 60 字节。IPv6 使用了固定格式的包头并减少了需要检查和处理的字段的数量,这使得选路的效率更高。

包头的优化改变了 IP 的某些工作方式。一方面,由于所有包头长度统一,所以不再需要包头长度字段。另一方面,通过修改包分段的规则,可以在包头中去掉一些字段。IPv6 中的分段只能在源节点进行,中间路由器不能再对所经过的包进行任何分段。最后,将头校验和的处理交给更高层协议(UDP 和 TCP)负责,这使得去掉 IP 头校验和不会影响可靠性。

3．对扩展和选项支持的改进

在 IPv4 中可以在 IP 头的尾部加入选项,而在 IPv6 中则把选项加在单独的扩展头中。通过这种方法,选项头只有在必要的时候才需要检查和处理。

IPv6 中的分段只发生在源节点上,因此只须考虑分段扩展头的源节点和目的节点。源节点负责分段并创建扩展头,该扩展头将放在 IPv6 头和下一个高层协议头之间。目的节点接收数据包并使用扩展头进行重装。所有的中间节点都可以忽略该分段的扩展头,这样就提高了包选路的效率。

逐跳(hop-by-hop)选项扩展头要求包的路径上的每一个节点都处理该头字段。在这种情况下,每个路由器必须在处理 IPv6 包头的同时也处理逐跳选项。第一个逐跳选项被定义用于超长 IP 包(巨型净荷),并不是所有链路都有能力处理这种超长的传输单元,且路由器希望尽量避免把它们发送到不能处理该包的网络上。因此,包含巨型净荷的包需要受到特别对待,在包经过的每个节点上都对选项进行检查。

4．流标记

在 IPv4 中,大致对所有包同等对待,每个包都是由中间路由器按照各自的方式来处理的。路由器并不跟踪任意两台主机间传输的包,因此不能确定如何处理将到来的包。IPv6 实现了流概念,流指的是从一个特定源发向一个特定(单播或者是组播)目的地的包序列,发送源希望中间路由器对这些包进行特殊处理。

路由器需要对流进行跟踪并保持一定的信息,这些信息在流中的每个包中都是不变的,这使得路由器可以对流中的包进行高效处理。

5．身份验证和保密

IPv6 使用了 IP 身份验证头(AH)和 IP 封装安全性净荷(ESP)两种安全性扩展。

IP 身份验证头(AH)可存放报文摘要,它通过对包的安全可靠性的检查和计算来提供身份验证功能。发送方计算报文摘要并把结果插入到身份验证头(AH)中,接收方根据收到的报文摘要重新进行计算,并把计算结果与 AH 头中的数值进行比较。如果两个数值相等,说明数据在传输过程中没有被改变;如果不相等,则说明数据或者是在传输过程遭到了破坏,或者是被某些人进行了故意修改。

封装安全性提供机制可以用来加密 IP 包的净荷,或者在加密整个 IP 包后以隧道方式在 Internet 上传输。如果只对包的净荷进行加密的话,则包中的其他部分(包头)将公开传输,这将使得发送主机和接收主机以及其他与该包相关的信息可能会被被别人获取。使用 ESP 对 IP 进行隧道传输意味着对整个 IP 包进行加密，并由作为安全性网关操作的系统将其封装在另一 IP 包中。通过这种方法，被加密的 IP 包中的所有细节均被隐藏起来。这种技术是创建虚拟专用网（VPN）的基础，它允许各机构使用 Internet 作为其专用骨干网络来共享敏感信息。

9.4.2　IPv4 程序移植到 IPv6 的方法

　　Linux 内核已提供了对 IPv6 的支持，在移植 IPv4 的程序以支持 IPv6 前，首先要确保已经把对 IPv6 支持的功能模块编译进内核。如果默认内核配置没有把此功能模块编译进内核，则必须重新配置内核并重新编译，具体的内核配置如图 9－6 所示。

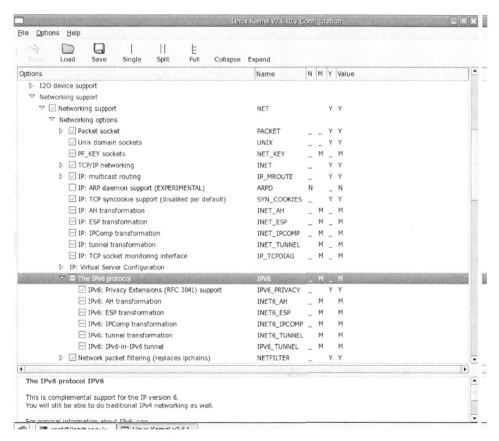

图 9－6　IPv6 支持内核配置方法

　　要把基于 Socket 的 IPv4 应用程序移植到 IPv6 协议上，并同时兼容两种协议，需要修改源程序在建立链接之前的代码，涉及 socket()，bind() 及 connect() 等过程，还包括一些地址转换函数。另外,由于 IPv6 中没有广播的概念,取而代之,使用多播代替广播。

1. getaddrinfo( ),freeaddrinfo( )和 getnameinfo( )函数

在创建 Socket 之前,首先要获取主机的地址信息,这可通过 getaddrinfo()函数完成,代码如下:

```
# include <sys/types.h>
# include <sys/socket.h>
# include <netdb.h>
int getaddrinfo(const char * node,const char * service,
                const struct addrinfo * hints,struct addrinfo * * res);
```

node 是网络地址,service 是端口号或服务名称,hints 是输入参数,res 是返回的地址信息。

getnameinfo()函数与 getaddrinfo()函数互补,它以一个套接口地址为参数,返回一个描述主机的字符串和一个描述服务的字符串。getnameinfo()函数以一种独立于协议的方式提供这些信息,调用者不必关心套接口地址结构中的协议地址的类型,这些细节由函数自己处理。getnameinfo()函数原型如下:

```
# include <sys/socket.h>
# include <netdb.h>
int getnameinfo(const struct sockaddr * sa,socklen_t salen,
                char * host,size_t hostlen,
                char * serv,size_t servlen,int flags);
```

sa 指向包含协议地址的套接口地址结构,它将被转换成可读的字符串,salen 是结构的长度,host 和 hostlen 指定主机字符串,serv 和 servlen 指定服务字符串,flags 为标志信息。

freeaddrinfo()函数用来释放由 getaddrinfo()返回的存储空间,包括 addrinfo 结构、ai_addr 结构和 ai_canonname 字符串。该函数原型如下:

```
# include <sys/types.h>
# include <sys/socket.h>
# include <netdb.h>
void freeaddrinfo(struct addrinfo * res);
```

res 指向要释放的地址信息。

下面分别以 Socket 程序的 Server 端和 Client 端为例,说明 struct adrinfo 的结构:

```
struct addrinfo {
    int ai_flags;
    int ai_family;
```

```
    int ai_socktype;
    int ai_protocol;
    size_t ai_addrlen;
    struct sockaddr * ai_addr;
    char * ai_canonname;
    struct addrinfo * ai_next;
};
```

(1) Server 模式

一般,getaddrinfo()用于 Server 模式时,参数 node 指定为空,参数 hints 通常做如下设置:

```
struct addrinfo Hints;
memset(&Hints,0,sizeof(Hints));
Hints.ai_family  = PF_UNSPEC;
Hints.ai_socktype  = SocketType;
Hints.ai_flags  = AI_NUMERICHOST | AI_PASSIVE;
```

其中,PF_UNSPEC 表示使用任意协议族(PF_INET 和 PF_INET6),ai_socktype 是 Socket 类型(例如 SOCK_STREAM 和 SOCK_DGRAM),ai_flags 设置了 AI_PASSIVE 标志表示,当参数 node 为空时,getaddrinfo()返回的每一个 Socket 结构中的地址类型都是 PF_UNSPED的。根据上面的设置,getaddrinfo()函数调用可以写为:

```
RetVal = getaddrinfo(Address,Port,&Hints,& AddrInfo);
```

使用 getaddrinfo()之后,服务端的代码可写成如下形式:

```
for (i = 0,AI = AddrInfo; AI != NULL; AI = AI->ai_next,i++) {
    // 这个例子只支持 PF_INET 和 PF_INET6
    if ((AI->ai_family != PF_INET) && (AI->ai_family != PF_INET6))
    continue;
    //为这个地址打开一个带有正确地址族的套接口
    ServSock[i] = socket(AI->ai_family,AI->ai_socktype,AI->ai_protocol);
    if (ServSock[i] == -1){
        continue;
    }
    if (bind(ServSock[i],AI->ai_addr,AI->ai_addrlen) == -1) {
        continue;
    }
    if (SocketType == SOCK_STREAM) {
        if (listen(ServSock[i],5) == -1) {
            continue;
        }
```

```
    }
}
freeaddrinfo(AddrInfo);
```

注意：freeaddrinfo（）需与 getaddrinfo（）配对的操作，在使用完 AddrInfo 后要调用 freeaddrinfo（）函数释放 AddrInfo。

（2）Client 模式

在 Client 模式下，freeaddrinfo（）的参数 Hints 一般做如下设置：

```
memset(&Hints,0,sizeof(Hints));
Hints.ai_family = PF_UNSPEC;
Hints.ai_socktype = SocketType;
```

应注意，这里不设置 AI_PASSIVE 标志。当 node 为空时，getaddrinfo（）返回本地的 loop-back地址。这种设置用于客户端程序，使客户端可以链接主机本地服务器。

这样，getaddrinfo（）函数调用可以写为：

```
RetVal = getaddrinfo(Server,Port,&Hints,& AddrInfo);
```

使用 getaddrinfo（）之后，客户端链接服务器的代码可写成如下形式：

```
char AddrName[NI_MAXHOST];
for (AI = AddrInfo; AI != NULL; AI = AI->ai_next) {
    ConnSocket = socket(AI->ai_family,AI->ai_socktype,AI->ai_protocol);
    if (ConnSocket == -1) {
        continue;
    }
    if (connect(ConnSocket,AI->ai_addr,AI->ai_addrlen) != -1)
        break;
    if (getnameinfo(AI->ai_addr,AI->ai_addrlen,AddrName,
                sizeof(AddrName),NULL,0,NI_NUMERICHOST) != 0)
        close(ConnSocket);
    }
}
if (AI == NULL) {
    return -1;
}
freeaddrinfo(AddrInfo);
```

这里的示例代码中没有区分 UDP 或 TCP，在 UDP 类型的 Socket 上调用 connect（）并不像 TCP/IP 那样与远程服务器建立链接。一旦调用了 connect（），就可以在 UDP Socket 上使用 send（）和 recv（）函数，而不是 recvfrom（）和 sendto（）。

2．地址转换函数

在 IPv4 的程序代码中，经常会用到 inet_aton()和 inet_ntoa()函数，这两个函数用于点分格式的 IP 地址与二进制格式地址间的转换。如果把 IPv6 的地址交给这两个函数处理，则会被拒绝。在 IPv6 代码中的 inet_pton()和 inet_ntop()函数功能与前两者相同，但支持 IPv6 地址协议，代码如下：

```
# include <sys/types.h>
# include <sys/socket.h>
# include <arpa/inet.h>
int inet_pton(int family,const char * src,void * dst);
const char * inet_ntop(int family,const void * src,char * dst,socklen_t cnt);
```

两个函数的参数 family 既可以是 AF_INET，也可以是 AF_INET6。inet_pton()函数转换源地址是指针 src 所指的地址字符串，指针 dst 指向存储转换后的二进制 IP 地址的存储位置。inet_ntop()函数进行相反的转换，即把数值格式地址转换成字符串格式地址，cnt 是目标空间的大小。

3．广播的移植

IPv6 不支持广播，而用特殊的多播代替来代替广播。广播可以理解为一种面向所有节点的多播。发送多播的一端与发送广播的操作类似，只要 Socket 属性支持多播并将目标地址改为多播地址即可。接受多播的一端需要加入相应的多播组，才可以收到该组的数据包。

支持多播需要五个新的套接口选项，各套接口的具体含义如表 9-1 所列。要使用多播功能，则必须调用 setsockopt()函数设置套接口的相关属性。

表 9-1　多播套接口选项

	选项名称	数据类型	含义说明
IPv4	IP_ADD_MEMBERSHIP	struct ip_mreq	加入一个多播组
	IP_DROP_MEMBERSHIP	struct ip_mreq	离开一个多播组
	IP_MULTICAST_IF	struct in_addr	指定外出多播数据报的外出接口
	IP_MULTICAST_TTL	u_char	指定外出多播数据报的 TTL
	IP_MULTICAST_LOOP	u_char	使能或禁止外出多播数据报的回馈
IPv6	IPv6_ADD_MEMBERSHIP	struct ipv6_mreq	加入一个多播组
	IPv6_DROP_MEMBERSHIP	struct ipv6_mreq	离开一个多播组
	IPv6_MULTICAST_IF	u_int	指定外出多播数据报的外出接口
	IPv6_MULTICAST_HOPS	int	指定外出多播数据报的跳限
	IPv6_MULTICAST_LOOP	u_int	使能或禁止外出多播数据报的回馈

9.5　IPv4 到 IPv6 程序移植实例

9.5.1　基于 TCP Socket 的猜数字游戏程序移植

下面将 9.3.2 小节的猜数字游戏移植到 IPv6 上，并且同时使它支持 IPv4。服务器端在未确定使用何种协议进行通信之前，必须先获得正确的协议地址信息，然后对包含正确地址信息的套接口调用 listen()。函数 getTCPlisten()用来返回一个合适的监听套接口描述字，其代码如下：

```c
# include     <sys/socket.h>
# include     <sys/types.h>
# include     <netdb.h>
# include     <unistd.h>
# include     <string.h>
# include     <stdlib.h>
# include     <stdio.h>
int  getTCPlisten(const char * Address,const char * Port,socklen_t * addrlen)
{
    int                listenfd,n;
    const int              on = 1;
    struct addrinfo hints, * AddrInfo, * AI;
    bzero(&hints,sizeof(struct addrinfo));
    hints.ai_flags = AI_PASSIVE;
    hints.ai_family = AF_UNSPEC;
    hints.ai_socktype = SOCK_STREAM;
    if((n = getaddrinfo(Address,Port,&hints,&AddrInfo)) ! = 0){   //获取主机的地址结构信息
        printf("getTCPlisten error for % s, % s: % s\n",
                        Address,Port,gai_strerror(n));
        exit(1);
    }
    AI = AddrInfo;
    do {                                //do - while 语句用来创建套接口并给它捆绑地址
        listenfd = socket(AddrInfo->ai_family,AddrInfo->ai_socktype,AddrInfo->ai_protocol);
        if (listenfd < 0)
                continue;       //调用 socket()失败，则尝试下一个 AddrInfo
        setsockopt(listenfd,SOL_SOCKET,SO_REUSEADDR,&on,sizeof(on));
```

```
        if (bind(listenfd,AddrInfo->ai_addr,AddrInfo->ai_addrlen) == 0)
                break;                              //捆绑成功则跳出循环
        close(listenfd);                            //捆绑失败,尝试下一个 AddrInfo
    } while ( (AddrInfo = AddrInfo->ai_next) != NULL);
    if (AddrInfo == NULL){                          //如果对所有的地址结构调用 Socket 和
bine 都失败,则终止
        printf("getTCPlisten error for %s, %s\n",Address,Port);
        exit(1);
    }
    listen(listenfd,1024);                          //把套接口变成监听接口
    if (addrlen)                                    //如果参数 addrlen 非空,就通过这个指
针返回协议地址的大小
        * addrlen = AddrInfo->ai_addrlen;           //返回协议地址信息长度
    freeaddrinfo(AI);
    return(listenfd);
}
```

服务器端的 main() 函数代码如下:

```
# include      <netdb.h>
# include      <unistd.h>
# include      <stdlib.h>
int main(int argc,char * * argv)
{
    int                   listenfd,connfd;
    pid_t                 childpid;
    socklen_t             addrlen,clilen;
    struct sockaddr       * cliaddr;
    char * port = "9877";                        //通用端口的字符串形式
    listenfd = getTCPlisten(NULL,port,&addrlen); //创建监听套接口
    cliaddr = malloc(addrlen);
    for ( ; ; ) {                                //循环等待客户的链接
        clilen = addrlen;
        connfd = accept(listenfd,cliaddr,&clilen);
        if ( (childpid = fork()) == 0) {         //子进程
                close(listenfd);                 //关闭监听套接口
                tcp_serp(connfd);                //处理请求
                exit(0);
        }
        close(connfd);                           //父进程关闭已连接的套接口
    }
}
```

客户端同样也需要一个链接函数 getTCPconnect()，代码如下：

```
# include     <sys/socket.h>
# include     <sys/types.h>
# include     <netdb.h>
# include     <unistd.h>
# include     <stdlib.h>
# include     <stdio.h>
# include     <string.h>
int getTCPconnect(const char * Address,const char * Port)
{
    int    sockfd,n;
    struct addrinfo hints, * AddrInfo, * AI;
    bzero(&hints,sizeof(struct addrinfo));
    hints.ai_family = AF_UNSPEC;          //指定地址族为 AF_UNSPEC
    hints.ai_socktype = SOCK_STREAM;       //指定套接口类型为 SOCK_STREAM
    if ( (n = getaddrinfo(Address,Port,&hints,&AddrInfo)) ! = 0){
        printf("getTCPconnect error for % s, % s: % s\n",
                        Address,Port,gai_strerror(n));
        exit(1);
    }
    AI = AddrInfo;
    do {
        sockfd = socket(AddrInfo->ai_family,AddrInfo->ai_socktype,AddrInfo->ai_
protocol);
        if (sockfd < 0)
                continue;              //忽略
        if (connect(sockfd,AddrInfo->ai_addr,AddrInfo->ai_addrlen) == 0)
                break;                //成功
        close(sockfd);                //忽略
    } while ( (AddrInfo = AddrInfo->ai_next) ! = NULL);
    if (AddrInfo == NULL){
        printf("getTCPconnect error for % s, % s\n",Address,Port);
        exit(1);
    }
    freeaddrinfo(AI);
    return(sockfd);
}
```

客户端 main()函数代码如下：

```
# include      <sys/socket.h>
# include      <sys/types.h>
# include      <stdlib.h>
# include      <stdio.h>
int  main(int argc,char * * argv)
{
    int                sockfd;
    char               * port = "9877";
    socklen_t          len;
    struct sockaddr      * sa;
    if (argc !  = 2){
        printf("usage: daytimetcpcli <hostname/IPaddress>\n");
        exit(1);
    }
    sockfd = getTCPconnect(argv[1],port);
    len = sizeof(struct sockaddr_storage);
    sa = malloc(len);
    getpeername(sockfd,sa,&len);           //调用 getpeername()取得服务器协议地址
    tcp_clip(stdin,sockfd);
    free(sa);
    sa = NULL;
    exit(0);
}
```

9.5.2　基于 UDP Socket 的服务查询程序移植

本小节将把 9.3.4 小节的服务查询程序移植到 IPv6 上，并改用多播功能实现。要使用多播功能，必须调用 setsockopt()函数设置相关选项，并加入相应的多播组。

跟 TCP 服务器一样，UDP 服务端要获得正确的地址信息同样需要一个转换函数 getUDPser()，它跟 getTCPlisten()基本一样，只是没有使用 setsockopt()设置广播选项以及 listen()的调用，代码如下：

```
# include      <sys/socket.h>
# include      <sys/types.h>
# include      <netdb.h>
# include      <string.h>
# include      <stdlib.h>
# include      <stdio.h>
int getUDPser(const char * Address,const char * Port,socklen_t * addrlen)
```

```
{
    int            sockfd,n;
    struct addrinfo hints, * AddrInfo, * AI;
    bzero(&hints,sizeof(struct addrinfo));
    hints.ai_flags = AI_PASSIVE;
    hints.ai_family = AF_UNSPEC;
    hints.ai_socktype = SOCK_DGRAM;
    if ( (n = getaddrinfo(Address,Port,&hints,&AddrInfo)) ! = 0){
        printf("getUDPser error for % s, % s: % s\n",
                        Address,Port,gai_strerror(n));
        exit(1);
    }
    AI = AddrInfo;
    do {
        sockfd = socket(AddrInfo->ai_family,AddrInfo->ai_socktype,AddrInfo->ai_protocol);
        if (sockfd < 0)
                continue;                    //错误,下一个
        if (bind(sockfd,AddrInfo->ai_addr,AddrInfo->ai_addrlen) == 0)
                break;                       // 绑定成功
        close(sockfd);                       //绑定错误,尝试下一个
    } while ( (AddrInfo = AddrInfo->ai_next) ! = NULL);
    if (AddrInfo == NULL){    /* errno from final socket() or bind() */
        printf("getUDPser error for % s, % s\n",Address,Port);
        exit(1);
    }
    if (addrlen)
        * addrlen = AddrInfo->ai_addrlen;       //返回协议地址长度
    freeaddrinfo(AI);
    return(sockfd);
}
```

UDP 服务端 main()函数代码如下:

```
# include    <sys/socket.h>
# include    <sys/types.h>
# include    <net/if.h>
# include    <netdb.h>
# include    <string.h>
# include    <stdlib.h>
# include    <stdio.h>
```

```
int main(int argc,char * * argv)
{
    int                   sockfd,n;
    socklen_t             addrlen;
    struct sockaddr       servaddr, * cliaddr;
    struct addrinfo       hints, * AddrInfo, * AI;
    char * port = "9877";
    if ( argc ! = 2 ){
        printf("usage: Command <IPv4 or IPv6 Multicast IPaddress>\n");
        exit(1);
    }
    sockfd = getUDPser(NULL,port,&addrlen);
    cliaddr = malloc(addrlen);
    bzero(&hints,sizeof(struct addrinfo));
    hints.ai_flags = AI_PASSIVE;
    hints.ai_family = AF_UNSPEC;
    hints.ai_socktype = SOCK_DGRAM;
    if ( (n = getaddrinfo(argv[1],NULL,&hints,&AddrInfo))! = 0){ //取得输入地址信息
        printf("Address error for % s: % s\n",
                            argv[1],gai_strerror(n));
        exit(1);
    }
    AI = AddrInfo;
    if (AddrInfo->ai_family == AF_INET ){ //若给出的地址为 IPv4 地址,则加入 IPv4 多播地址
        struct ip_mreq        mreq;
        struct ifreq          ifreq;
        struct sockaddr_in    grpaddr;
        bzero(&grpaddr,sizeof(servaddr));
        grpaddr.sin_family     = AF_INET;
        grpaddr.sin_addr.s_addr = inet_addr(argv[1]);
        memcpy(&mreq.imr_multiaddr,
                &((const struct sockaddr_in * ) &grpaddr)->sin_addr,
                sizeof(struct in_addr));
        memcpy(&mreq.imr_interface,
                &((struct sockaddr_in * ) &ifreq.ifr_addr)->sin_addr,
                sizeof(struct in_addr));
        setsockopt(sockfd,IPPROTO_IP,IP_ADD_MEMBERSHIP,
                                    &mreq,sizeof(mreq));
        //调用 udp_serp()进行处理,所用的 udp_serp()函数和 IPv4 广播使用的一样
```

```
        udp_serp(sockfd,(struct sockaddr * ) cliaddr,addrlen);
    }
    if(AddrInfo->ai_family == AF_INET6 ){    //若给出的地址为 IPv6 地址,则加入 IPv6 多播地址
        struct ipv6_mreq        mreq6;
        struct sockaddr_in6        grpaddr;
        bzero(&grpaddr,sizeof(servaddr));
        grpaddr.sin6_family       = AF_INET6;
        grpaddr.sin6_addr.s6_addr[0] = inet_addr(argv[1]);
        memcpy(&mreq6.ipv6mr_multiaddr,
                    &((const struct sockaddr_in6 * ) &grpaddr)->sin6_addr,
                    sizeof(struct in6_addr));
        setsockopt(sockfd,IPPROTO_IPV6,IPV6 _JOIN_GROUP,
                                        &mreq6,sizeof(mreq6));
        udp_serp(sockfd,(struct sockaddr * ) cliaddr,addrlen);
    }
    freeaddrinfo(AI);
}
```

UDP 客户端也需要一个转换函数 getUDPcli(),其代码如下:

```
# include        <sys/socket. h>
# include        <sys/types. h>
# include        <netdb. h>
# include        <stdlib. h>
# include        <stdio. h>
# include        <string. h>
int getUDPcli(const char * Address,const char * Port,struct sockaddr * * saptr,socklen_t * lenp)
{
    int            sockfd,n;
    struct addrinfo hints, * AddrInfo, * AI;
    bzero(&hints,sizeof(struct addrinfo));
    hints.ai_family = AF_UNSPEC;
    hints.ai_socktype = SOCK_DGRAM;
    if ( ( n = getaddrinfo(Address,Port,&hints,&AddrInfo)) ! = 0){
        printf("getUDPcli error for % s, % s: % s\n",
                        Address,Port,gai_strerror(n));
        exit(1);
    }
    AI = AddrInfo;
    do {
```

```
        sockfd = socket(AddrInfo->ai_family,AddrInfo->ai_socktype,AddrInfo->ai_protocol);
        if (sockfd >= 0)
                break;                /* success */
    } while ( (AddrInfo = AddrInfo->ai_next) != NULL);
    if (AddrInfo == NULL){    /* errno set from final socket() */
        printf("getUDPcli error for %s,%s",Address,Port);
        exit(1);
    }
    * saptr = malloc(AddrInfo->ai_addrlen);
    memcpy(*saptr,AddrInfo->ai_addr,AddrInfo->ai_addrlen);//把地址复制到 saptr 所指的套接口
    * lenp = AddrInfo->ai_addrlen;
    freeaddrinfo(AI);
    return(sockfd);
}
```

UDP 客户端 main()函数的代码如下：

```
# include        <netdb. h>
# include        <stdlib. h>
# include        <stdio. h>
int main(int argc,char * * argv)
{
    int                 sockfd;
    socklen_t           len;
    char                * port = "9877";
    struct sockaddr     * servaddr;
    if (argc != 2){
        printf("usage: command <IPaddress>\n");
        exit(1);
    }
    len = sizeof(struct sockaddr);
    servaddr = malloc(len);
    sockfd = getUDPcli(argv[1],port,(void * *) &servaddr,&len);
    mudp_clip(stdin,sockfd,servaddr,len);    //mudp_clip()函数
    exit(0);
}
```

mudp_clip()函数和基于 IPv4 广播程序所用的 udp_clip()函数基本一样，只是去掉了对 setsockopt()函数的调用并增加了对 IPv6 的支持，其代码如下：

```
# include      <sys/socket.h>
# include      <sys/types.h>
# include      <sys/select.h>
# include      <netdb.h>
# include      <stdlib.h>
# include      <stdio.h>
# include      <string.h>
void mudp_clip(FILE * fp,int sockfd,const struct sockaddr * pservaddr,socklen_t servlen)
{
    int                  maxfdp1;
    int                  MAXLINE = 4096;
    const int            on = 1;
    char                 sendline[MAXLINE],str[128];
    socklen_t            len;
    fd_set               rset;
    struct sockaddr      * preply_addr;
    struct timeval       tv;                      //select 的超时参数
    tv.tv_sec = 5;
    tv.tv_usec = 0;
    preply_addr = malloc(servlen);                //分配内存空间
    FD_ZERO(&rset);
    if(fgets(sendline,MAXLINE,fp) == NULL)
        exit(0);
    else
        sendto(sockfd,sendline,strlen(sendline),0,pservaddr,servlen);
    FD_SET(sockfd,&rset);
    maxfdp1 = sockfd + 1;
    for( ; ; ){
        if( select(maxfdp1,&rset,NULL,NULL,&tv) == 0 ) {
                printf("recvfrom timeout\n");
                exit(0);
        }
        else {
                len = servlen;
                recvfrom(sockfd,NULL,0,0,preply_addr,&len);
                if(preply_addr->sa_family == AF_INET)
                    printf("%s\n",inet_ntop(AF_INET,
                        &((struct sockaddr_in *)preply_addr)->sin_addr,str,sizeof(str)));
                // sock_ntop_host用于把套接口地址转化为主机名形式
```

```
                else if(preply_addr->sa_family==AF_INET6)
                    printf("%s\n",inet_ntop(AF_INET6,
                        &((struct sockaddr_in6 *)preply_addr)->sin6_addr,str,sizeof(str)));
            }
        }
    }
```

本章小结

　　本章首先对 TCP/IP 和 Linux 网络进行简单介绍,然后介绍了 Linux Socket 编程接口并通过实例说明了在 IPv4 协议下 Socket 的编程方法(包括 TCP 和 UDP 两种传输方法的实现)。最后介绍了 IPv6 协议以及如何将 IPv4 的程序移植到 IPv6 协议上,并同样以实例说明了基于 TCP 协议和 UDP 协议的 IPv4 与 IPv6 的程序移植。

习题与思考题

　　1. 用 IPv4 的 UDP 广播功能编写一个程序,使得跟 PC 连接在同一子网上的所有运行该程序的开发板都能接收到 PC 发送的信息。

　　2. 把题 1 的程序改用 IPv6 的多播功能实现。

　　3. 用 TCP Socket 实现两个开发板间文件互传,再将它们移植到 IPv6 上。

附录

基于 μClinux 的嵌入式开发

μClinux* 是使用无 MMU 处理器的嵌入式系统上常用的嵌入式操作系统。本附录将构建一个实际的、基于 μClinux 的嵌入式系统。

μClinux 下的软件开发过程并不复杂，对于初学者来说也是不难上手的。这里使用的目标平台是基于 Samsung S3C4510B 嵌入式处理器的 ARM7 开发板（也可以用 SkyEye 代替），开发用的宿主 PC 机安装 RedHat Linux 9.0 操作系统。

本附录的内容包括：如何获得 μClinux 源代码、构建完整的 μClinux 和其上的应用软件系统运行在开发板上的全过程。

1. μClinux 开发环境安装

安装 μClinux 和开发工具很简单，从 http://www.μClinux.org/pub/μClinux/dist/ 可以下载到最新的 μClinux 的开发包。这里使用的开发包的文件名为"μClinux-dist-20041215.tar.gz"。开发工具使用的是 Samsung 公司提供的 ARM-μClinux 工具，下载页面是 http://opensrc.sec.samsung.com/download/。开发工具包是 GCC 3.4.0 版的工具包"arm-μClinux-tools-base-gcc3.4.0-20040713.sh"。

这两个软件包的安装很简单，只须解压即可：

```
# tar xvzf uclinux-dist-20040218.tar.gz
```

这个命令将软件包解压到一个名为 μClinux-dist 的文件夹，该文件夹中包含 μClinux 内核（有 2.2x，2.4.x 和 2.6.x 三个版本），应用程序库和很多应用程序源代码。

安装 ARM-μClinux 的交叉编译工具，这是一个内嵌压缩包的 shell 脚本，运行：

```
# sh arm-uclinux-tools-base-gcc3.4.0-20040713.sh
```

---

* μClinux 在程序代码中用 uclinux 表示。

命令完成之后，则在/root/bin/目录下生成一个 arm-μClinux-tool 的文件夹，该文件夹包括了 GCC 工具链。

2. 2.6.10 内核的移植

上面所解压安装的软件包使用 2.6.x 的内核，这个版本相对于 2.6.10 内核来说比较旧。下面将以 2.6.10 内核为例，说明如何将新内核移植到 μClinux-dist 软件包中。

首先从 http://www.kernel.org/pub/linux/kernel/v2.6/下载 Linux – 2.6.10 内核。

标准的 2.6.10 内核并不支持 s3c4510B 处理器，因此要打上 Samsung 公司提供的补丁，这个补丁可以从 http://opensrc.sec.samsung.com/download/下载，选用的 2.6.10 内核的补丁是 linux – 2.6.10 – hscl.patch.tgz。

在 μClinux-dist 软件包中构建 s3c4510B 板使用的 2.6.10 内核，首先要为标准的 2.6.10 内核打上 samsung 提供的补丁，并用打上补丁的新内核替代原 μClinux-dist 软件包中的2.6.x 内核，具体命令如下（这里假设 linux – 2.6.10.tar.bz2 和/linux – 2.6.10 – hsc1.patch.tgz 两个软件包都在 μClinux-dist 文件夹的上层目录）：

```
# cd uclinux - dist
# tar - jxvf ../linux - 2.6.10.tar.bz2
# gunzip - dc ../linux - 2.6.10 - hsc1.patch.tgz | patch - p0
# rm - rf linux - 2.6.x
# mv linux - 2.6.10  linux - 2.6.x
```

接下来要修改 μClinux-dist 软件包中相关的配置文件。

```
cp linux - 2.6.x/arch/arm/configs/espd_4510b_defconfig vendors/Samsung/4510B/config.
linux - 2.6.x
cp vendors/Samsung/4510B/config.vendor - 2.4.x vendors/Samsung/4510B/config.vendor - 2.6.x
```

其中，第一个命令为 kernel 配置提供配置文件，该配置文件为补丁中提供。第二个命令为生产厂商的配置，保持与 2.4 内核一致即可。

为了将文件系统链接到内核中生成包含 Initrd 的内核二进制映像，做以下修改：

① 修改 vendors/Samsung/4510B/Makefile，添加如下内容：

```
66 image:
67        [ - d $(IMAGEDIR) ] || mkdir - p $(IMAGEDIR)
68        genromfs - v - V "ROMdisk" - f $(ROMFSIMG) - d $(ROMFSDIR)
          $(CROSS_COMPILE)ld - r - o $(ROOTDIR)/$(LINUXDIR)/romfs.o - b binary $(ROMF-
SIMG)
          $(CROSS_COMPILE)objcopy - O binary - R .note - R .comment - S $(ROOTDIR)/
          $(LINUXDIR)/linux $(IMAGEDIR)/image.ram
69        $(CROSS_COMPILE)objcopy - O binary -- remove - section = .romvec \
```

```
70    -- remove - section = .text -- remove - section = .ramvec \
71    -- remove - section = .init \
72    -- remove - section = .bss -- remove - section = .eram \
73    $ (ROOTDIR)/ $ (LINUXDIR)/linux $ (IMAGEDIR)/linux.data
```

② 修改 linux - 2.6.x/arch/arm/arch/kernel/vmlinux - lds 文件,指定 romfs.o 链接的位置。

```
88    * (.got) / * Global offset table          * /
      romfs_start = .;
      romfs.o
      romfs_end = .;
```

③ 修改 linux - 2.6.x/arch/arm/kernel/setup.c,增加 Initrd 加载位置的定义。

```
63 extern int _stext,_text,_etext,_edata,_end;
   extern int romfs_start,romfs_end;
696  char * from = default_command_line;
   sprintf(default_command_line,"root = /dev/ram0 initrd = 0x % 08lx, % ldk keepinitrd",(un-
signed long)&romfs_start,((unsigned long)&romfs_end - (unsigned long)&romfs_start)>>10);
```

从 2.6.10 内核开始,早期版本的 ARM 体系结构放在 arch/armnommu 目录的 μClinux 的代码已经与标准的 ARM 体系结构的代码合并且都放在 arch/arm 目录下面,原有的 arm-nommu 体系结构已不再使用。为此,需修改 vendors/config/armnommu/config.arch 文件,将 ARCH 的设置改为 ARM。此外,由于安装的 GCC 工具链前缀使用的是 ARM-μClinux,因此工具链的相关配置也须改变。

```
40 MACHINE        = arm
41 ARCH           = arm
42 CROSS_COMPILE  = arm - uclinux -
43 CROSS          = $ (CROSS_COMPILE)
```

3. 开发包配置与编译

μClinux-dist 软件包中有很多软件的源代码,在编译之前需要配置软件包以决定需要编译的软件。配置可以在文本窗口或图形窗口两种界面下进行,图形窗口方式需要 X Server 和桌面系统支持,下面的介绍以图形窗口为主。在 X 下的终端窗口进入 μClinux-dist 目录,执行:

```
# make xconfig
```

则出现的配置界面如图 1 所示。

图 1 上方的窗口是主配置窗口,单击 Vendor/Product Selection 和 Kernel/Library/De-

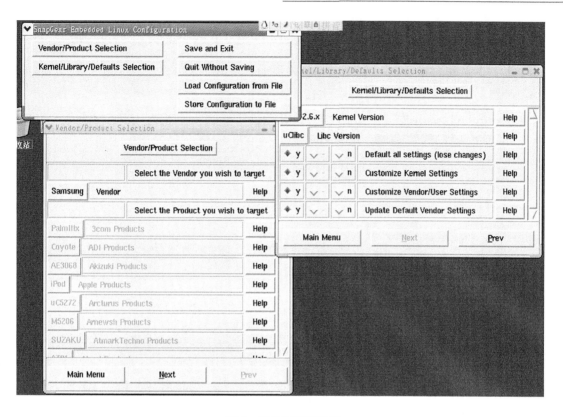

图1　开发包配置界面

faults Selection选项,则分别弹出其下方的两个窗口。在Vendor/Product Selection窗口中选择处理器厂商及型号,这里选择Samsung和4510B;在Kernel/Library/Defaults Selection窗口中有内核(选2.6.x)和C库版本(uClibc)以及"加载默认设置"、"定制内核设置"、"定制用户设置"和"更新默认设置"几个选项,在需要的项目前选"y",然后单击主配置窗口中的Save and Exit,则打开所选的设置窗口。下面分别介绍内核与应用程序的配置方法。

(1) 内核裁剪

上面配置界面选择保存退出后,则弹出内核的配置界面。内核按照默认配置设置后,须修改两个地方,否则,编译将会出错。分别为:选择General Setup(注意,有前后两个同名的General Setup选项,此处为前一个)→Configure standard kernel features(for small system)→Optimize for size选项(如图2所示)以及去掉General setup(后一个)→Kernel support for flat binaries→Enable shared FLAT support选项(如图3所示)。此时,还要注意Default kernel command string的设置,下面给出该设置:

```
Console = ttyS0.19200 . root = /dev/ram0 rw initrd = 0xA00000.2048K keepinitrd ip = 192.168.5.7 : 192.
168.5.103 :255.255.255.0:ARM7:eth0:any elevator = noop
```

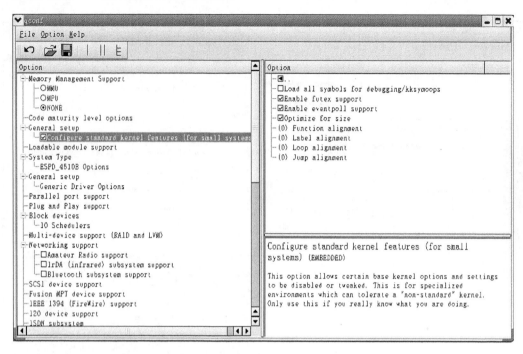

图 2　内核配置 1

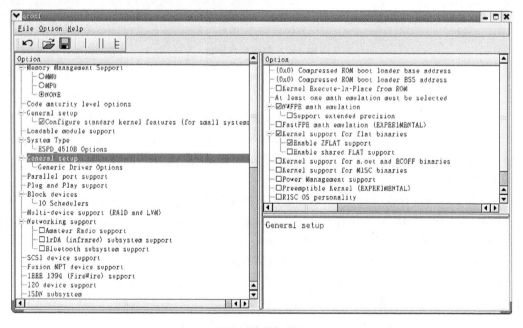

图 3　内核配置 2

其中,console 设置终端为串口 1,19 200 为波特率,/dev/ram0 为启动的设备,initrd 指明地址,其他参数指明 IP,网关及掩码等。

其他选项则无须改动,使用默认配置即可,下面给出内核中和 s3c4510B 相关的内核的其他配置选项:

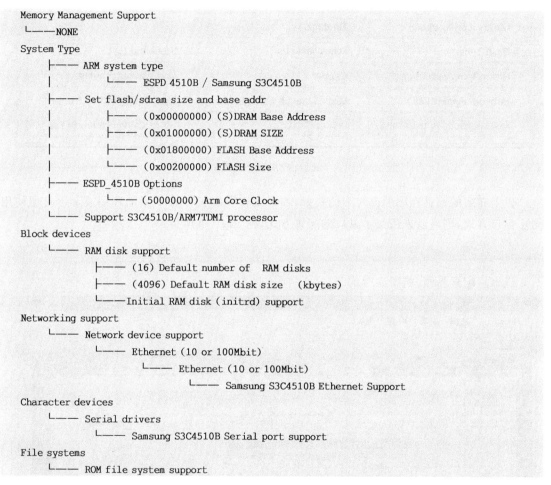

```
Memory Management Support
 └──NONE
System Type
    ├──── ARM system type
    │           └──── ESPD 4510B / Samsung S3C4510B
    ├──── Set flash/sdram size and base addr
    │       ├──── (0x00000000) (S)DRAM Base Address
    │       ├──── (0x01000000) (S)DRAM SIZE
    │       ├──── (0x01800000) FLASH Base Address
    │       └──── (0x00200000) FLASH Size
    ├──── ESPD_4510B Options
    │           └──── (50000000) Arm Core Clock
    └──── Support S3C4510B/ARM7TDMI processor
Block devices
    └──── RAM disk support
            ├──── (16) Default number of  RAM disks
            ├──── (4096) Default RAM disk size   (kbytes)
            └────Initial RAM disk (initrd) support
Networking support
    └──── Network device support
            └──── Ethernet (10 or 100Mbit)
                    └──── Ethernet (10 or 100Mbit)
                            └──── Samsung S3C4510B Ethernet Support
Character devices
    └──── Serial drivers
            └──── Samsung S3C4510B Serial port support
File systems
    └──── ROM file system support
```

上面选项中,因为 μClinux 为一款 Less-mmu 的系统,所以在 Memory Management Support 中要选择 none。在系统类型(System type)中设定 CPU 类型为 4510B 以及 RAM 和 Flash 的起始地址和内核时钟。块设备(Block devices)中应选定 Ramdisk 的支持以及文件系统(File Systems)中 ROM 文件系统的支持,至于网络支持(Networking support)和字符设备(Character devices)的选项,只须选择和 s3c4510B 相关的选项即可。

(2) 应用的配置

配置完内核之后,就要进行应用程序的设置,如果用户在 Kernel/Library/Defaults Selection 选项中选择了 Customize Vendor/User Settings，则弹出如图 4 所示的窗口，用户可以在这里配置所需的库和应用程序。

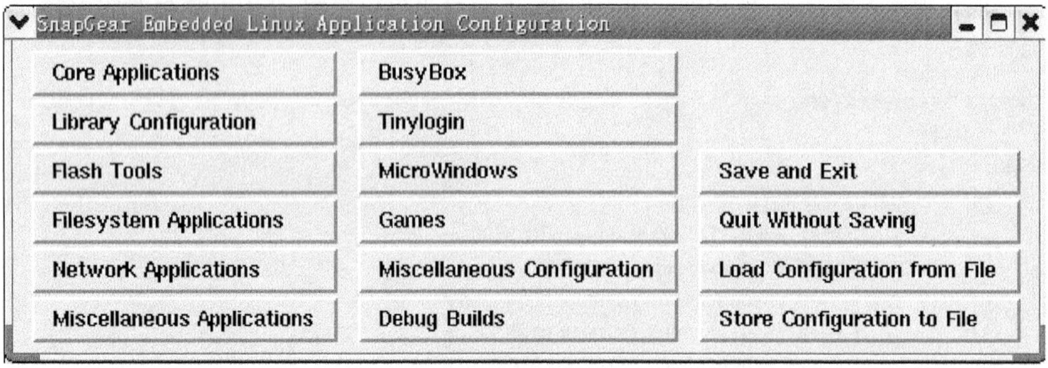

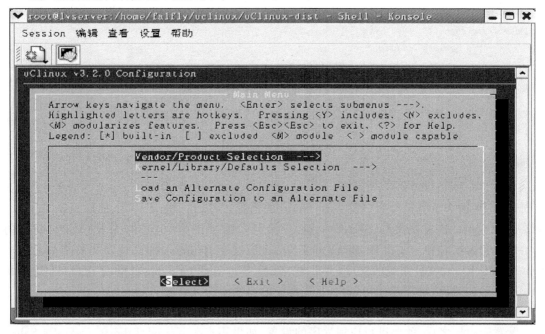

图 4　应用程序设置

以上介绍的都是在图形窗口下的配置，如果没有安装 X Server 桌面环境或者不习惯使用图形窗口方式，则可以采用文本窗口的配置方式，在 Shell 下运行：

```
# make menuconfig
```

进入主配置界面，如图 5 所示。

图 5　文本配置界面

设置的内容与在图形窗口中相同,按照窗口上方的提示来操作即可。文本方式下的配置菜单除了操作是在文本窗口中使用键盘控制,其他的内容都与图形窗口下类似,在此不再赘述。

4. 基于 SkyEye 的 μClinux 仿真测试

完成了上面的所有配置,接下来要进行源代码的编译并打包,以加载到目标平台上运行。在软件包根目录(μClinux-dist)下运行:

```
# make
```

如果在运行时出现 romfs. o 错误,则跳过,执行:

```
# make lib_only
# make user_only
# make romfs
# make linux
# make image
```

命令执行完毕,则在 images 目录下生成文件 image. bin,image. ram,linux. data,romfs. img 和 linux. text,下面简要介绍下这些文件:

linux. data　　编译后的内核中 data,init 段,一般放在 SDRAM 中,可读/写。

linux. text　　编译后的内核中 text 段,一般放在 Flash 中,只读。

romfs. img　　make romfs 时通过 tools/romfs-inst. sh 脚本,生成 romfs/目录及其下面的文件,然后通过 genromfs 程序将 romfs/ * 打包、生成这个文件 romfs. img,为内核启动时挂载的根文件系统。

image. bin　　上面三个文件顺序连接而生成的(= linux. text + linux. data + romfs. img)。

image. ram　　没有压缩过的内核,而且必须在 RAM 里运行,所以需要通过板子上的 bootloader 将它下载到指定位置后开始执行。从 RAM 里启动内核,则代码段和数据段都在 RAM 里。image. ram = linuex. text + linux. data。

到这里,一个可以在 s3c4510B 板上运行的 μClinux - 2.6.10 内核包含文件系统映像已经制作完成。

下面使用 SkyEye 模拟运行该映像,所用的 SkyEye 配置文件 skyeye. conf 如下:

```
# skyeye config file sample
cpu: arm7tdmi
mach: s3c4510b
mem_bank: map = M,type = RW,addr = 0x00000000,size = 0x01000000
mem_bank: map = M,type = R,   addr = 0x01800000,size = 0x00200000,file = ./romfs.img
```

```
#mem_bank: map = M, type = R,   addr = 0x01000000, size = 0x00200000
mem_bank: map = I, type = RW, addr = 0x03ff0000, size = 0x00100000


[root@lvserver images]# skyeye linux
*****************************************************
****                                            ****
****   SkyEye  Simulator Ver 0.8.8 with  GDB/Insight 5.3 Interface ****
****                                            ****
*****************************************************
GNU gdb 5.3
Copyright 2002 Free Software Foundation, Inc.
GDB is free software, covered by the GNU General Public License, and you are
welcome to change it and/or distribute copies of it under certain conditions.
Type "show copying" to see the conditions.
There is absolutely no warranty for GDB.   Type "show warranty" for details.
This SkyEye was configured as "— host = i686 - pc - linux - gnu — target = arm - elf"...
(SkyEye) target sim
cpu info: armv3, arm7tdmi, 41007700, fff8ff00, 0
mach info: name s3c4510b, mach_init addr 0x81623dc
SKYEYE: use arm7100 mmu ops
Loaded ROM   ./romfs. img
Connected to the simulator.
(SkyEye) load
Loading section . init, size 0x11000 vma 0x8000
Loading section . text, size 0x21d9b0 vma 0x19000
Loading section __ex_table, size 0x748 vma 0x2369b0
Loading section __ksymtab, size 0x3280 vma 0x2370f8
Loading section __ksymtab_gpl, size 0x3f0 vma 0x23a378
Loading section __ksymtab_strings, size 0x7568 vma 0x23a768
Loading section __param, size 0xa0 vma 0x241cd0
Loading section . data, size 0x104a8 vma 0x242000
Start address 0x8000
Transfer rate: 19206336 bits in <1 sec.
(SkyEye) run
Starting program: /home/falfly/uclinux/μClinux - dist/images/linux
Linux version 2.6. 10 - hsc1 (root@lvserver) (gcc version 3. 4. 0) #3 Wed Aug 3 14:17:09
CST 2005
CPU: Samsung - S3C4510B [36807001] revision 1 (ARMv4T)
Machine: ESPD 4510B(S3C4510B)
```

Warning: bad configuration page,trying to continue

Built 1 zonelists

Kernel command line: root = /dev/ram0 initrd = 0x0015b5b0,877k keepinitrd

PID hash table entries: 128 (order: 7,2048 bytes)

Dentry cache hash table entries: 4096 (order: 2,16384 bytes)

Inode - cache hash table entries: 2048 (order: 1,8192 bytes)

Memory: 16MB = 16MB total

Memory: 13780KB available (2211K code,135K data,68K init)

Mount - cache hash table entries: 512 (order: 0,4096 bytes)

checking if image is initramfs...it isn't (bad gzip magic numbers); looks like an initrd

NET: Registered protocol family 16

NetWinder Floating Point Emulator V0.97 (double precision)

Initializing Cryptographic API

ttyS0 at I/O 0x3ffd000 (irq = 4) is a Samsung S3C4510B Internal UART

ttyS1 at I/O 0x3ffe000 (irq = 6) is a Samsung S3C4510B Internal UART

io scheduler noop registered

RAMDISK driver initialized: 16 RAM disks of 4096K size 1024 blocksize

loop: loaded (max 8 devices)

NET: Registered protocol family 2

IP: routing cache hash table of 512 buckets,4Kbytes

TCP: Hash tables configured (established 1024 bind 2048)

NET: Registered protocol family 17

RAMDISK: romfs filesystem found at block 0

RAMDISK: Loading 877KiB [1 disk] into ram disk... done.

VFS: Mounted root (romfs filesystem) readonly.

Freeing init memory: 68K

Shell invoked to run file: /etc/rc

Command: hostname Samsung

Command: /bin/expand /etc/ramfs.img /dev/ram0

Command: mount - t proc proc /proc

Command: mount - t ext2 /dev/ram0 /var

mount failed: Device or resource busy

Command: mkdir /var/config

/var/config: Read - only file system

Command: mkdir /var/tmp

/var/tmp: Read - only file system

Command: mkdir /var/log

/var/log: Read - only file system

Command: mkdir /var/run

```
/var/run: Read - only file system
Command: mkdir /var/lock
/var/lock: Read - only file system
Command: mkdir /var/empty
/var/empty: Read - only file system
Command: cat /etc/motd
Welcome to

          ____ _  _
         /  _| ||_|
   _  _| | | |____ _  _  _  _
  | | | | | | | |  _\| | | |\ \/ /
  | |_| | |_| | | | | | | | |_| |/    \
  |  _____|_||_|_| |_|\____|\_/\_/
  | |
  |_|


For further information check:
http://www.uclinux.org/


Command: ifconfig lo 127.0.0.1
Command: route add - net 127.0.0.0 netmask 255.255.255.0 lo
route: Bad command or file name
Execution Finished,Exiting


Sash command shell (version 1.1.1)
/>
```

5. μClinux 的应用开发

如果 μClinux 的开发包中已有的软件无法满足需要,用户可以加入自己的软件包。为了使新加入的软件也可以从 μClinux 配置界面中进行设置,需要对原有的配置文件和 Makefile 做小小的修改。

下面以 hello 程序为例,来介绍如何把一个新的软件加入 μClinux 的开发包中。假设将 hello 的源代码置于 user/hello 目录中,然后照着下面的步骤来操作。

(1) 修改 hello 目录下的 Makefile

加入目标:

```
romfs:
    $(ROMFSINST) /usr/bin/hello
```

该目标会在运行 make romfs 时,将 hello 程序装入 romfs/usr/bin 目录。某些软件的 Makefile 中已有 install 目标,则可以写:

```
romfs:
    make install prefix = $ (ROMFSDIR)
```

利用 install 目标将软件安装到 romfs 的相应路径下。

(2) 修改 config/config. in

在 config/config. in 加上 hello 的选项:

```
mainmenu_option next_comment
comment 'Other Application'
bool 'hello'              CONFIG_USER_HELLO
endmenu
```

经过修改,在 Customize Vendor/User Settings 中,就可以看到新加入的 hello 选项了。

(3) 修改 user/Makefile

这是最后一步。在 user/Makefile 中添加一行:

```
dir_ $ (CONFIG_USER_HELLO) + = hello
```

括号里的名字 CONFIG_USER_HELLO 要与 config/config. in 中的相同,"+="后面的 hello 表示代码所在的相对路径,这个例子中的代码放在 hello 目录下。

经过以上三个步骤,hello 程序就完全加入到开发包中,用户可以对其进行配置和编译,与对其他已有软件的操作完全相同。

参考文献

[1] Embedded Linux market snapshot [EB/OL]. http://www. LinuxDevices. com/articles/ AT 4036830962. html, 2005.

[2] Jim Turley. Embedded systems survey: Operating systems up for grabs[EB/OL]. http://www. embedded. com/showArticle. jhtml? articleID=163700590, 2005.

[3] 吴朝晖. 嵌入式软件发展的十个观点[J]. 计算机教育. 2005(5).

[4] 吕京建, 金佳. 嵌入式系统设计即将进入软核时代[J]. 电子产品世界, 2005(1).

[5] 何立民. 嵌入式系统的定义与发展历史[J]. 单片机与嵌入式系统应用, 2004(1).

[6] 吕京建. 肖海桥. 面向二十一世纪的嵌入式系统综述[J]. 电子质量, 2001(8).

[7] 吴朝晖. 嵌入式软件发展趋势[J]. 电子产品世界, 2005(3).

[8] 任芝萍. 嵌入式微处理器平台打造 SoC 硅晶时代[J]. 电子与电脑, 2005(6).

[9] 窦振中, 宋鹏, 李凯. 嵌入式系统设计的新发展及其挑战[J]. 单片机与嵌入式系统应用, 2004(12).

[10] 刘锬. Linux 嵌入式系统开发平台选型探讨[J]. 单片机与嵌入式系统应用, 2004(7).

[11] VDC 公司. Embedded Software Trends. http://www. vdc – corp. com/, 2004.

[12] VDC 公司. The 2005 Embedded Software Strategic Market Intelligence Program[EB/ OL]. http://www. vdc – corp. com/, 2005.

[13] Gartner 公司. Embedded Systems Development Trends: Asia. http://www. eetasia. com/, 2004.

[14] Dipto Chakravarty, Casey Canon. PowerPC: 概念、体系结构与设计[M]. 周长春, 译. 北京: 电子工业出版社, 1995.

[15] 张福新, 陈怀临. MIPS 体系结构剖析、编程与实践[EB/OL]. http://www. xtrj. org/.

[16] ARM 公司. ARM9TDMI (Rev 3) Technical Reference Manual[EB/OL]. http:// www. arm. com/documentation/ARMProcessor_Cores/, 2000.

[17] ARM 公司. ARM940T (Rev 2) Technical Reference Manual[EB/OL]. http://www. arm. com/documentation/ARMProcessor_Cores/, 2000.

[18] ARM 公司. ARM1026EJ – S r0p2 Technical Reference Manual[EB/OL]. http:// www. arm. com/documentation/ARMProcessor_Cores/, 2003.

[19] ARM 公司. The ARM11 Microarchitecture[EB/OL]. http://www.arm.com/documentation/White_Papers/, 2003.

[20] ARM 公司. ARM9™ Family[EB/OL]. http://www.arm.com/documentation/Product_Info_Flyers/, 2005.

[21] 陈文智. 嵌入式系统开发原理与实践[M]. 北京:清华大学出版社,2005.

[22] Intel 公司. Intel XScale(R) Microarchitecture for the PXA255 Processor User Manual[EB/OL]. http://www.intel.com, 2003.

[23] Intel 公司. Intel® PXA27x Processor Family Developer's Manual[EB/OL]. http://www.intel.com, 2004.

[24] Intel 公司. Intel PXA255 Processor Developer's Manual[EB/OL]. http://www.intel.com, 2003.

[25] 嵌入式开发杂谈[EB/OL]. http://eslab.whut.edu.cn/forum/viewthread.php?tid=4&extra=page%3D1.

[26] 汤子瀛,哲凤屏,汤小丹. 计算机操作系统[M]. 西安:西安电子科技大学出版社,1996.

[27] Tanenbaum Andrew S.,Woodhull Albert S. Operating Systems Design and Implementation [M]. Prentice - Hall, Inc,1997.

[28] 何小庆. 嵌入式实时操作系统的现状和未来[J]. 单片机与嵌入式系统应用,2001(3).

[29] 林建民. 嵌入式操作系统技术发展趋势[J]. 计算机工程,2001,27(10).

[30] 吴非,樊晓光. 嵌入式实时操作系统 μC/OS-Ⅱ 与 ecos 的比较[J]. 单片机与嵌入式系统应用,2004(10).

[31] 何小庆. 选择一个 ARM CPU 嵌入式操作系统——μC/OS - Ⅱ,μCLinux,还是 Linux? [J]. 电子产品世界,2004(3).

[32] 王成,刘金刚. 基于 Linux 的嵌入式操作系统的研究现状及发展展望[J]. 微型机与应用,2004(5).

[33] Randal E. Bryant,David O'Hallaron. Computer Systems A Programmer's Perspective [M]. Prentice - Hall, Inc,2003.

[34] Behrouz A. Forouzan. Foundations of Computer Science:From Data Manipulation to Theory of Computation [M]. Brooks/Cole,2002.

[35] 于明俭,陈向阳,方汗. Linux 程序设计权威指南[M]. 北京:机械工业出版社出版, 2001.

[36] 徐德民. 操作系统原理 Linux 篇[M]. 北京:国防工业出版社,2004.

[37] Robert Love. Linux Kernel Development [M]. Sams Publishing,2003.

[38] 邹思秩. 嵌入式 Linux 设计与应用[M]. 清华大学出版社,2002.

[39] Robert Mecklenburg. Managing Projects with GNU make,3rd Edition. O'Reilly,2004.

[40] Free Software Foundation. GCC online documentation[EB/OL]. http://gcc.gnu.org/onlinedocs/.

[41] Free Software Foundation. GDB：The GNU Project Debugger[EB/OL]. http://www.gnu.org/software/gdb/documentation/.

[42] Free Software Foundation. Autoconf[EB/OL]. http://www.gnu.org/software/autoconf/manual/index.html

[43] Free Software Foundation. Automake[EB/OL]. http://sources.redhat.com/automake/automake.html.

[44] Red Hat 公司. Insight——The GDB GUI[EB/OL]. http://sources.redhat.com/insight/.

[45] 陈渝,李明,杨晔,等. 源码开放的嵌入式系统软件分析与实践[M]. 北京：北京航天航空大学出版社,2004.

[46] 中国 linux 公社. SkyEye 项目专栏[EB/OL]. http://www.linuxfans.org/nuke/modules.php? name=Forums&file=viewforum&f=58.

[47] Jonathan Corbet,Greg Kroah-Hartman,Alessandro Rubini. Linux Device Drivers,3rd Edition[M]. O'Reilly,2005.

[48] Peter Jay Salzman,Michael Burian,Ori Pomerantz. The Linux Kernel Module Programming Guide[EB/OL]. http://www.tldp.org/LDP/lkmpg/2.6/html/.

[49] IBM developerworks 文档[EB/OL]. http://www-128.ibm.com/developerworks/cn/linux/theme/special.

[50] 丁晓波,桑楠,张宁. Linux 2.6 内核的内核对象机制分析[J]. 计算机应用,2005,25(1).

[51] 栾建海,李众立,黄晓芳. Linux 2.6 内核分析[J]. 兵工自动化,2005,24(2).

[52] 谢长生,刘志斌. Linux 2.6 内存管理研究[J]. 计算机应用研究,2005(3).

[53] Timesys 公司. Timesys Porducts[EB/OL]. http://www.timesys.com/linuxlink/.

[54] DIAPM RTAI - Realtime Application Interface[EB/OL]. http://www.aero.polimi.it/~rtai/.

[55] 马忠梅,李善平,康慨,等. ARM&Linux 嵌入式系统教程[M]. 北京:北京航天航空大学出版社,2004.

[56] 杨路明.C/C++程序设计教程[M]. 长沙:湖南科学技术出版社,2001.

[57] Alessandro rubini Sc Jonathan Corbet. Linux 设备驱动程序(第 2 版)[M]. 魏永明,骆刚,姜君,译. 北京:中国电力出版社,2002.

[58] 慕春棣. 嵌入式系统的构建[M]. 北京:清华大学出版社,2004.

[59] 陈章龙,唐志强,涂时亮. 嵌入式技术与系统——Intel XScale 结构与开发[M]. 北京:北京航天航空大学出版社,2004.

[60] Linux2.6 内核文档. linux-2.6.10 /Documentation/.

[61] Kurt Wall. GNU/Linux 编程指南：入门·应用·精通[M]. 张辉，译. 北京：清华大学出版社，2002.

[62] GSM_03.38[EB/OL]. http://www.etsi.org/.

[63] GSM_04.11[EB/OL]. http://www.etsi.org/.

[64] GSM 07.05[EB/OL]. http://www.etsi.org/.

[65] GSM 07.07[EB/OL]. http://www.etsi.org/.

[66] Universal Serial Bus Revision 2.0 specification[EB/OL]. http://www.usb.org.

[67] video4linux API[EB/OL]. http://linuxtv.org/downloads/video4linux/API/V4L1_API.html.

[68] Linux kernel webcams Driver GSPCA / SPCA5xx[EB/OL]. http://mxhaard.free.fr/.

[69] 周功业，典文兰，卢建华，等. 现代微机系统与接口技术[M]. 北京：高等教育出版社，2005.

[70] 维基百科[EB/OL]. http://zh.wikipedia.org/.

[71] X1227 datasheet[EB/OL]. http://www.datasheetcatalog.com.

[72] BMP 文件格式分析[EB/OL]. http://blog.tom.com/blog/read.php? bloggerid＝1078910&blogid＝50882.

[73] Qt/Embedded[EB/OL]. http://www.trolltech.com[EB/OL].

[74] Juliusz Chroboczek. The KDrive Tiny X Server. http://www.pps.jussieu.fr/~jch/software/kdrive.html.

[75] 白玉霞，刘旭辉，孙肖子. 基于 Qt/Embedded 的 GUI 移植及应用程序开发[J]. 电子产品世界，2005.

[76] 张方辉，王建群. Qt/Embedded 在嵌入 Linux 上的移植[J]. 计算机技术与发展，2006，16(7).

[77] 孙康，崔慧娟，唐昆. 一种手持多媒体通信终端的设计与实现[J]. 微计算机信息，2005，21(12－2).

[78] QT 文档[EB/OL]. http://doc.trolltech.com.

[79] OPIE 项目主页[EB/OL]. http://opie.handhelds.org.

[80] OPIEDEV[EB/OL]. http://www.uv－ac.de/opiedev/opiedev.html.

[81] tslib[EB/OL]. http://tslib.berlios.de/.

[82] Tim Parker，Mark Sportack. TCP/IP 技术大全[M]. 前导工作室，译. 北京：机械工业出版社，2000.

[83] W. Richard Stevens. UNIX 网络编程(第 1 卷)——套接口 API 和 X/Open 传输接口 API 第 2 版[M]. 施振川，周利民，孙宏晖，等，译. 北京：清华大学出版社，1999.

[84] 张斌，高波. Linux 网络编程[M]. 北京：清华大学出版社，2000.